流体机械
数值仿真研究及应用

黄 思 著

華南理工大學出版社
SOUTH CHINA UNIVERSITY OF TECHNOLOGY PRESS
·广州·

内容简介

本书是作者近几年关于流体机械模拟仿真研究成果的积累和总结。全书内容共分为八章，主要包括：流体机械及其数值仿真基础、叶片泵全工况流动仿真及性能预测、流体机械的气液两相流动仿真、流体机械内固液两相流和固体颗粒运动及磨损、多相介质的分离和混合、流体机械的流固耦合分析、流体机械变转速问题的模拟计算及动网格技术在模拟流体机械流动的应用。每一章既是当今流体机械数值模拟的独立热点专题，彼此又形成一个相对完整的体系。书中每一章都有仿真算例，有关算例的动画图片和视频附在光盘内供读者参考。

本书试图构建起点较高的基础理论平台，借助流体商用软件仿真，侧重于研究探讨流体机械的多相介质、多物理场及非定常的流动特性，可作为已具备一定流体商用软件使用经验的理工科学生及专业人士的技术资料，也可供相关专业的教师、技术人员阅读和参考。

图书在版编目（CIP）数据

流体机械数值仿真研究及应用/黄思著．—广州：华南理工大学出版社，2015.10
ISBN 978-7-5623-4780-4

Ⅰ.①流… Ⅱ.①黄… Ⅲ.①流体机械-数值分析-计算机仿真 Ⅳ.①TH3-39

中国版本图书馆 CIP 数据核字（2015）第 222285 号

流体机械数值仿真研究及应用
黄 思 著

出 版 人： 韩中伟
出版发行： 华南理工大学出版社
（广州五山华南理工大学 17 号楼，邮编 510640）
http://www.scutpress.com.cn E-mail:scutc13@scut.edu.cn
营销部电话：020-87113487 87111048（传真）
责任编辑： 黄冰莹
印 刷 者： 广州星河印刷有限公司
开 本： 787mm×1092mm 1/16 **印张：** 13 **字数：** 325 千
版 次： 2015 年 10 月第 1 版 2015 年 10 月第 1 次印刷
定 价： 49.00 元（含光盘）

前 言

随着当今计算机技术的更新换代，近年来计算机辅助工程（Computer Aided Engineering，CAE）和计算流体动力学（Computational Fluid Dynamics，CFD）已成为包括流体机械在内的工程问题的重要分析工具和手段。CAE/CFD技术具有性能预测、数值试验和故障诊断等作用，它使许多过去无法分析的复杂问题，通过计算机数值仿真得到满意的解答；另一方面，CAE/CFD使工程分析更快、更准确，信息资料更完整，使流体机械这个传统的行业进入了一个新的发展时期，有力地推动了相关工业的技术进步，减少了研发时间和成本，提高了设计效率。CAE/CFD在产品的研发、设计分析等方面正发挥着越来越重要的作用，成为众多高校、研究单位及企业工作中不可或缺的一部分。

作者从20世纪80年代中期就开始学习吴仲华教授创立的叶片机械三元理论，专注于叶片机械正、反问题流动计算及其应用的研究，亲身经历了叶片机械流场研究的三个阶段：①无粘流动计算；②无粘流动与边界层流动的耦合计算；③三维粘性流动计算，较系统地了解和掌握了流体机械的有关求解方法。本书是作者多年来有关流体机械模拟工作的体会及近几年研究成果的积累和总结。全书共分为八章，主要内容包括：流体机械及其数值仿真基础、叶片泵全工况流动仿真及性能预测、气液两相流动仿真、固液两相流和固体颗粒运动及磨损、多相介质的分离和混合、流固耦合分析、变转速问题的模拟计算及动网格技术的应用。书中每一章既是当今流体机械数值模拟的独立热点专题，彼此又形成一个相对完整的体系；每一章都有作者完成的仿真算例，有关算例的动画图片和视频附在光盘内供读者参考。

因作者学识所限，书中难免会有疏漏和错误之处，敬请读者指正。

本书作为华南理工大学出版基金资助项目出版与读者见面，在此向学校出版基金管理委员会给予的大力支持深表谢意！本书的部分素材来自与有关单位、企业合作完成的项目成果以及作者所指导的研究生毕业论文，在此向有关合作单位、企业及研究室历届研究生们的鼎力协助与热心奉献深表谢意！最后衷心感谢为本书的面世出力劳心的家人，你们的支持与鼓励一直是我前进的动力！

黄 思

2015年9月于广州

目　录

1　流体机械及其数值仿真基础

1.1　流体机械概述

流体机械是以流体或流体与固体的混合体为对象进行能量转换、处理，包括提高其压力进行输送的机械。其广泛应用于工农业生产、国民经济建设等诸多领域中。在许多产品的生产中，其原料、半成品和产品往往就是流体，因此给流体增压与输送流体，使其满足各种生产条件的工艺要求，保证连续性的管道化生产，参与生产环节的制作，以及在辅助性生产环节中作为动力气源、控制仪表的用气、环境通风等都离不开流体机械。故流体机械往往直接或间接地参与从原料到产品的各个生产环节，使物质在生产过程中发生状态、性质的变化或进行物质的输送等。它是产品生产的能量提供者、生产环节的制作者和物质流通的输送者。因此，可以说它是一个工厂的心脏、动力和关键设备。

流体机械是过程装备中的动设备，它的许多结构和零部件在高速地运行，并与其中不断流动着的流体发生相互作用，因而它比过程装备中的静设备、管道、工具等要复杂得多，对这些流体机械所实施的控制也十分复杂。因此，开展有关流体机械理论和技术方面的研究和探索是很有必要的。

1.1.1　流体机械分类

1.1.1.1　按能量转换分类

流体机械按其能量的转换分为原动机和工作机两大类。原动机是将流体的能量转换为机械能，用来输出轴功，如汽轮机、燃气轮机、水轮机等。工作机是将动力能转变为流体的能量，用来改变流体的状态（提高流体的压力、使流体分离等）与输送流体，如压缩机、泵、分离机等。

1.1.1.2　按流体介质分类

通常，流体是指具有良好流动性的气体与液体的总称。在某些情况下又有不同流动介质的混合流体，如气固、液固两相流体或气液固多相流体。在流体机械的工作机中，主要有提高气体或液体的压力、输送气体或液体的机械，有的还包括多种流动介质分离的机械，其分类如下。

（1）压缩机

将机械能转变为气体的能量，用来给气体增压与输送气体的机械称为压缩机。按照气体压力升高的程度，又分为压缩机、鼓风机和通风机等。

（2）泵

将机械能转变为液体的能量，用来给液体增压与输送液体的机械称为泵。在特殊情况下流经泵的介质为液体和固体颗粒的混合物，人们将这种泵称为杂质泵，亦称为液固两相流泵。

（3）分离机

用机械能将混合介质分离开来的机械称为分离机。这里所提到的分离机是指分离流体介质或以流体介质为主的分离机。

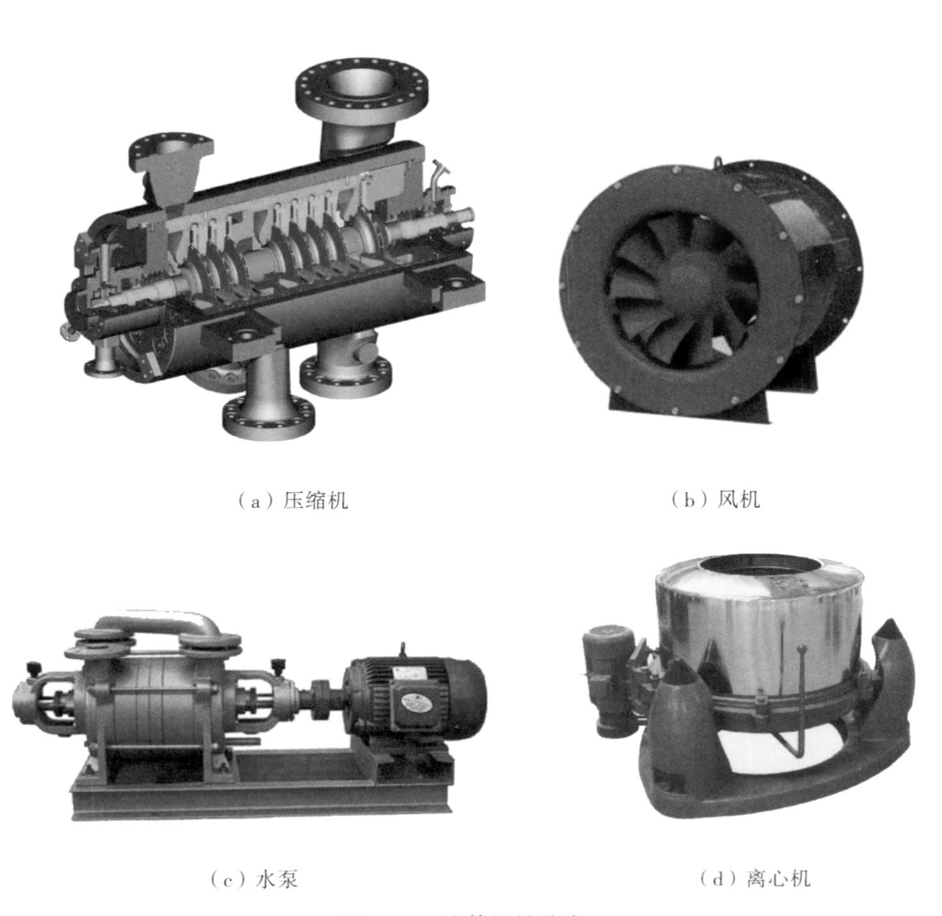

（a）压缩机　（b）风机

（c）水泵　（d）离心机

图1－1　流体机械分类

1.1.1.3　按流体机械结构分类

（1）往复式结构的流体机械

往复式结构的流体机械主要有往复式压缩机、往复式泵等。这种结构的特点在于通过能量转换使流体提高压力的主要运动部件是在工作腔中做往复运动的活塞，而活塞的往复运动是靠做旋转运动的曲轴带动连杆、进而驱动活塞来实现的。这种结构的流体机械具有输送流体的流量较小而单级压升较高的特点，一台机器就能使流体上升到很高的压力。

（2）旋转式结构的流体机械

旋转式结构的流体机械主要有各种回转式、叶轮式（透平式）的压缩机和泵以及分离机等。这种结构的特点在于通过能量转换使流体提高压力或分离的主要运动部件是转轮、叶轮或转鼓，该旋转件可直接由原动机驱动。这种结构的流体机械具有输送流体的流量大而单级压升不太高的特点。为使流体达到很高的压力，机器需由多级组成或由几台多级的机器串联成机组。

本书涉及的内容主要以旋转式结构的流体机械为主。

1.1.1.4　按应用领域分类

除上述的几种分类外，人们还习惯根据使用场合进行分类，如水力机械有水轮机、水斗、水波轮等；汽轮机械有蒸汽轮机、废气轮机、燃气轮机等；化工机械有压缩机、泵、制冷机等；通风机械有通风机、鼓风机、风扇等；透平机械有涡轮机、透平压缩机、飞机发动机等；液压机械有液压泵、液压马达、液压缸等；液力机械有液力变矩器、液力偶合器、液力制动器等。

1.1.2 流体机械的流动性能

1.1.2.1 流体机械的内流场与外特性

流体机械是种类多、应用量大面广的机械，在国民经济建设中发挥着至关重要的作用。流体机械同时也是耗能机械，在与流动介质的能量转换过程中，受过流部件壁面摩擦和机械内流场结构等因素的影响，不同程度地消耗部分能量。这个能量损失越小，流体机械的效率就越高，对能源的不合理消耗就越少。据统计，我国每年仅水泵的耗电量就占全国发电量的20%，耗能相当惊人。随着流体机械应用范围的扩大，其工作环境也愈加复杂，现代工程技术对机械的性能要求也愈来愈高，因此探索新的流体机械设计方法，提高流动效率、降低能耗以及提高运行的可靠性具有十分重要的意义。

流体机械的性能在很大程度上取决于内部流动状况，一个稳定高效的流场不仅确保流体机械具有高性能和高经济性，也是高可靠性的保证。流体机械内部流体运动的应力应变率十分复杂，不同方向上有不同的压力梯度，同时还有动静部件间的相互干涉和表面曲率等作用，还伴有二次流、间隙流、尾迹及各种旋涡，是复杂的三维非定常粘性流体运动。另一方面，当流道中的局部压力低于该处温度下液体的饱和蒸汽压而产生空化汽蚀引起大量微气泡急剧生长并在高压处溃灭，对机械壁面产生高压高温及高频的持续冲击，造成壁面材料剥蚀失效。汽蚀的产生使机械的效率下降、能头降低，引起振动和噪声。因此，对流体机械内部流场的结构和能量损失机理、汽蚀破坏机理进行研究，掌握流体流动规律及其对机械性能的影响，对于缩短流体机械设计周期、降低设计风险，提高流体机械效率、改善性能和工作可靠性具有重大意义。

1.1.2.2 流体机械的结构可靠性

流体机械在实际工作中经常遇到冲蚀磨损、空蚀、液滴冲蚀（闪蒸）和腐蚀等情况，造成失效或影响使用寿命。同时，流体机械在运行过程中难免会产生振动和噪声，影响运行的效率、安全性和可靠性。因此，仅对流体机械内部流场分析已很难准确判断机械材料的刚度、强度以及运动过程中的安全性和可靠性等问题，也同时需要考虑机械结构特性的研究。

1.1.3 流体机械数值仿真

近年来随着计算机技术和计算流体动力学（Computational Fluid Dynamics，CFD）技术的大力发展，CFD 技术已经成为工程实践和科学研究的有力工具，被广泛应用于航空航天、汽车设计、半导体设计、化学处理、发电、生物医学等各种领域，被许多著名的企业作为主要的气动、水动力学分析和设计的工具。在流体机械方面，CFD 技术已在流体机械的内流场数值模拟、内部流动规律以及结构特性研究等方面得到了广泛的应用，很大程度上解决了理论研究和实验研究无法解决的复杂流动问题，和实验研究相比节约了大量的费用和时间、边界条件容易控制、能给出详细和完整的资料，并且有很好的重复性，可以模拟出高温、有毒、易燃易爆等真实条件和实验室只能接近而无法达到的理想条件。CFD 使得人们对流体机械过流部件内部的流动分析和模拟更加准确和可靠，甚至能预见理论分析和实验研究中尚未发现的新的流动现象和规律。

流体机械传统的设计方法一般需要经历设计、样机性能试验检测、制造三大过程，该方法需要经过多次样品试制和性能检测，整个设计也要经过多次重复，可见，传统设计方法具有设计周期长、设计成本高等缺点。20 世纪 80 年代以来，流体机械开始了用数值模拟代替模型试验的时期。近 10 多年来，流体机械内部流动的数值研究已不再局限于性能预测，已经被国内外学者广泛应用于改善机械性能方面。流体机械的设计方法正由传统的一元设计方法向基于数值模拟的二元或三元设计方法转变。通过 CFD 技术分析研究流体机械内部流动情况已经成为改进与优化机械流动部件设计的重要辅助手段。具体过程为：根据流动参数、流场分布的变化规律，初步设计出流体机械，进行三维数值模拟，根据计算结果修正某些几何边界，再进行流场计算，直到设计出性能优良、效率高并满足其他要求的产品。在仿真中可综合考虑现实中存在的多方面的影响因素，称之为“多物理场仿真分析”。能够模拟流体流动、传热传质、化学反应和其他复杂的物理现象。例如，以往的研究常常是将流体机械内流场与结构的特性研究分开进行，忽略了流场与结构间的相互作用。随着计算机技术和数值模拟方法的不断发展，流固耦合技术（Fluid Structure Interaction，FSI）应运而生，从而使流体机械的流场和结构场的耦合分析成为现实。

1.2 流动控制方程

实际工程中，所有的流动问题应满足质量、动量守恒定律。对于涉及传热或可压缩性的流动，需要考虑能量守恒定律。对于包括多组分或多相流动，需要求解组分或流动相的守恒方程。当流动是湍流时，还要求解附加的湍流输运方程。

1.2.1 质量守恒方程

流动质量守恒定律可表述为：单位时间内流体微元体中质量的增加，等于同一时间间隔内流入该微元体的净质量。按照这一定律可以得出以下质量守恒方程：

$$\frac{\partial \rho}{\partial t} + \frac{\partial}{\partial x_i}(\rho v_i) = S_m \tag{1-1}$$

式中，ρ 是流体密度，t 是时间，v_i 是速度矢量 $\boldsymbol{v}$ 在笛卡尔直角坐标系 i 方向的分量。该方程是质量守恒方程的一般形式，也称做连续方程，它适用于可压流动和不可压流动。源项 S_m 是多相流动中由分散相中加入到连续相的质量（例如液滴的蒸发），对于单相流动 $S_m = 0$。

1.2.2 动量守恒方程

动量守恒定律实际上是由牛顿第二定律推导出来的，该定律同样是任何流动系统都必须满足的基本定律。该定律可表述为：微元体小流体的动量对时间的变化率等于外界作用在该微元体上的各种力之和。按照这一定律，可导出惯性坐标系中 i 方向上的动量守恒方程：

$$\frac{\partial}{\partial t}(\rho v_i) + \frac{\partial}{\partial x_j}(\rho v_i v_j) = -\frac{\partial p}{\partial x_i} + \frac{\partial \tau_{ij}}{\partial x_j} + \rho g_i + F_i \tag{1-2}$$

其中，p 是静压，ρg_i 和 F_i 分别是 i 方向上的重力体积力和外部体积力。F_i 包含了相关源项，如多相流中相互作用力、多孔介质等源项。式（1－2）中的 τ_{ij} 称为粘性应力张量，它是由流体运动引起的，当运动停止后，其值等于零。τ_{ij} 的各分量是局部速度梯度张量 $\partial u_i/\partial x_j$ 各分量的线性齐次函数。应力张量由下式给出：

$$\tau_{ij} = \left[\mu\left(\frac{\partial v_i}{\partial x_j} + \frac{\partial v_j}{\partial x_i}\right)\right] - \frac{2}{3}\mu\frac{\partial v_l}{\partial x_l}\delta_{ij} \tag{1-3}$$

其中，δ_{ij} 为克罗内克符号（当 $i=j$ 时，$\delta_{ij}=1$；当 $i\neq j$ 时，$\delta_{ij}=0$，i，$j=1$，2，3）。关于张量表达的具体约定，可参考文献中的有关书籍。则式（1－2）可写成：

$$\frac{\partial}{\partial t}(\rho v_i) + \frac{\partial}{\partial x_j}(\rho v_i v_j) = \frac{\partial}{\partial x_j}\left(\mu\frac{\partial v_i}{\partial x_j}\right) + S_i \tag{1-4}$$

其中，

$$S_i = -\frac{\partial p}{\partial x_i} + \frac{\partial}{\partial x_j}\left(\mu\frac{\partial v_j}{\partial x_i} - \frac{2\mu}{3}\frac{\partial v_l}{\partial x_l}\delta_{ij}\right) + \rho g_i + F_i \tag{1-5}$$

式（1－2）或式（1－4）是动量守恒方程，简称动量方程、运动方程或 Navier－Stokes 方程。

1.2.3 能量方程

能量守恒定律实际就是热力学第一定律，该定律是含有热交换流动系统必须满足的基本定律。该定律可表述为：微元体中能量的增加率等于进入微元体的净热流量加上体力与面力对微元体所做的功。能量方程的通用形式为：

$$\frac{\partial}{\partial t}(\rho E) + \frac{\partial}{\partial x_j}(v_i(\rho E + p)) = \frac{\partial}{\partial x_j}\left(\lambda\frac{\partial T}{\partial x_j} - \sum_j h_j J_j + v_j\tau_{ij}\right) + S_h \tag{1-6}$$

其中，λ 是热传导系数，J_j 是组分 j 的扩散流量。方程式（1－6）右边的前三项分别描述了热传导、组分扩散和粘性耗散带来的能量输运。S_h 包括了化学反应热、辐射及其他的体积热源项。式（1－6）中，物质的能量 E 通常是内能、动能和势能三项之和：

$$E = i + \frac{p}{\rho} + \frac{v_i^2}{2} = h - \frac{p}{\rho} + \frac{v_i^2}{2} \tag{1-7}$$

其中，i、h 分别是物质的内能和焓。

对于涉及热传导或可压缩性的流动，可根据内能 i 与温度 T 间的关系，即 $i=c_pT$，由式（1－7）可得到温度 T 为变量的能量守恒方程：

$$\frac{\partial}{\partial t}(\rho T) + \frac{\partial}{\partial x_j}(\rho v_i T) = \frac{\partial}{\partial x_j}\left(\frac{\lambda}{c_p}\frac{\partial T}{\partial x_j}\right) + S_T \tag{1-8}$$

其中，

$$S_T = \frac{\partial}{\partial x_j}\left(-\sum_j h_j J_j + v_j\tau_{ij}\right) + S_h \tag{1-9}$$

S_T 为流体中包括了组分扩散、粘性耗散、化学反应、辐射及其他体积热源项。式（1－6）或式（1－8）简称为能量方程。

综合各基本方程式（1－1）、式（1－4）和式（1－8），可知有 v_i、p、T 和 ρ 等六个未知量，还需补充一个联系压力 p 和密度 ρ 的状态方程，方程组才能封闭。例如对理想气体，可补充状态方程式（1－10）：

$$\rho = \frac{1}{v} = \frac{p}{RT} \tag{1-10}$$

其中，v 为气体比容，即单位质量气体所占的体积，R 为普适气体常数。对实际气体，可补充范德瓦尔（Van der Wals）提出的经典状态方程式（1－11）：

$$\left(p + \frac{a}{v^2}\right)(v - b) = RT \tag{1-11}$$

式中的常数 a 和 b 称为范德瓦尔常数，它们随物质不同而异，与分子的大小和相互作用力有关，可由实验方法确定。

需要说明的是，虽然能量方程式（1－6）或式（1－8）是流动与传热问题的基本控制方程，但对于不可压流动，若热交换量很小可忽略不计时，可不考虑能量守恒方程。这样只需要联立求解连续方程式（1－1）及动量方程式（1－4）。

1.2.4 组分质量守恒方程

在一个具有多种化学组分的特定系统中，一般会存在质量的交换，每一种组分都要遵守组分质量守恒定律。组分质量守恒定律可表述为：系统内某种化学组分质量对时间的变化率，等于通过系统界面净扩散流量与通过化学反应产生的该组分的生产率之和。由组分质量守恒定律，可写出组分 s 的组分质量守恒方程：

$$\frac{\partial}{\partial t}(\rho c_s) + \frac{\partial}{\partial x_j}(\rho v_i c_s) = \frac{\partial}{\partial x_j}\left(D_s \frac{\partial(\rho c_s)}{\partial x_j}\right) + S_s \tag{1-12}$$

式中，c_s 为组分 s 的体积浓度，ρc_s 是组分 s 的质量浓度，D_s 为组分 s 的扩散系数，S_s 为系统单位时间内单位体积通过化学反应产生组分 s 的质量。式（1－12）左侧第一项、第二项分别称为组分的时间变化率、对流项，右侧第一项和第二项分别称为扩散项和反应项。

组分质量守恒方程常简称为组分方程。组分的质量守恒方程实际就是一个浓度传输方程，反映了组分的浓度随时间和空间的变化，因此组分方程在某些情况下也称为浓度方程。

1.2.5 控制方程的通用形式

比较流动传热四个基本控制方程式（1－1）、式（1－4）、式（1－8）和式（1－12）可以看出，虽然这些方程中因变量各不相同，但均反映了单位时间单位体积内物理量的守恒性质。如果用 ϕ 表示通用变量，则上述各控制方程都可以表示成以下通用形式：

$$\frac{\partial}{\partial t}(\rho\phi) + \frac{\partial}{\partial x_j}(\rho v_i \phi) = \frac{\partial}{\partial x_j}\left(\Gamma_\phi \frac{\partial \phi}{\partial x_j}\right) + S_\phi \tag{1-13}$$

式中，ϕ 为通用变量，代表着 v_i、T、c_s 等求解变量；Γ_ϕ 为广义扩散系数，S_ϕ 为广义源项。式（1－13）中各项依次为瞬态项、对流项、扩散项和源项。针对不同的方程，ϕ，Γ_ϕ 和 S_ϕ 具有不同的形式，表 1－1 给出了三个符号与各方程的对应关系。

表 1－1　通用控制方程式（1－13）中各符号的具体形式

方程	符号		
	ϕ	Γ_ϕ	S_ϕ
连续方程	1	0	0
动量方程	v_i	μ	$-\partial p/\partial x_i + S_i$
能量方程	T	λ/c_p	S_T
组分方程	c_s	$D_s\rho$	S_s

因此，所有控制方程都可将因变量、时间项、对流项和扩散项写成标准形式，然后将方程右端的其余各项集中在一起定义为源项，转换成通用微分方程形式，便于计算中使用通用程序对各控制方程进行求解。

1.3　运动参考系下的流动问题

1.3.1　运动参考系下的流动控制方程

上述流体控制方程是在静止参考系（惯性系）下的形式。然而，许多流体机械问题常常涉及运动部件（例如旋转的转子叶片、桨片以及固体运动壁面），而且这些运动部件的流动区域正是所需要关注的研究对象，运动部件的存在导致在静止参考系中的流动变成非稳态问题。若通过使用运动参考系（非惯性系），可以将运动部件的流动问题转化为稳态问题进行分析。例如对于一个旋转速度为常数的流体机械，如果将其流动控制方程转换到旋转参考系中，可以求解它的稳态解，同样也可以进行瞬态模拟计算。

下面考虑图 1－2 所示的一个相对于静止参考系以角速度 $\boldsymbol{\omega}$ 旋转的坐标系，旋转参考系原点以位置向量进行定位。

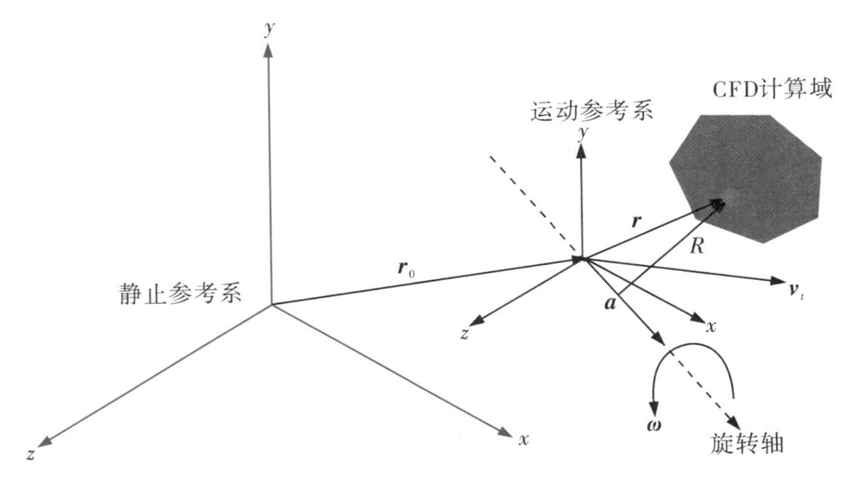

图 1－2　静止和运动参考系的关系

旋转轴通过单位向量进行定义：

$$\boldsymbol{\omega} = \omega \boldsymbol{a} \tag{1-14}$$

因此旋转系中任意点位置可通过位置向量及旋转参考系的原点进行确定。使用以下关系式将速度从静止系转化到旋转系：

$$\boldsymbol{v}_r = \boldsymbol{v} - \boldsymbol{u}_r \tag{1-15}$$

式（1-15）中：

$$\boldsymbol{u}_r = \boldsymbol{v}_t + \boldsymbol{\omega} \times \boldsymbol{r} \tag{1-16}$$

$\boldsymbol{v}_r$ 是相对速度（旋转系中观察的速度），$\boldsymbol{v}$ 是绝对速度（静止系中观察的速度）；$\boldsymbol{u}_r$ 为运动参考系在静止参考系下的速度，其中 $\boldsymbol{v}_t$ 是平动速度，$\boldsymbol{\omega}$ 是角速度。需要说明的是 $\boldsymbol{v}_t$ 和 $\boldsymbol{\omega}$ 可以是常数（恒速），也可以是时间 t 的函数（变速）。将上述关系带入静止惯性系的流体控制方程式（1-1）和式（1-2），分别得到运动参考系下的连续方程：

$$\frac{\partial \rho}{\partial t} + \nabla \cdot (\rho \boldsymbol{v}_r) = 0 \tag{1-17}$$

和动量方程：

$$\frac{\partial}{\partial t}(\rho \boldsymbol{v}_r) + \nabla \cdot (\rho \boldsymbol{v}_r \boldsymbol{v}_r) + \rho(2\boldsymbol{\omega} \times \boldsymbol{v}_r + \boldsymbol{\omega} \times (\boldsymbol{\omega} \times \boldsymbol{r}) + \boldsymbol{\varepsilon} \times \boldsymbol{r} + \boldsymbol{a}) = -\nabla p + \nabla \cdot [\tau_r] + \boldsymbol{F} \tag{1-18}$$

其中，$\boldsymbol{\varepsilon} = \mathrm{d}\boldsymbol{\omega}/\mathrm{d}t$ 和 $\boldsymbol{a} = \mathrm{d}\boldsymbol{v}/\mathrm{d}t$ 分别为运动参考系在静止参考系下的角加速度和平动加速度，$[\tau_r]$ 是运动参考系下的粘性应力张量。

动量方程式（1-18）中含有4个加速度项，其中哥氏（Coriolis）加速度 $2\boldsymbol{\omega} \times \boldsymbol{v}_r$ 和离心加速度 $\boldsymbol{\omega} \times (\boldsymbol{\omega} \times \boldsymbol{r})$ 无论是恒速运动参考系还是变速参考系都是存在的；另外两个加速度项 $\boldsymbol{\varepsilon} \times \boldsymbol{r}$ 和 $\boldsymbol{a}$ 在恒速旋转或恒速平动时为零，但在变速旋转或变速平动的场合不能为零，因此式（1-17）和式（1-18）可看做是变速参考系下的流动控制方程组。另外，式（1-18）中的粘性应力除使用了相对速度导数外在形式上与式（1-2）相同。可见在运动参考系下，运动方程包含了由静止参考系转化为运动参考系所形成的额外加速度项。

能量方程式（1-6）的形式不变，但其中的内能需要采用相对内能或相对总焓，这些变量定义为：

$$E_r = h - \frac{p}{\rho} + \frac{1}{2}(v_r^2 - u_r^2) \tag{1-19}$$

$$H_r = E_r + \frac{p}{\rho} \tag{1-20}$$

1.3.2 单参考系

对于许多流体机械问题如仅研究其转子内的流动问题，则整个计算区域可采用一个运动参考系，称之为单参考系（Single Reference Frame，SRF）。在 SRF 模型下，对该问题采取适当的边界条件可进行稳态求解，此时在相对参考系下，转子壁面上的相对流速为零，因此边界为无滑移条件。

在旋转运动参考系下也经常使用关于旋转轴的周期性边界条件。例如，当模拟透平机械中的叶片流动时，可采用其中一个叶片周围区域建立周期计算域，也能很好地求解叶片表面的流动并减少计算所耗费的时间。有关边界条件的内容详见 1.5.2 节。

1.3.3 多参考系

流体机械的大部分问题同时涉及运动部件（转子）和静止部件（定子），如图 1－3 所示，无法单独使用 SRF 参考系或静止参考系求解，必须将模型分成多个计算区域，使用分界面（图中虚线部分）将各区域分隔和关联，这种处理方式就是多参考系（Multiple Reference Frame，MRF）的计算方法。MRF 模型是多区域计算方法中最常用的一种。它采用稳态近似，运动部件的区域通过运动参考系方程式（1－17）～式（1－20）求解，而静止区域则通过静止参考系方程式（1－1）～式（1－6）求解。

图 1－3a 是旋转机械流动仿真中最典型的问题，除了静止壳体还有一个旋转叶轮，对该问题可使用 2 个参考系：除了静止参考系，还可定义一个包含叶轮及其周围流体的旋转参考系。图 1－3b 所示的流动问题包含两个转向和转速不同的叶轮，这种问题则可使用 3 个参考系：外部静止参考系及两个旋转参考系。

对于多参考系下的非稳态问题需要采用滑移网格方法捕捉流动的瞬态行为，这部分内容在 1.6.5 节中讨论。

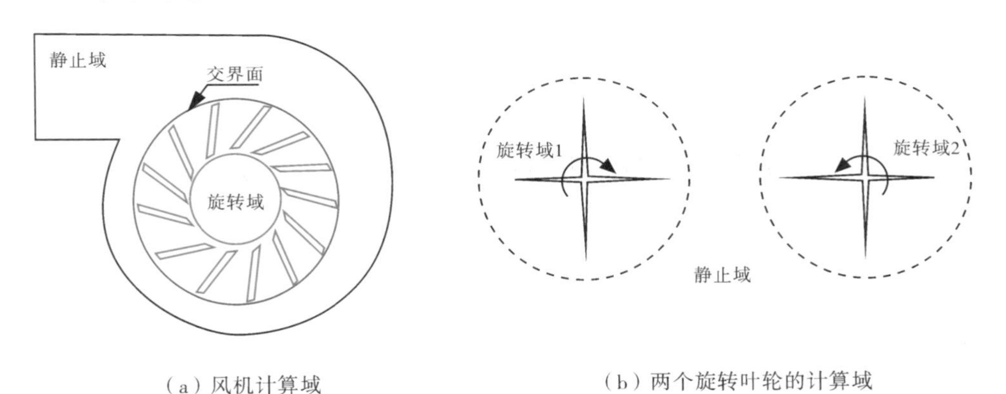

（a）风机计算域　　（b）两个旋转叶轮的计算域

图 1－3 多参考系

对于温度、压力、密度、湍动能等标量，在参考系之间进行传递时不发生改变，因此在不同参考系中不需要做专门处理。但对于速度及速度梯度等矢量，在不同参考系下其大小和方向都可能发生改变。因此，在两个子区域之间的分界面需要保持绝对速度的连续性，以提供正确的衔接关系。按照式（1－15）和式（1－16），得到绝对流速：

$$\boldsymbol{v} = \boldsymbol{v}_r + \boldsymbol{\omega} \times \boldsymbol{r} + \boldsymbol{v}_t \tag{1-21}$$

绝对速度梯度可以表示为：

$$\nabla \boldsymbol{v} = \nabla \boldsymbol{v}_r + \nabla(\boldsymbol{\omega} \times \boldsymbol{r}) \tag{1-22}$$

需要说明的是，作为一个稳态近似方法，MRF 方法不需要使相邻的两个运动区域间产生相对运动，计算的网格依然是固定不动的，这如同在某个瞬间对运动部件“定格”进行观测。因此，MRF 方法也常称为“冻结转子法”。MRF 对许多流体机械仿真提供了一个有效的流动模型。例如，在一些转子与定子弱耦合的透平机械问题中，可以使用 MRF 模型。MRF 模型也可为瞬态的滑移网格计算提供一个很好的初始条件。

1.4 湍流理论简介

流体机械及工程应用中绝大多数流动处于湍流状态，是流动仿真中需要考虑的问题。流体试验表明，当 Reynolds 数小于某一临界值时，流动是平稳的，相邻的流体层层次分明有序地流动，这种流动称做层流。当 Reynolds 数大于临界值时，流动呈无序的混乱状态，相邻的流体层互相掺混。此时流动是不稳定的，速度等流动特性都随机变化，这种状态称为湍流。

从物理结构上看，湍流是由各种不同尺度的涡叠加成的流动，这些涡的大小及旋转的方向是随机的。大尺度涡的尺寸与流场的大小相当，它主要由惯性、边界条件所决定，是引起低频脉动的原因；小尺度涡主要由粘性力决定，其尺寸可能只有流场尺度的千分之一的数量级，是引起高频脉动的原因。湍流不同尺度涡的随机运动造成了物理量的脉动，图 1－4 是在湍流状态下某一点流速随时间的变化情况。

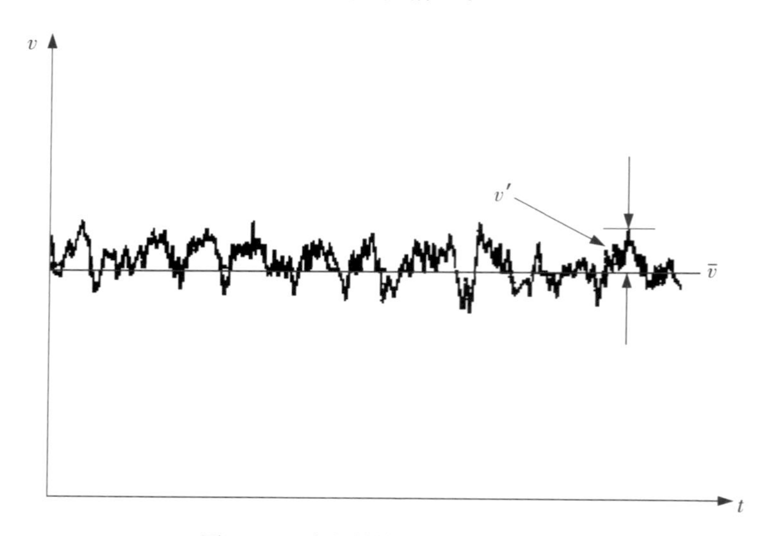

图 1－4　湍流某特定点的实际速度

1.4.1 湍流计算方法的分类

湍流计算方法大体上可分为直接数值模拟和非直接计算方法，其分类如图 1－5 所示。直接数值模拟是指直接求解瞬时湍流控制方程式（1－1）和式（1－2）。它最大的优点是无需对湍流做任何简化或近似，理论上可以得到相对准确的计算结果。但湍流脉动是小尺度且高频率的，例如在一个（$0.1 \times 0.1 \times 1.0$）$m^3$的流动域内，要捕捉所有尺度的涡，计算的网格节点数将高达 10^9 到 10^{12}。同时，时间的计算步长要求在 100μs 以下，才能分辨出湍流的结构及时间特性。对如此计算要求，以现有的计算机条件还无法用于真正意义上的工程计算，所以在此不做进一步介绍。非直接计算方法是不直接计算湍流的脉动特性，而是设法对湍流做某种程度的近似和简化处理，例如采用时均的 Reynolds 平均法。

非直接计算方法中包括了大涡模拟方法、Reynolds 平均法（RANS）及统计平均法。统计平均法是基于湍流相关函数的统计理论，主要用相关函数及谱分析的方法来研究湍流结构，在工程中应用不是很广泛，在此也不做进一步介绍。

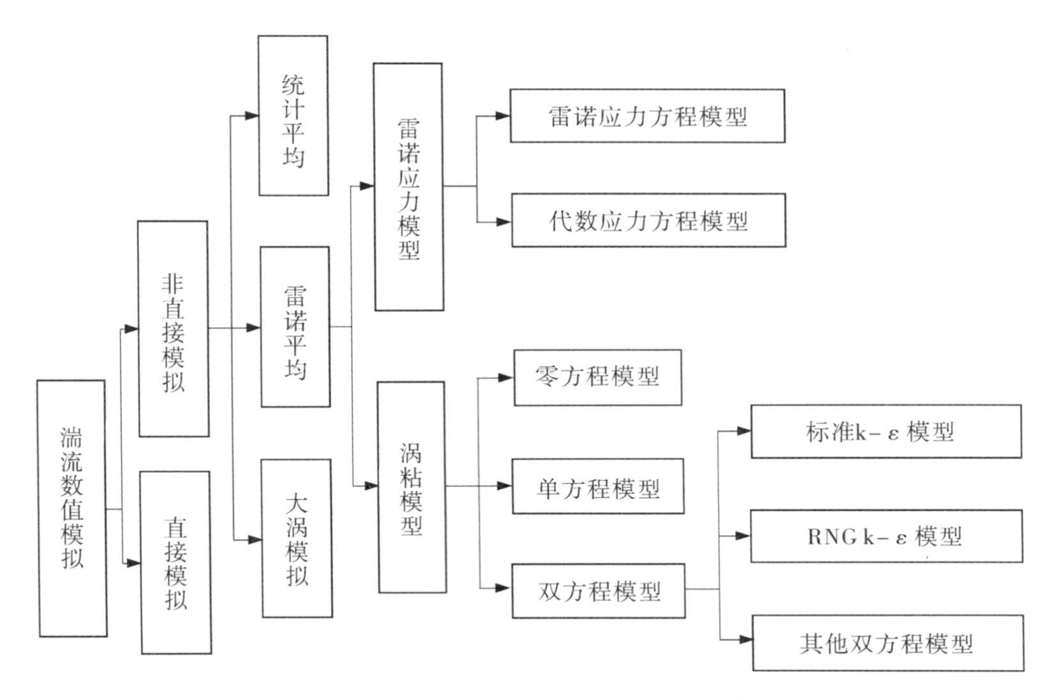

图 1－5　湍流数值模拟方法及相应的湍流模型

1.4.2　Reynolds 平均法（RANS）

1.4.2.1　Reynolds 时均方程

湍流使得流体介质之间的动量、能量和浓度交换发生变化，并引起数量的脉动。一般认为，无论湍流运动多么复杂，非稳态的连续方程和 Navier－Stokes 方程对于湍流的瞬时运动仍然是适用的。在此以连续方程式（1－1）和运动方程式（1－2）为例，写出湍流瞬时控制方程。为了考察脉动的影响，现引入 Reynolds 平均法，即把湍流运动看做由两个流动叠加而成，一是时间平均流动，一是瞬时脉动流动，如图 1－4 所示。任一变量 ϕ（如流速、压力、能量或粒子浓度）的时间平均值定义为：

$$\overline{\phi} = \frac{1}{\Delta t}\int_{t}^{t+\Delta t}\phi(t)\,\mathrm{d}t \tag{1-23}$$

这里，上画线“－”代表对时间的平均值。如果用上标“′”代表脉动值，物理量的瞬时值 ϕ、时均值 $\overline{\phi}$ 及脉动值 ϕ' 之间有如下关系：

$$\phi = \overline{\phi} + \phi' \tag{1-24}$$

将式（1－24）代入瞬时的连续方程式（1－1）、动量方程式（1－2）及控制方程的通用形式（1－13），并对时间取平均，得到湍流时均流动的控制方程如下式（为简化起见，除脉动值的时均值外，下式中去掉了表示时均值的上画线符号“－”，如 $\overline{\phi}$ 用 ϕ 来表示）：

$$\frac{\partial \rho}{\partial t} + \frac{\partial}{\partial x_i}(\rho v_i) = S_m \tag{1-25}$$

$$\frac{\partial}{\partial t}(\rho v_i) + \frac{\partial}{\partial x_j}(\rho v_i v_j) = \frac{\partial}{\partial x_j}\left(\mu\frac{\partial v_i}{\partial x_j} - \rho\,\overline{v'_i v'_j}\right) + S_i \tag{1-26}$$

$$\frac{\partial}{\partial t}(\rho\phi)+\frac{\partial}{\partial x_j}(\rho v_i\phi)=\frac{\partial}{\partial x_j}\left(\Gamma_\phi\frac{\partial\phi}{\partial x_j}-\rho\overline{\phi' v'_j}\right)+S_\phi \tag{1-27}$$

式（1－25）～式（1－27）是时均连续方程、运动方程和标量 ϕ 的时均输运方程。由于在式（1－26）中采用了 Reynolds 平均法，因此，式（1－26）称为 Reynolds 时均 Navier－Stokes 方程（简称 RANS），或直接称为 Reynolds 方程。式（1－27）是标量 ϕ 的时均输运方程。

对比原来的瞬态控制方程式（1－4）可以看到，时均流动方程式（1－26）里多出了与 $-\rho\overline{v'_i v'_j}$ 有关的项，因此定义该项为 Reynolds 应力，即：

$$\tau'_{ij}=-\rho\overline{v'_i v'_j} \tag{1-28}$$

这里，τ'_{ij} 实际对应了 6 个独立的 Reynolds 应力项，即 3 个正应力和 3 个切应力。

虽然瞬时的 Navier－Stokes 方程可以用于描述湍流，但 Navier－Stokes 方程的非线性使得在复杂形体的高雷诺数湍流得到精确时间解不太现实。从工程应用的观点看，重要的是湍流所引起的平均流场的变化，是整体宏观的效果。因此人们很自然地想到求解时均化的 Navier－Stokes 方程，将瞬态的脉动量通过某种模型在时均化方程中体现出来，由此产生了 Reynolds 平均法。Reynolds 平均法是目前最为广泛使用的湍流计算方法，该方法核心是不直接求解瞬时的 Navier－Stokes 方程，而是设法求解时均化的 Reynolds 方程式（1－26）和式（1－27）。这不仅可以避免直接数值模拟的计算量大的问题，而且对工程实际应用可以取得很好的效果。

由式（1－25）、式（1－26）和式（1－27）构成的方程组共有 5 个方程（式（1－26）方程实际是 3 个），现在新增了 6 个 Reynolds 应力项 $-\rho\overline{v'_i v'_j}$，这属于新的未知量，再加上原来的 5 个时均未知量（u_i、p 和 ϕ），总共有 11 个未知量，因此方程组不再封闭。要使方程组封闭，必须对 Reynolds 应力做出某种假定，即需要增加新的湍流模型方程，把湍流的脉动值与时均值等联系起来。由于没有特定的物理定律可以用来建立湍流模型，所以目前的湍流模型只能以大量的实验数据为基础，采用半经验半理论方法对湍流进行计算。

几乎没有一个湍流模型适用于所有的湍流问题。为选择合适的模型，需要了解不同模型的适用范围和限制，考虑精度要求、计算机能力以及时间的限制。根据对 Reynolds 应力做出的假定或处理方式不同，目前常用的湍流模型有两大类，即涡粘模型和 Reynolds 应力模型。

1.4.2.2 涡粘模型

在涡粘模型中，不直接处理 Reynolds 应力项，而是引入湍动粘度（Turbulent Viscosity），或称涡粘系数（Eddy Viscosity），把湍流应力表示成湍动粘度的函数。湍动粘度的概念源于 Boussinesq 提出的涡粘假定，该假定建立了 Reynolds 应力与平均速度梯度的关系：

$$-\rho\overline{v'_i v'_j}=\mu_t\left(\frac{\partial v_i}{\partial x_j}+\frac{\partial v_j}{\partial x_i}\right)-\frac{2}{3}\left(\rho k+\mu_t\frac{\partial v_l}{\partial x_l}\right)\delta_{ij} \tag{1-29}$$

这里 μ_t 为湍动粘度，v_i 为时均速度，δ_{ij} 为克罗内克符号，k 为湍动能：

$$k=\frac{1}{2}\overline{v'_i v'_i} \tag{1-30}$$

系数 μ_t 是空间坐标的函数，取决于湍流状态而不是流体物性参数，由于 μ_t 的量纲与流体动力粘度 μ 一致，因此称为湍动粘度，下标 t 表示湍流运动。将式（1－29）代入式（1－25）、式（1－26）得到湍流时均流动的控制方程：

$$\frac{\partial \rho}{\partial t} + \frac{\partial}{\partial x_i}(\rho v_i) = S_m \tag{1-31}$$

$$\frac{\partial}{\partial t}(\rho v_i) + \frac{\partial}{\partial x_j}(\rho v_i v_j) = \frac{\partial}{\partial x_j}\left((\mu + \mu_t)\frac{\partial v_i}{\partial x_j} + \mu_t \frac{\partial v_j}{\partial x_i} - \frac{2}{3}\left(\rho k + \mu_t \frac{\partial v_l}{\partial x_l}\right)\delta_{ij}\right) + S_i \tag{1-32}$$

同理，对于湍流中热量传递问题，引入 Reynolds 平均法，得到湍流的时均能量方程：

$$\frac{\partial}{\partial t}(\rho E) + \frac{\partial}{\partial x_j}(v_i(\rho E + p)) = \frac{\partial}{\partial x_j}\left(\lambda_{eff}\frac{\partial T}{\partial x_j} + v_i (\tau_{ij})_{eff}\right) + S_h \tag{1-33}$$

这里 E 是总能，λ_{eff} 是等效热传导系数，$(\tau_{ij})_{eff}$ 是等效应力张量：

$$(\tau_{ij})_{eff} = (\mu + \mu_t)\left(\frac{\partial v_i}{\partial x_j} + \frac{\partial v_j}{\partial x_i}\right) - \frac{2}{3}(\mu + \mu_t)\frac{\partial v_i}{\partial x_i}\delta_{ij} \tag{1-34}$$

由上面方程组可见，引入 Boussinesq 假定后，计算湍流问题的关键在于如何确定 μ_t。涡粘模型就是把 μ_t 与湍流时均参数关联起来的关系式。依据确定 μ_t 的微分方程数目的不同，涡粘模型包括零方程模型与一方程模型和双方程模型。零方程模型在实际工程中很少使用。一方程模型考虑了湍动的对流输运和扩散输运，因而比零方程模型更为合理。但一方程模型中如何确定长度比尺 l 仍为不易解决的问题，因此没有得到推广应用。

双方程湍流模型是在一方程模型的基础上引入一个关于湍流耗散率 ε 的方程后形成的。该模型是目前使用最广泛的湍流模型，它能够较准确地计算各种复杂湍流流动，计算量在工程中也是可以接受的范围。下面介绍工程中常用的标准 k－ε 模型和 RNG k－ε 模型等双方程湍流模型。

（1） 标准 k－ε 模型

标准 k－ε 模型自从由 Launder 和 Spalding 提出之后，就变成了工程计算中的主要工具。该模型具有适用范围广、经济性好和精度合理等特点。标准 k－ε 模型是个半经验公式，主要是基于湍流动能和扩散率。模型中的湍流耗散率 ε 定义为：

$$\varepsilon = \frac{\mu}{\rho}\overline{\left(\frac{\partial v'_i}{\partial x_k}\right)\left(\frac{\partial v'_i}{\partial x_k}\right)} \tag{1-35}$$

湍流粘度 μ_t 由式（1－36）确定：

$$\mu_t = \rho C_\mu \frac{k^2}{\varepsilon} \tag{1-36}$$

式中，C_μ 是常量；k－ε 模型假定流场完全是湍流，分子之间的粘性可以忽略，故标准k－ε 模型只适用于完全湍流场合。标准 k－ε 模型的湍动能 k 方程和耗散率 ε 方程分别为：

$$\frac{\partial}{\partial t}(\rho k) + \frac{\partial}{\partial x_j}(\rho v_i k) = \frac{\partial}{\partial x_j}\left(\left(\mu + \frac{\mu_t}{\sigma_k}\right)\frac{\partial k}{\partial x_j}\right) + G_k + G_b - \rho\varepsilon - Y_M \tag{1-37}$$

$$\frac{\partial}{\partial t}(\rho \varepsilon) + \frac{\partial}{\partial x_j}(\rho v_i \varepsilon) = \frac{\partial}{\partial x_j}\left(\left(\mu + \frac{\mu_t}{\sigma_\varepsilon}\right)\frac{\partial \varepsilon}{\partial x_j}\right) + C_{1\varepsilon}\frac{\varepsilon}{k}(G_k + C_{3\varepsilon}G_b) - C_{2\varepsilon}\rho\frac{\varepsilon^2}{k} \tag{1-38}$$

式（1－37）和式（1－38）中 G_k 表示由平均速度梯度引起的湍流动能生成项：

$$G_k = \mu_t\left(\frac{\partial v_i}{\partial x_j} + \frac{\partial v_j}{\partial x_i}\right)\frac{\partial v_i}{\partial x_j} = \mu_t S^2 \tag{1-39}$$

G_b、Y_M 分别是浮力产生的湍动能和可压缩湍流中扩散产生的生成项，它们的具体形式可参考有关资料；$C_{1\varepsilon}$、$C_{2\varepsilon}$ 和 $C_{3\varepsilon}$ 是常量；σ_k 和 σ_ε 是 k 方程和 ε 方程的湍流 Prandtl 数。模型常量有以下数值：$C_{1\varepsilon}=1.44$，$C_{2\varepsilon}=1.92$，$C_\mu=0.09$，$\sigma_k=1.0$，$\sigma_\varepsilon=1.3$。

对于可压缩流动计算中与浮力相关的系数 $C_{3\varepsilon}$，当主流方向与重力方向平行时，$C_{3\varepsilon}=1.0$；当主流方向与重力方向垂直时，$C_{3\varepsilon}=0$。这些常量是从试验中得来的。对于标准 k－ε模型，湍流的时均能量方程式（1－33）中的等效热传导系数具体为：

$$\lambda_{eff}=\lambda+\frac{c_p\mu_t}{\mathrm{Pr}_t} \qquad (1-40)$$

这里 λ 是热传导系数，Pr_t 是湍流能量 Prandtl 数。

（2）RNG k－ε 模型

标准 k－ε 模型仅是一种高雷诺数的模型。因此，RNG k－ε 模型在标准 k－ε 模型基础上做了一些改进，提供了一个考虑低雷诺数流动粘性的计算公式，可以较好地得到近壁区域近似：

$$\frac{\partial}{\partial t}(\rho k)+\frac{\partial}{\partial x_j}(\rho v_i k)=\frac{\partial}{\partial x_j}\left(\alpha_k\mu_{eff}\frac{\partial k}{\partial x_j}\right)+G_k+G_b-\rho\varepsilon-Y_M \qquad (1-41)$$

$$\frac{\partial}{\partial t}(\rho\varepsilon)+\frac{\partial}{\partial x_j}(\rho v_i\varepsilon)=\frac{\partial}{\partial x_j}\left(\alpha_\varepsilon\mu_{eff}\frac{\partial\varepsilon}{\partial x_j}\right)+C_{1\varepsilon}^*\frac{\varepsilon}{k}(G_k+C_{3\varepsilon}G_b)-C_{2\varepsilon}\rho\frac{\varepsilon^2}{k}-R_\varepsilon \qquad (1-42)$$

其中，$\mu_{eff}=\mu+\mu_t$，$C_{1\varepsilon}^*=C_{1\varepsilon}-\dfrac{\eta(1-\eta/\eta_0)}{1+\beta\eta^3}$，$\eta=(2S_{ij}\cdot S_{ij})^{1/2}\dfrac{k}{\varepsilon}$，$S_{ij}=\dfrac{1}{2}\left(\dfrac{\partial u_i}{\partial x_j}+\dfrac{\partial u_j}{\partial x_i}\right)$，$\eta_0=4.377$，$\beta=0.012$。$G_k$、$G_b$、$Y_M$ 和 μ_t 是与标准 k－ε 模型定义相同的物理量，$C_{1\varepsilon}$、$C_{2\varepsilon}$ 和 $C_{3\varepsilon}$ 是常量；α_k 和 α_ε 是 k 方程和 ε 方程的湍流 Prandtl 数。模型的几个常量具体数值为：$C_{1\varepsilon}=1.42$，$C_{2\varepsilon}=1.68$，$C_\mu=0.0845$，$\alpha_k=\alpha_\varepsilon=1.39$。

对于 RNG k－ε 模型，湍流的时均能量方程式（1－33）中的等效热传导系数 λ_{eff} 为：

$$\lambda_{eff}=\alpha c_p\mu_{eff} \qquad (1-43)$$

这里 α 是湍流的 Prandtl 数。$\alpha=\alpha_k=\alpha_\varepsilon=1.393$。

1.4.2.3 雷诺应力模型

雷诺应力模型（Reynolds Stress Model，RSM）的核心是直接构建表示 Reynolds 应力的方程，然后联立求解式（1－25）、式（1－26）、式（1－27）。雷诺应力模型本质就是计算雷诺应力 $\overline{v'_iv'_j}$，从而使动量方程组封闭。通常情况下，Reynolds 应力方程是微分形式的，称为 Reynolds 应力方程模型。若将 Reynolds 应力方程的微分形式简化为代数方程的形式，则称为代数应力方程模型。与涡粘模型按雷诺应力各向同性假设不同，雷诺应力模型（RSM）是按雷诺应力各向异性的假设得到的最完整的湍流模型。例如对飓风流动、燃烧室高速旋转流和管道中二次流，需要使用雷诺应力模型。Reynolds 应力微分方程有：

$$\begin{aligned}\frac{\partial}{\partial t}(\rho\overline{v'_iv'_j})+\underbrace{\frac{\partial}{\partial x_k}(\rho v_k\overline{v'_iv'_j})}_{C_{ij}}=&-\underbrace{\frac{\partial}{\partial x_k}(\rho\overline{v'_iv'_jv'_k}+\overline{p'v'_j}\delta_{kj}+\overline{p'v'_j}\delta_{ik})}_{D_{T,ij}}\\&+\underbrace{\frac{\partial}{\partial x_k}\left(\mu\frac{\partial}{\partial x_k}(\overline{v'_iv'_j})\right)}_{D_{L,ij}}-\underbrace{\rho\left(\overline{v'_iv'_k}\frac{\partial v_j}{\partial x_k}+\overline{v'_jv'_k}\frac{\partial v_i}{\partial x_k}\right)}_{P_{ij}}-\underbrace{\rho\beta(g_i\overline{v'_j\theta}+g_j\overline{v'_i\theta})}_{G_{ij}}\\&+\underbrace{\overline{p\left(\frac{\partial v'_j}{\partial x_i}+\frac{\partial v'_i}{\partial x_j}\right)}}_{\phi_{ij}}-\underbrace{2\mu\overline{\frac{\partial v'_j}{\partial x_k}\frac{\partial v'_i}{\partial x_k}}}_{\varepsilon_{ij}}-\underbrace{2\rho\Omega_k(\overline{v'_mv'_j}\varepsilon_{ikm}+\overline{v'_iv'_m}\varepsilon_{jkm})}_{F_{ij}}\end{aligned} \qquad (1-44)$$

在这些项中，C_{ij}、$D_{L,ij}$、P_{ij}、F_{ij} 分别代表对流项、分子扩散项、应力生成项和因系统旋转的生成项，它们是与 $\overline{v'_iv'_j}$ 关联的项，不需要进一步建立模型，而 $D_{T,ij}$、G_{ij}、ϕ_{ij}、ε_{ij} 分别代

表湍流扩散项、浮力生成项、压力张力和湍流耗散项，需要进一步建立模型方程使方程组封闭。

RSM 考虑了雷诺应力各向异性效应，对各种复杂问题应具有更高的预测精度，但从目前的实际计算看，它并不一定比其他模型效果好。另一方面，就三维问题而言，采用 RSM 意味着要多求解 6 个 Reynolds 应力的微分方程，要求较高的计算机配置和占用较多的计算资源。因此，目前 RSM 尚不及涡粘模型应用广泛。

1.4.3 大涡模拟（LES）模型

1.4.3.1 LES 的核心思想

大涡模拟（Large Eddy Simulation，LES）是介于直接数值模拟与 Reynolds 平均法之间的一种湍流数值模拟方法。随着计算机硬件条件的改进，大涡模拟方法的研究应用出现较快发展趋势。湍流是由一系列尺度大小不同的涡组成，然而湍流中物理量的输运，主要由大尺度涡起主导作用。大尺度涡与流动问题密切相关，其结构由几何及边界条件所规定。而小尺度涡几乎不受几何及边界条件的影响，趋向于各向同性。因此，大涡模拟的思路就是只对大于网格尺度的涡流采用直接数值模拟，而小尺度涡流及其影响则通过建立类似 RANS 的模型解决，从而形成了大涡模拟法。

具体操作上，大涡模拟首先建立数学滤波函数，从湍流瞬时运动方程中滤掉小尺度的涡，从而得到描写大涡流场的运动方程，被滤掉的小涡对大涡运动的影响，则通过在大涡流场的运动方程中引入附加应力项来体现。该应力项类似 Reynolds 平均法中的 Reynolds 应力项，被称为亚格子尺度应力。第二步就是要建立亚格子尺度应力项的数学模型，简称 SGS 模型。下面给出 LES 方程，同时给出网格上的应力模型及其边界条件。

1.4.3.2 过滤的 N－S 方程

LES 方程通过空间域对 N－S 方程滤掉比过滤网格小的旋涡，从而得到大涡的运动方程。过滤的变量定义为：

$$\bar{\phi} = \int_D \phi G(x,x')\mathrm{d}x' \tag{1-45}$$

其中，D 为流场区域，G 为决定过滤尺寸的函数：

$$G(x,x') = \begin{cases} 1/V & x' \in v \\ 0 & x' \notin v \end{cases} \tag{1-46}$$

其中，V 为计算单元的体积，目前 LES 理论主要用于不可压缩流体。将不可压缩 N－S 方程代入式（1－45）和式（1－46）过滤，得到以下方程：

$$\frac{\partial \rho}{\partial t} + \frac{\partial}{\partial x_i}(\rho \bar{v}_i) = 0 \tag{1-47}$$

$$\frac{\partial}{\partial t}(\rho \bar{v}_i) + \frac{\partial}{\partial x_j}(\rho \bar{v}_i \bar{v}_j) = \frac{\partial}{\partial x_j}\left(\mu \frac{\partial \bar{v}_i}{\partial x_j}\right) - \frac{\partial \bar{p}}{\partial x_j} - \frac{\partial \tau_{ij}}{\partial x_j} \tag{1-48}$$

其中，τ_{ij} 为亚网格尺度应力，定义为：

$$\tau_{ij} = \rho \overline{v_i v_j} - \rho \bar{v}_i \bar{v}_j \tag{1-49}$$

它表征了小尺度涡运动对大涡方程的影响。由此可见，过滤后的方程式（1－48）与Reynolds 方程式（1－26）形式上类似，不同之处在于过滤后的方程式（1－48）仍为瞬时变量，而不同于 Reynolds 方程式（1－26）的时间平均量，另外亚网格尺度应力式（1－49）与 Reynolds 应力表达式（1－28）也不同。

1.4.3.3　亚网格模型

为使过滤得到的大涡运动方程式（1－48）封闭，需要对亚网格尺度应力式（1－49）建模，目前使用最广的旋涡粘性模型方程为：

$$\tau_{ij} - \frac{1}{3}\tau_{kk}\zeta_{ij} = -2\mu_t \bar{S}_{ij} \tag{1-50}$$

其中，μ_t 为亚网格湍流粘性力，$\bar{S}_{ij}$ 是其旋转张量：

$$\bar{S}_{ij} = \frac{1}{2}\left(\frac{\partial \bar{v}_i}{\partial x_j} + \frac{\partial \bar{v}_j}{\partial x_i}\right) \tag{1-51}$$

对于 μ_t 的计算，下面引入 Smagorinsky－Lilly 模型，该模型是亚网格模型的基础，方程为：

$$\mu_t = \rho L_s^2 |\bar{S}| \tag{1-52}$$

其中，L_s 为网格的混合长度，并且 $|\bar{S}| = \sqrt{2\bar{S}_{ij}\bar{S}_{ij}}$，$L_s$ 计算公式为：

$$L_s = \min(\kappa d, C_s V^{1/3}) \tag{1-53}$$

其中，κ 为 Von Karman 常数（$\kappa = 0.4187$），d 为研究质点到壁面的最近距离，V 为计算单元的体积，C_s 为 Samagorin 常数，对大部分流动来说，$C_s = 0.1$。LES 模型所受的限制要比直接数值模拟方法少得多，然而在实际计算中，仍需耗费很高的计算成本。

1.4.4　近壁面处的湍流流动

试验表明，对于有固体壁面的充分发展的湍流流动，沿壁面法线的不同距离上，可将流动划分为壁面区（或称内区、近壁区）和核心区（或称外区）。核心区即完全湍流区，前面已做了讨论，下面只讨论壁面区的流动。

在壁面区，流体运动受壁面流动条件的影响比较明显，壁面区又可分为 3 个子层：粘性底层、过渡层、对数率层。粘性底层是一个紧贴固体壁面的极薄层，其中粘性力在动量、热量及质量交换中起主导作用，湍流切应力可以忽略，所以流动几乎是层流流动，平行于壁面的速度分量沿壁面法线方向为线性分布。过渡层处于粘性底层的外面，其中粘性力与湍流切应力的作用相当，流动状况比较复杂，很难用一个公式或定律来描述。由于过渡层的厚度极小，所以在工程计算中通常不明确划出而归入对数律层。对数律层处于最外层，其中粘性力的影响不明显，湍流切应力占主要地位，流动处于充分发展的湍流状态，流速分布接近对数律。

为了用公式描述粘性底层和对数律层内的流动，现引入两个无量纲的参数 u^+ 和 y^+，分别表示流速和几何距离：

$$u^+ = \frac{u}{u_\tau} \tag{1-54}$$

$$y^+ = \frac{\Delta y \rho u_\tau}{\mu} = \frac{\Delta y}{\nu}\sqrt{\frac{\tau_w}{\rho}} \tag{1-55}$$

其中，u 是流体的时均速度，u_τ 是壁面摩擦速度 $u_\tau = \sqrt{\tau_w/\rho}$，$\tau_w$ 是壁面切应力，Δy 是所研究质点到壁面的距离。图 1－6 是以 y^+ 的对数为横坐标，u^+ 为纵坐标，表示壁面区内三个子层及核心区内的流速的曲线。图 1－6 中的离散点符号表示不同 Re 数下实测得到的速度值 u^+，直线代表对速度拟合后的结果。

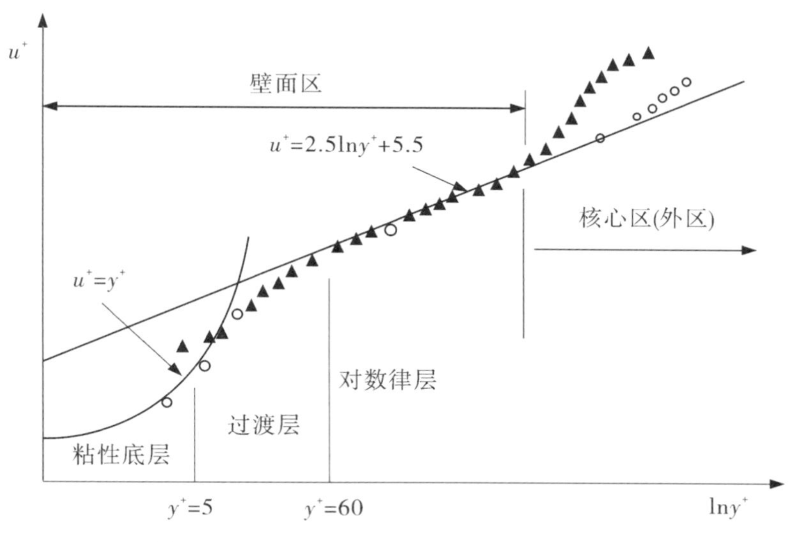

图 1－6　壁面区 3 个子层的划分与相应的流速

由图 1－6 可见，当 $y^+<5$ 时，所对应的区域是粘性底层，这时速度沿壁面法线方向呈线性分布：

$$u^+ = y^+ \tag{1-56}$$

当 $60<y^+<300$ 时，流动处于对数律层，这时速度沿壁面法线方向呈对数律分布：

$$u^+ = \frac{1}{\kappa}\ln(Ey^+) \tag{1-57}$$

其中，κ 为 Von Karman 常数（$\kappa=0.4187$），E 是与表面粗糙度有关的常数，对于光滑壁面 $E=9.8$，壁面粗糙度的增加将使得 E 值减小。

1.5　边界条件与初始条件

初始条件与边界条件是控制方程有确定解的前提，控制方程与相应的初始条件、边界条件的组合构成对一个物理过程完整的数学描述。

1.5.1　初始条件

初始条件是所研究对象在过程开始时刻各个求解变量的空间分布情况。对于瞬态问题，必须给定初始条件。对于稳态问题，不需要初始条件。尽管如此，由于绝大部分的流动问题属于非线性问题，一般需要对各个求解变量赋予初值才能进行迭代计算。

1.5.2　边界条件

边界条件是求解流动或传热变量或其导数在求解域边界上空间和时间的变化规律。无论是瞬态问题还是稳态问题，都需要给定边界条件。边界条件按分类主要有进出口边界条件、壁面边界条件、对称边界条件和周期性边界条件。

1.5.2.1　流动入口和出口

常见的流动的出入口边界条件主要有速度入口、压力入口、质量入口、压力出口和质量出口。当模拟进风口、进气扇或通风口等特殊边界条件时，需要引入特定的损失系数或压力温度等参数的变化情况，这类边界条件在此不做详细介绍。

（1）速度入口

该边界条件用于定义流动入口边界的速度和相关标量。速度入口边界条件需要指定速度大小与方向或者速度分量和温度等。

（2）压力入口

该边界条件用于压力已知但是流速或流量未知的情况。压力入口边界条件适用于可压缩流动，也可用于不可压缩流动。对于不可压缩流动，通过入口边界的伯努利方程得到总压：

$$p_0 = p + \frac{1}{2}\rho v^2 \tag{1-58}$$

对于可压缩流动，通过理想气体的能量关系式得到总压：

$$p_0 = p\left[1 + \frac{\gamma - 1}{2}M^2\right]^{\gamma/(\gamma-1)} \tag{1-59}$$

其中，p_0 为总压，p 为静压，M 为马赫数，γ 为比热比（c_p/c_v）。马赫数定义为：

$$M = \frac{v}{c} = \frac{v}{\sqrt{\gamma RT}} \tag{1-60}$$

其中 c 是当地音速。

（3）质量流量入口

该边界条件用于规定入口的质量流量。当密度是常数时，入口流速的大小就可以确定质量流量，因此速度入口边界条件与此边界条件等同。

（4）压力出口

对于亚音速流动，该边界条件需要在出口边界处指定静压值。当流动变为超声速时，此时压力和其他参数需要从内部流动中得到。

（5）质量流量出口

该边界条件假定除压力之外所有流动变量的法向梯度为零。质量出口边界条件需要保证流动是完全发展的。图 1-7 是质量出口边界条件应用的例子，图中有 A、B、C、D 四

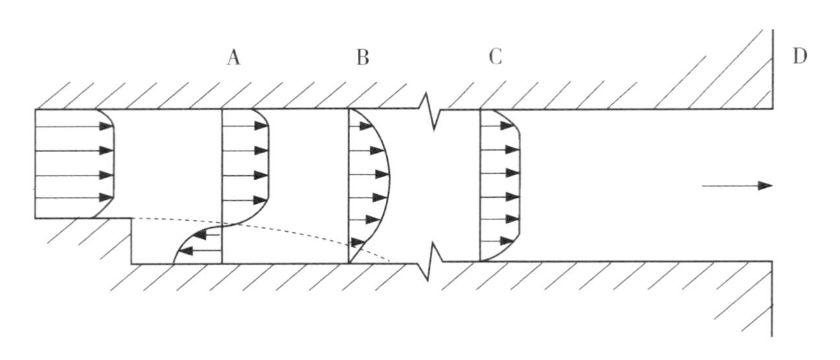

图 1-7　质量出口边界位置的选择

个质量出口位置选项。D 位于通风的出口，选择 D 作为质量出口的位置比较合理。C 的流动是完全发展的，选择 C 作为质量出口边界条件也很合适。B 和 A 都不是充分发展的湍流甚至还存在回流，都不适合作为质量出口边界的位置。

此外，工程中许多问题会涉及多个出口边界的应用。对于这类问题，需要设置质量流量的权重以指定总质量流量通过各个边界的份额。

（6）湍流参数

进出口流动的湍流边界条件一般选择较为方便的参数来给定湍流量，如湍流强度、湍流粘性比、水力直径以及湍流特征尺度。湍流强度 I 的定义是相对于平均速度 v_{av} 的脉动速度 v' 的均方根：

$$I = \left(\sum_i v'^2_i \right)^{1/2} / v_{av} \tag{1-61}$$

$I \leqslant 1\%$ 的湍流强度通常被认为属于低强度湍流，$I \geqslant 10\%$ 被认为是高强度湍流。

1.5.2.2　壁面边界条件

壁面边界条件是用于对计算区域的定义和限制。粘性流动中的静止壁面一般被默认为非滑移边界条件；对运动（平动或者转动）的壁面边界需要给定运动速度分量。在当地流场信息基础上可计算出流体和壁面之间的切应力和热传导。对于热传导计算，常见的边界条件有以下三类：

①第一类边界条件：给定物体表面温度 T_w 随时间的变化关系：

$$T_w = T \tag{1-62}$$

②第二类边界条件：给出通过物体表面的热流密度 q 随时间的变化关系：

$$\lambda \frac{\partial T}{\partial n} = q \tag{1-63}$$

③第三类边界条件：给出壁面周围介质温度以及壁面与周围介质的换热系数：

$$\lambda \frac{\partial T}{\partial n} = \alpha (T_w - T_f) \tag{1-64}$$

其中，T_f 是壁面周围流体介质的温度，α 是壁面与周围流体介质的换热系数，λ 为壁面材料的导热系数。上述三类边界条件中，以第三类边界条件最为常见。

此外，壁面粗糙度对壁面产生的阻力、热传导和质量输运造成很大的影响。这种影响在湍流场合尤为明显（具体内容参见 1.4.4 节），因此需要设置壁面的粗糙度参与流动的计算。

1.5.2.3　对称边界条件

对称边界条件的目的在于缩小计算域的范围以降低计算成本，仅需要模拟整个物理系统中的一个对称子域，通过阵列处理得到整个计算域的结果。对称边界条件具有以下两个特点：①对称面内法向速度为零；②对称面内所有变量的法向梯度为零。图 1－8 是使用对称边界的两个例子，其中图 1－8a 的重力与其他流体力相比很小，可以忽略不计。

1.5.2.4　周期性边界条件

和对称性边界条件一样，周期性边界条件用来处理流动模型具有周期性重复的场合，以缩小计算域的范围、降低计算成本，周期性面（三维情形）或线（二维情形）通常需要成对地使用，它包括旋转性周期和平移性周期。旋转性周期边界是指计算域绕轴旋转一个角度后所具有的周期性；平移性周期边界是指计算域平移一段距离后所具有的周期性。

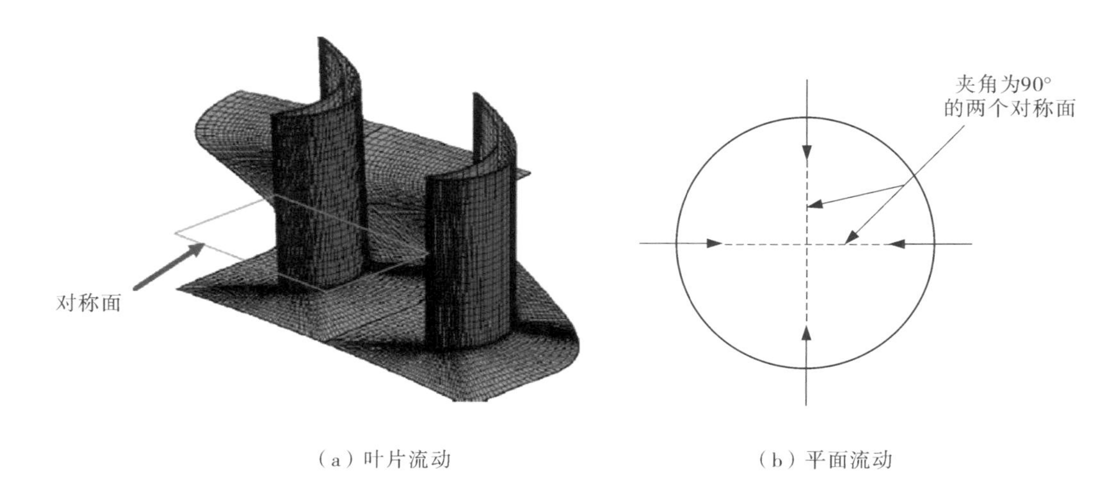

（a）叶片流动　　（b）平面流动

图1－8　对称边界的案例

流体机械是使用周期性边界条件最多的典型，图1－9和图1－10分别是使用旋转周期性边界条件和平移性周期边界的例子。

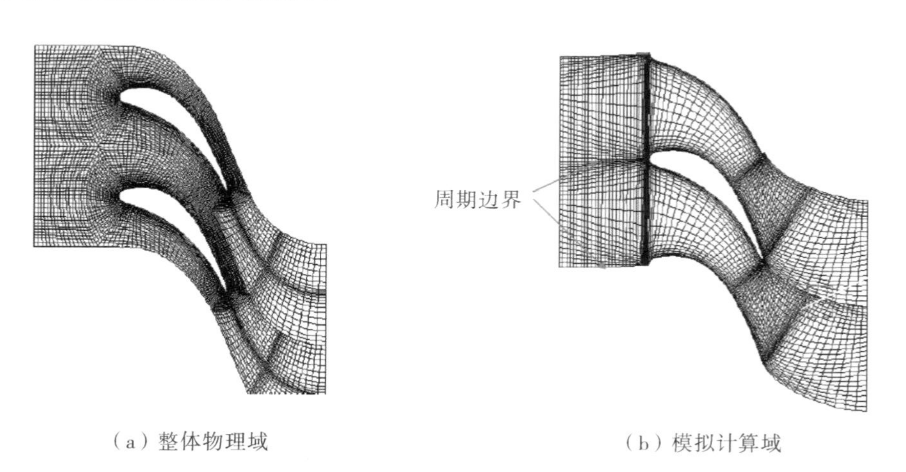

（a）整体物理域　　（b）模拟计算域

图1－9　叶片流动的旋转周期性边界

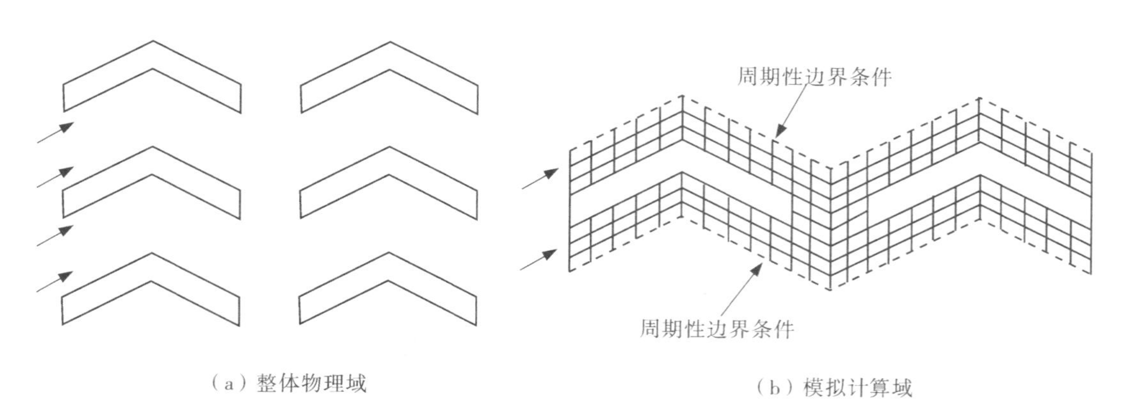

（a）整体物理域　　（b）模拟计算域

图1－10　翅片流动的平移周期性边界

1.5.2.5　计算域条件

在流体计算域内需要求解流动控制方程组。无论是单（多）组分或单（多）相流计算，对于流体区域需要指定流体介质并给定介质属性。固体域是仅用来求解热传导问题的区域，同样需要指定材料类型和材料属性。

1.6　仿真计算的前处理、求解及后处理

1.6.1　计算网格及计算节点

采用数值方法求解控制方程时，需要将控制方程在计算区域上进行离散化处理，然后求解得到的离散方程组。网格在离散过程中起着关键的作用，网格节点是离散化的物理量的存储位置。网格的形式和密度等，对数值计算结果有着重要的影响。现有多种对计算域生成网格的方法，称为网格生成技术。

流动问题的数值解是在单元内部的节点上定义的，求解的精度是由网格中单元的数量和质量所决定。一般来讲，单元越多，尺寸越小，所得到的解的精度就越高，但所需要的计算机内存资源及 CPU 时间也相应增加。从降低计算成本和提高计算精度的角度，在物理量梯度较大或较为关注的区域，往往要加密计算网格。

网格生成是进行数值模拟的重要组成部分，在整个计算过程中占了很大的工作量。而且网格质量的优劣直接影响到数值解的收敛和计算精度。网格的生成方法类型大致可分为结构化网格、非结构网格和混合网格三类。

1.6.1.1　结构化网格

结构化网格是指网格单元的节点之间具有固定的连接方式，节点的排序是按照一定的顺序进行的，因此其数据管理和存取相对而言比较简单。由于这种方法计算量小，数据存取也较容易，因此在 CFD 发展初期得到了广泛的应用。但流体机械流动计算域一般是复杂的三维空间，若采用单块结构网格难以实现计算域的网格划分。因此一般采用多块网格技术，把复杂的结构划分成几个简单的块，就可以实现高质量的网格划分。各区域网格可根据各自流场的特点选择合适的拓扑结构，在交界面上保证点对点搭接，并安排疏密分布进行网格划分。

（a）单个面域的拓扑结构块

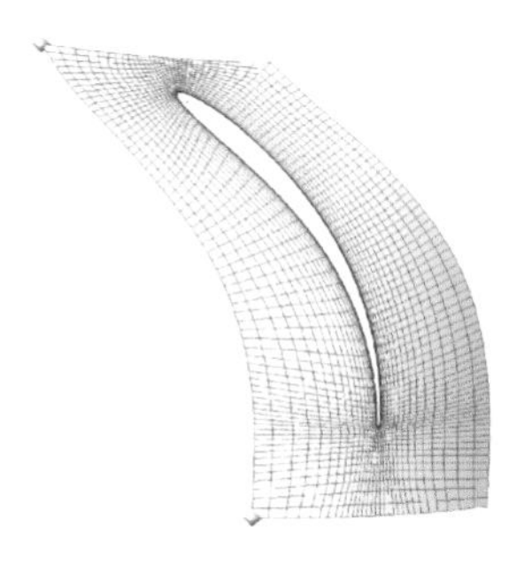

（b）单个面域的网格

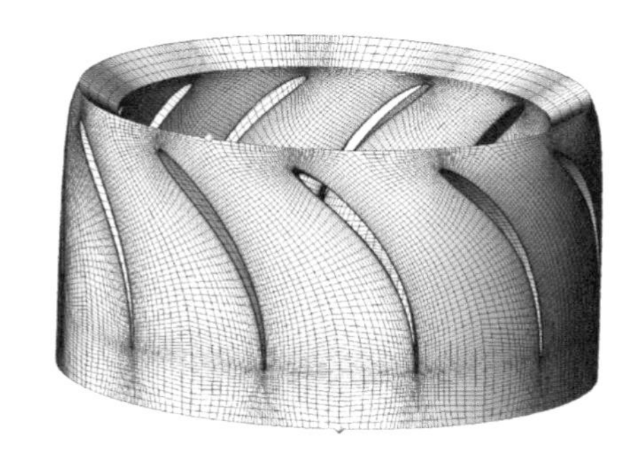

（c）阵列处理后的整体域网格

图 1－11　混流泵导叶计算域分块结构网格

图 1－11 是一个混流泵导叶多块网格的划分例子。以导叶外缘表面为例，将一个周期

的导叶叶片通道分为9块（图1－11a）。在网格生成软件TurboGrid中，图中各个块相邻分界线交点的位置可滑动调整，以得到合理的网格质量。然后在各块中分别生成网格（图1－11b），进而由面延拓到整个体（图1－11c）。

1.6.1.2　非结构网格

非结构网格节点之间的连接关系没有固定的规则，甚至每个节点周围的相邻节点数也不相同。正是由于非结构网格的这种不规则和无固定结构的特点，使得网格对不规则区域具有很好的适应性，尤其对具有复杂边界的流体机械流场计算十分有效。非结构网格方法以其灵活的适应性，已成为一种重要的网格生成手段。

图1－12是使用ICEM软件生成的轴流叶栅非结构网格。在非结构网格中，常用的2D网格单元有三角形单元，3D网格单元有四面体单元和五面体单元，其中五面体单元还可分为棱锥形（或楔形）和金字塔形单元等。

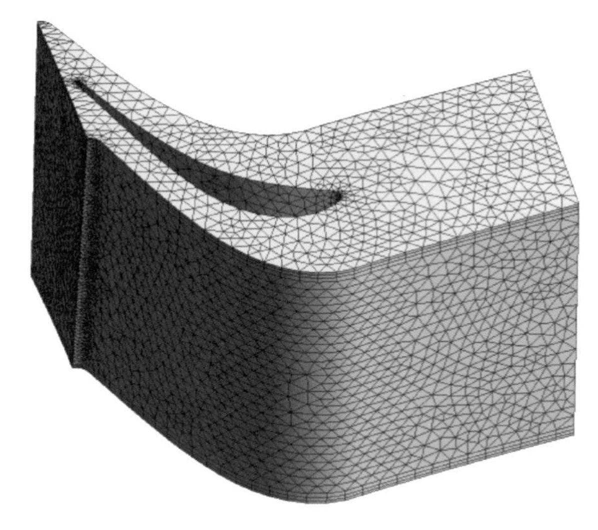

图1－12　轴流叶栅非结构网格

1.6.1.3　混合网格

混合网格是指结构化网格和非结构网格结合在一起的网格，其目的是提高网格质量并降低计算域网格离散的难度。它将结构化网格和非结构网格的优点有机结合并加以发挥，满足特定的网格需求。对于某些流体机械设备的流动计算域，结构化网格往往很难保证网格质量，而非结构化网格则存在边界层内网格的质量问题。采用混合网格，则可以有效地解决这一问题。以管道内蝶阀计算域为例（图1－13），在管壁和蝶阀周围，采用结构化网格可以满足边界层计算的要求并保证网格质量；在其他区域则采用非结构网格，避免采用单一结构化网格的生成难度。从另一个角度看，混合网格实际上也是多块网格中的一种处理方式。

总之，网格生成方法应该以解决实际问题的需求为目标。结构化和非结构网格的选取应在网格质量和计算成本间权衡。在具体的数值模拟中，究竟是采用单一的结构化网格、多块网格或是采用非结构网格，应当根据实际要求和模拟的对象为依据。

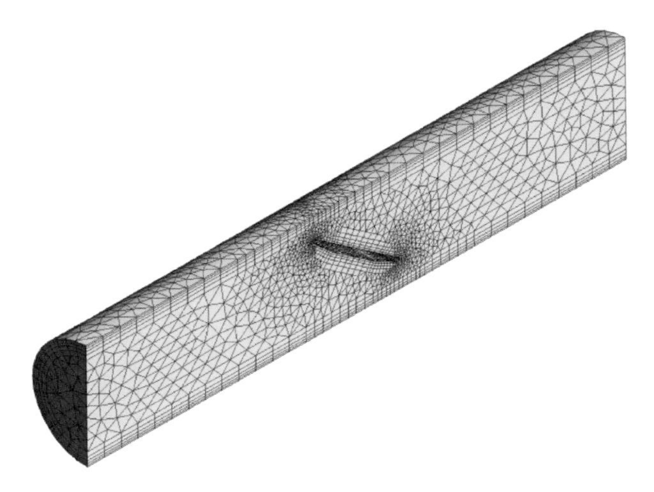

图 1-13　管道内蝶阀计算域的混合网格

1.6.2　生成网格的过程

无论是结构化网格还是非结构网格，一般需要按下列过程生成网格：①建立几何模型；②划分网格，在计算域模型上应用特定的网格类型、单元和密度对面或体进行划分，获得网格单元；③定义边界区域，为每个区域指定名称和类型，为后续给定模型的物理属性、边界条件和初始条件做好准备。

1.6.3　生成网格的专用软件

在使用 CFD 软件的工作中，约有 80% 的时间耗费在网格划分上，可以说网格划分能力的大小是决定工作效率的主要因素之一。目前出现了许多商用网格生成软件，如 Gambit、TurboGrid、Hypermesh、Gridgen 和 ICEM 等。此外，一些 CFD 或有限元结构分析软件，如 Ansys、I-Deas、Nastran、Patran 和 Aries 等，也提供了专业化的网格生成工具，各软件之间往往能共享所生成的网格文件。目前的商用网格生成软件功能主要体现在以下几个方面：

（1）非结构化的网格能力

能够针对复杂的几何外形生成三维四面体、六面体的非结构化网格及混合网格。能自动将四面体、六面体和金字塔形网格自动混合构造，这对复杂几何形状的计算域尤为重要。生成网格过程具有较强的自动化功能，减少了用户的工作量。

（2）网格的自适应技术

可根据该技术计算得到的流场结果反过来调整和优化网格，从而使计算结果精度更高。

（3）CAD 接口

由于网格生成涉及几何造型，特别是 3D 实体造型。网格生成软件一般自带几何建模功能，可直接建立点、线、面、体的几何模型，还可从 Pro/E、UG、I-Deas、Catia、Solidworks、Ansys、Partan 等主流 CAD/CAE 软件中导入几何和网格文件。网格生成软件与 CAD 软件之间的接口和布尔运算能力为建立复杂的几何模型提供了方便。

（4）混合网格与边界层内的网格功能

网格生成软件一般提供对复杂形状计算域生成边界层网格的功能，边界层内的贴体网格能与主流区域的网格自动衔接，提高了网格的质量。

（5）网格质量检查

商用软件一般自带网格检查功能，使用户能检查已生成的网格质量。该功能包括对网格单元的体积、扭曲率、长短比等影响求解收敛和稳定的参数提供报告，用户可直观地定位质量较差的网格单元。

1.6.4 控制方程组的离散与求解

在生成计算域网格后，需要将流动控制方程在网格上离散，即将偏微分控制方程转化为各个节点上的代数方程组。此外，对于瞬态问题，除了对空间域进行离散化处理外，对时间也需要进行离散化，即将求解对象分解为若干时间步进行处理。然后，在计算机上求解离散方程组，得到节点上的解。节点之间的近似解，一般认为光滑变化，原则上可以应用插值方法确定，从而得到定解问题在整个计算域上的近似解。用变量的离散分布近似解代替定解问题精确解的连续数据，这种方法称为离散近似。当网格节点足够稠密时，离散方程的解趋近于相应微分方程的精确解。

经过几十年的发展，CFD 出现了多种数值解法。这些方法的主要区别在于对控制方程的离散方式，大体上形成了三个分支：有限差分法（Finite Difference Method，FDM）、有限元法（Finite Element Method，FEM）、有限体积法（Finite Volume Method，FVM）。以下仅概要介绍目前绝大多数 CFD 软件所使用的有限体积法。

1.6.4.1 有限体积法简介

（1）方程的离散处理方法

有限体积法先是把计算区域划分成多个互不重叠的子区域即计算网格，然后确定每个子区域中的节点位置及该节点所代表的控制体积。对每一个控制体将微分方程（控制方程）积分，从而得出一组离散方程。其中的未知数是网格点上的因变量 Φ。为了求出控制体积的积分，必须假定 Φ 值在网格点之间的变化规律。

离散方程的物理意义，就是要求因变量 Φ 对任一控制体、对整个计算区域都具有积分守恒性。有些离散方法如有限差分法，仅当网格极其稠密时，离散方程才满足积分守恒；而有限体积法即使在粗网格情况下也显示出精度较好的积分守恒。

有限体积离散方程系数物理意义清晰，计算量相对较小、计算效率高，该方法推出后得到了广泛应用，近年还出现了适用于任意多边形非结构网格的扩展有限体积法。

（2）方程离散格式

用于计算控制体积分通量的常见离散格式包括一阶迎风格式、指数率格式、二阶迎风格式、QUICK 格式和中心差分格式。所谓迎风格式，就是用一上游变量的值计算当地的变量值。迎风格式又包括了一阶迎风格式和二阶迎风格式。在使用一阶迎风格式时，边界面上的变量值被取为上游单元控制点上的变量值。不同的是一阶迎风格式仅仅保留 Taylor 级数的第一项，其格式精度为一阶精度；二阶迎风格式则保留了 Taylor 级数的第一项和第二项，因而其精度为二阶。

QUICK 格式使用加权和插值的混合形式给出边界点上的值，QUICK 格式是针对结构化网格，也就是常说的四边形网格和六面体网格而提出的。非结构化网格也可以选用 QUICK 格式，不过在计算时非结构网格边界点上的值是用二阶迎风格式计算的。在流动方向与网格划分方向一致时 QUICK 格式具有更高的精度。

（3）离散方程的求解

对控制方程的离散方程的求解，有三种压力与速度的耦合方式选择，分别是 SIMPLE 格式、SIMPLEC 格式和 PISO 格式，它们均属于 SIMPLE 算法系列。

SIMPLE 算法是目前工程中应用最为广泛的一种流场计算方法，该方法由 Patankar 和 Spalding 于 1972 年提出，它的技术核心是采用猜测—修正的过程：对于初始给定的压力场，求解离散形式的动量方程，得到速度场。因为初始假定的压力是不精确的，得到的速度场一般都不满足连续性方程的条件，因此必须对初始给定的压力场进行修正。根据修正后的压力场，求得新的速度场。然后检查速度场是否收敛。若不收敛，用修正后的压力值作为给定的压力场，开始下一层次的计算，直到获得收敛解为止。

SIMPLEC 算法与 SIMPLE 算法在基本思路上是一致的，不同之处在于 SIMPLEC 算法在通量修正方法上有所改进，加快了计算的收敛速度。PISO 算法与 SIMPLE 及 SIMPLEC 算法的不同之处在于：SIMPLE 和 SIMPLEC 算法是两步算法，由预测步和修正步组成。而 PISO 算法增加了一个修正步，目的是使它们更好地同时满足动量方程和连续性方程。PISO 算法由于使用了预测—修正—再修正三个步骤，从而加快了单个迭代步中的收敛速度。

1.6.4.2 离散初始条件和边界条件

控制方程所给定的初始条件和边界条件一般是按连续函数的形式给出，需要针对所生成的网格，将连续的初始条件和边界条件转化为计算节点上的值，连同上述在各节点处所离散化的控制方程，才能对方程组进行求解。求解时，还要给定迭代计算的控制精度、瞬态问题的时间步长和输出频率等。

1.6.4.3 数值解的收敛性

对于稳态问题的数值解，或是瞬态问题在某个特定时间步上的数值解，往往要通过多次迭代才能得到。有时，因网格形式或网格大小、对流项的离散插值格式等原因，可能导致数值解的发散。对于瞬态问题，若采用显式格式进行时间域上的积分，当时间步长过大时，也可能造成数值解的振荡或发散。因此，在迭代过程中，要对数值解的收敛性随时进行监控，并在系统达到指定精度后，结束迭代过程。

1.6.4.4 计算结果的显示和输出

通过上述求解过程得出了各计算节点上的数值解后，需要通过适当的手段将整个计算域上的结果表示出来。可采用曲线图、矢量图、等值线图、流线图、云图等方式对计算结果进行显示。

1.6.5 动静界面网格处理方法

流体机械的流动模拟仿真基本都涉及动静部件耦合流动的问题（图 1－14），需要使用在 1.3.3 节中提到的多参考系的流动控制方程进行求解，因此有必要对动静界面的网格处理进行讨论。

1.6.5.1 动静滑移界面网格处理

对于含有定子和转子的流体机械非定常流动的求解问题，由于存在运动域网格与静止域网格的相对运动，需引入滑移网格技术来实现。滑移网格技术处理属于非定常求解，是模拟多个参考系流场较精确、计算量较大的方法。它在求解过程中单元的连通性是根据时间来改变的，求解区域的网格可以分成两个或多个区域并固定在各自的参考系中，在动静区域的交界面上，移动网格可以自由滑过固定网格。滑移网格方法通过一定的时间和空间插值来保证动静交界面上的物理量守恒。

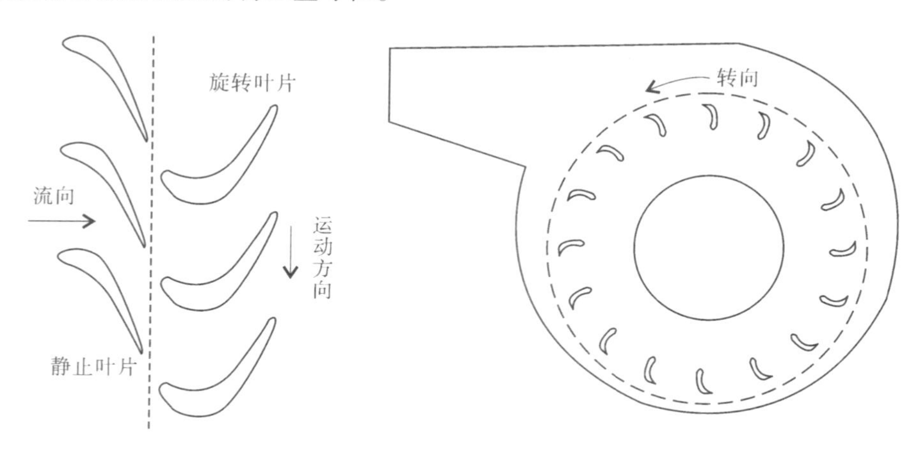

（a）轴流式静止和旋转叶片的相对运动　　（b）风机内的旋转叶片

图 1－14　动静耦合问题

注意网格分界面需要事先定位。例如，在图 1－14 计算域的网格分界面必须位于转子和定子之间，而不能在转子或定子相交的部分。网格分界面根据实际情况可以是各种形状，如图 1－14a 的 3D 网格分界面（虚线）是平面，图 1－14b 的 3D 网格分界面（虚线）是圆柱面。在计算过程中，单元区域随计算时间步长沿着网格分界面相互之间滑动（旋转或平移）。图 1－15 是两计算域网格的初始相对位置和滑移后的相对位置。

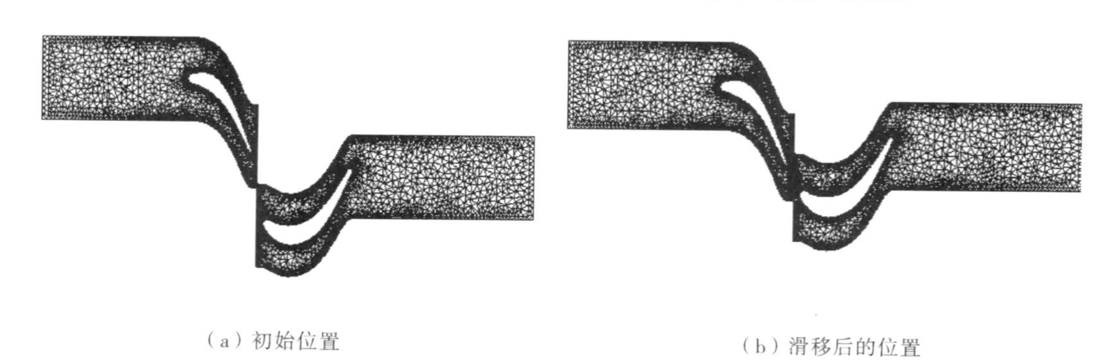

（a）初始位置　　（b）滑移后的位置

图 1－15　计算域网格滑移前后的相对位置

1.6.5.2　滑移网格的建立和解法

（1）网格的前提条件

如 1.5.2.4 节所述，为避免耗费太多的计算成本，一般对旋转流体机械运用周期性边界条件进行计算。但需要注意的是，对于动静耦合非定常计算，如果使用周期性条件模拟一个转子/定子组合几何体，转子叶片网格的周期角度必须和静止叶片的周期角度相等

(相近)，计算结果才比较合理。例如图 1 – 16 中的计算对象为一个叶片数为 113 的转子和一个叶片数为 60 的定子组合的轴流式透平机械，若采用单个转子叶片和单个静止叶片的计算域进行耦合，此时动叶和静叶计算域周期性边界面的旋转夹角分别是 $\Delta\varphi_1 = 360/113 \approx 3.2$ 和 $\Delta\varphi_2 = 360/60 = 6$，二者相差太大不符合上述要求。但若采用两个转子叶片计算域和一个静止叶片的计算域进行耦合，此时的 $\Delta\varphi_1 = 360 \times 2/113 \approx 6.4$ 和 $\Delta\varphi_2 = 6$ 就比较接近，可以进行非定常耦合计算。

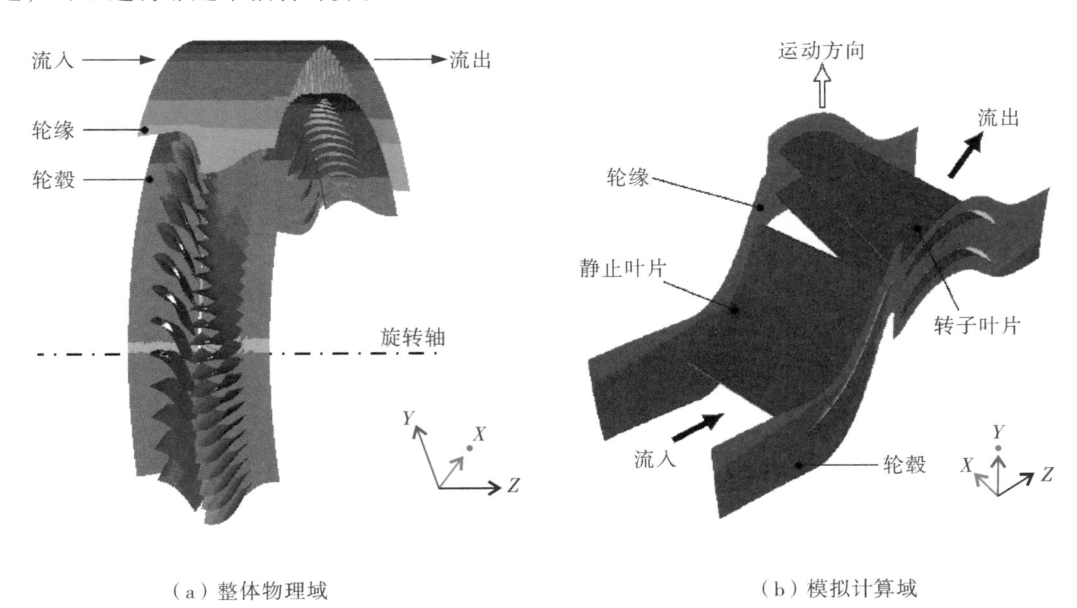

(a) 整体物理域　　(b) 模拟计算域

图 1 – 16　动静耦合区域周期性边界条件

(2) 时间周期的解法

正常工作状态下旋转流体机械的流动特性具有时间的周期性。一旦起始阶段过后，流动开始出现周期性。如果 T 是非稳态的周期，那么在给定点流场的流动特性函数 f 满足：

$$f(t) = f(t + NT) \qquad (N = 1, 2, \cdots) \tag{1-65}$$

对于旋转问题，周期 T 与转速 ω 有以下关系：

$$T = \Delta\varphi/\omega \tag{1-66}$$

其中 $\Delta\varphi$ 是周期性区域的扇形角度。为确定计算结果是否发生周期性变化，需要对流场的某个特性参数或某一空间点物理量比较两个周期的计算结果。如果没有出现周期性变化，应继续计算，直到从一个周期到下一个周期计算结果的变化很小为止。图 1 – 17 是某个叶栅升力系数 C_l 的周期性计算结果。由图可见，C_l 约从 $t = 0.03$s 后，出现波状变化规律。从 $t = 0.07$s 后，得到较好的周期性谐波变化规律。

周期性的最终结果并不受起始阶段求解的时间步长影响。如果不关注流动开始阶段的变化过程，可以在计算起始阶段设置较大的时间步长以减少计算成本。当计算达到周期性时，再减少时间步长以获得精确解。

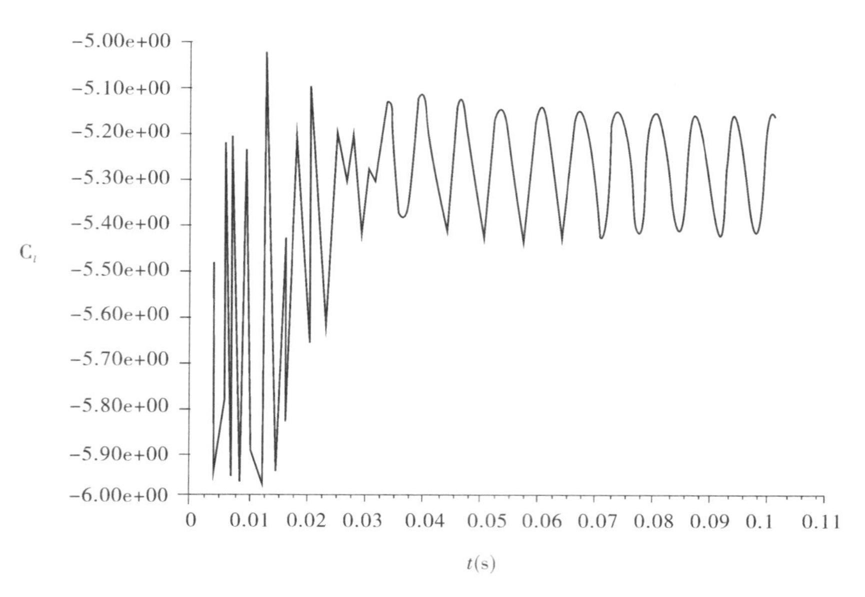

图 1－17　升力系数的周期性解

1.7　CFD 商用软件简介

以往的 CFD 计算，大多由研究人员自己编制计算程序。由于 CFD 的复杂性及计算机软硬件条件的多样化，这些自编的计算程序往往缺乏通用性。而 CFD 本身具有鲜明的系统性和规律性，因此比较适合于被制成通用的商用软件。随着计算机技术的快速发展，自 20 世纪 80 年代以来，国际上出现了如 Phoenics、CFX、Star－CD、Fluent 等多个商用 CFD 软件，在工程应用上发挥着越来越大的作用，这些软件的显著特点是：①功能比较全面、适用性强，基本可以解决工程中的各种复杂问题；②具有比较规范实用的前后处理系统和与各种 CAD 及 CFD 软件的接口能力，便于用户快速完成造型、网格划分等工作，同时还可让用户扩展自己的开发模块；③具有比较完备的容错机制和操作界面，稳定性高；④可在多种计算机、多种操作系统，以及并行环境下运行。

CFD 通用软件为用户提供了成熟的数值处理方法，从而降低了研究的难度，并减少了研究的工作量。借助 CFD 通用软件，利用软件处理数值问题的能力，工程技术人员仅需将注意力集中在需要解决的具体问题上，从而避免了很多繁琐的工作，达到事半功倍的效果。一般商用 CFD 软件包括前处理、求解和后处理三个基本环节，与之对应的程序模块简称前处理器、求解器、后处理器。

1.7.1　前处理器

前处理器（Preprocessor）用于完成前处理工作。前处理环节是向 CFD 软件输入所求问题的相关数据，该过程一般是借助与求解器相对应的对话框等图形界面来完成的。在前处理阶段用户需要进行以下工作：①定义求解问题的几何计算域；②将计算域划分成多个互不重叠的子区域，形成由单元组成的网格；③对所研究的流动传热问题，选择相应的控制方程；④定义流体的属性参数；⑤为计算域边界处的单元指定边界条件；⑥对于瞬态问题，指定初始条件。

1.7.2　求解器

求解器（Solver）是数值求解的核心。如 1.6.4 节所述，常用的数值求解方法包括有限差分、有限元和有限体积法等。这些数值求解方法的主要差别在于流动变量被近似的方式及相应的离散化过程。这些方法的求解过程大致相同，总体上讲步骤有：①借助简单函数来近似取代求解的流动变量；②将该近似关系式代入连续型的控制方程中，形成离散方程组；③求解代数方程组。

1.7.3　后处理器

后处理的目的是有效地观察和分析流动计算结果。随着计算机图形功能的提高，目前的 CFD 软件均配备了后处理器（Postprocessor），提供了较完善的后处理功能，包括：①计算域的几何模型及网格显示；②矢量图（如速度矢量线）；③等值线图；④填充型的等值线圈（云图）；⑤XY 散点图；⑥粒子轨迹图；⑦图像处理功能（平移、缩放、旋转等）。

1.8　本章小结

作为本书的基础内容，本章首先给出了本书所研究的流体机械的范围和类型，说明了流体机械流动数值仿真所涉及的内流场与外特性、结构可靠性等研究内容。本章重点对流动数值仿真理论基础做了介绍，讨论了质量、动量和能量守恒等流动控制方程、运动参考系下的流动问题及其流动控制方程（单参考系、多参考系）。本章还介绍了湍流理论和流动仿真中常用的湍流模型及近壁处理方法，讨论了边界条件与初始条件、仿真计算的前处理、求解及后处理方法和设置；介绍了常用的计算网格、生成网格过程和动静界面网格处理方法、控制方程组的离散与求解方法等内容，为后面章节的介绍和应用奠定了基础。

2　叶片泵全工况流动仿真及性能预测

2.1　概述

2.1.1　叶片泵全工况定义

水泵是一种将原动机的能量转换成水的能量的机械。水流经过水泵获得能量增值，在此能量转换过程中，受到水泵过流部件壁面摩擦和泵内流场结构等因素的影响，会不同程度地损失部分能量。这个能量损失越小，泵的效率就越高，对能源的不合理消耗就越少。据统计，我国每年泵的耗电量大约占全国发电量的20%，耗能相当惊人。

叶片泵在工农业生产中产生较高能耗的一个很重要原因在于，叶片泵在实际应用中并不一定运行在设计工况（高效点），甚至根本就不运行在设计工况。当叶片泵偏离设计工况点时，流动结构发生了较大变化，容易发生流道内的失速以及出入口的回流等复杂的流动现象。从叶片泵设计理论角度看，在设计工况下流动被认为是附着在过流部件的表面，此时泵的效率往往较高；非设计工况下叶轮内部形成流动分离，造成能量损失，且流动分离是任何泵在偏离设计工况运行时不可避免的现象，这种流动结构的变化所引起的损失比均匀流动的摩擦损失大很多，因此导致水泵效率的大幅下降，造成大量的能耗。

叶片泵在偏离设计工况运行时，不仅效率低，而且系统也非常不稳定，例如会造成性能曲线中的“驼峰”现象（图2－1）。叶片泵工作不稳定时，易发生机械振动，噪声加剧，进而引发各种事故。叶片泵振动（例如喘振和涡激振）的产生与流动结构密切相关。其中喘振是流体周期性进入和排出泵的激励所产生的机械结构的振动，这一现象往往发生在小流量工况，此时在叶轮会有周期性的回流（图2－2），并引起管道、机器及其基础共振。涡激振是指叶片机械中由于流体的粘性在尾流区形成类似卡门涡街的流动现象，进而造成叶片受到周期性的外力或者外力矩，当这一频率与结构的固有频率相耦合时发生共振，并有可能造成破坏的现象。

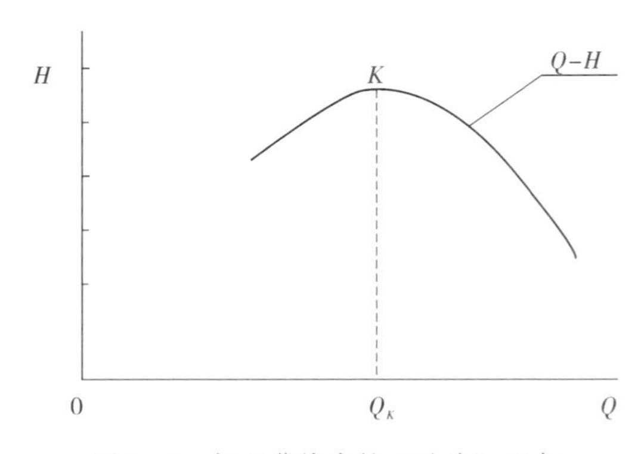

图2－1　扬程曲线中的“驼峰”现象

在非设计工况下，叶轮内部流动呈现出分离和回流的复杂三维流动结构，此时叶轮向流体传输能量的物理机制与设计工况下有很大不同。水泵全工况的定义是包括了水泵在设

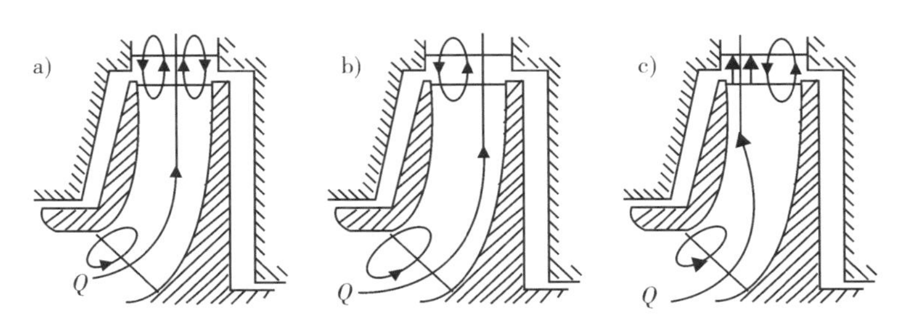

图 2-2 离心叶轮三种典型的回流形态

计工况与非设计工况的整个工况范围，为了提高叶片泵在非设计工况下运行的性能，开展叶片泵全工况下内部流动分析及性能预测研究具有重要的意义。

2.1.2 研究历史与现状

叶片泵在非设计工况下的流动结构非常复杂。长期以来，国内外研究人员对这一课题从不同的角度进行了许多研究工作，这里主要从流动数值模拟方面介绍。随着计算流体动力学（CFD）及湍流模拟的发展，大量叶片泵内部流动模拟工作也相继展开，其中有许多有关非设计工况流动及性能预测的研究工作。从计算内容上可分为两种，一种是使用现有成熟的 CFD 方法和软件对叶片泵内部流动进行流体力学计算，例如一些学者使用 RANS 方法对有叶片式导叶或非对称扩压器的叶片泵内流场进行非定常数值模拟，可以捕捉到叶片掠过频率和流道内的失速现象；还有学者利用标准 $k-\varepsilon$ 模型对含叶片式导叶的离心泵进行了数值模拟，研究了叶片式导叶内的压力脉动，通过计算得到叶片掠过频率，并能得到导叶内失速的低频特点。计算内容的另一种是利用 CFD 中的新方法（如直接数值模拟 DNS、大涡模拟 LES 等）作为数值仿真手段对叶片泵内部流动进行研究，并结合实验测量结果对计算结果进行验证，为提出更准确有效的新方法提供依据。有学者结合粒子成像技术（PIV）或激光测量技术（LDV）测量结果，利用大涡模拟（LES）或涡方法等模型，对叶片式导叶的离心泵叶轮内部湍流进行了数值模拟，得到了叶轮内部多尺度的湍流结构，也可以计算得到尾迹流动所引起的压力脉动、叶片掠过频率、交替失速和叶轮的回流现象。

作者近年来采用“冻结转子法”和滑移网格技术分别用于单级和多级离心泵的定常和非定常流场的模拟计算。在 2.4 和 2.5 节中将分别给出这些算例的计算方法和结果分析。

2.2 叶片泵外特性半经验计算方法

在探讨关于叶片泵内流场 CFD 数值仿真和性能预测的问题之前，需要对叶片泵性能的传统理论做一个简要的介绍。

2.2.1 理论扬程

实际叶片泵叶轮的叶片数通常只有 4 ~ 8 个，计算理论扬程 H_t 需要考虑叶轮出口滑移的影响：

$$H_t = \frac{u_2 v_{u2} - u_1 v_{u1}}{g} \approx \frac{u_2}{g}\left(\sigma u_2 - \frac{v_{m2}}{\tan\beta_2}\right) \tag{2-1}$$

式中，下标 1 和 2 分别表示叶轮叶片进口和出口处的参数，u 为圆周速度，v_u 和 v_m 分别为绝对流速的圆周分量和径向分量，σ 为滑移系数，β_2 为叶片出口安放角。常用的滑移系数公式主要有以下几种：

（1）斯托道拉公式

$$\sigma = 1 - \frac{\pi}{Z}\sin\beta_2 \tag{2-2}$$

式中，Z 为叶片数。

（2）威斯奈公式

$$\sigma = 1 - \frac{\sqrt{\sin\beta_2}}{Z^{0.7}} \tag{2-3}$$

（3）普夫莱德尔公式

普夫莱德尔公式中的滑移系数 σ 定义为：

$$\sigma = \frac{H_t}{H_{t\infty}} \tag{2-4}$$

其中，

$$\sigma = \frac{1}{1 + P} \tag{2-5}$$

$$P = 2\frac{\psi}{Z}\frac{R_2^2}{R_2^2 - R_1^2} \tag{2-6}$$

式中，R_1 和 R_2 分别为叶轮进口和出口半径；ψ 为经验系数。

$$\psi = a(1 + \frac{\beta_2}{60}) \tag{2-7}$$

a 是与泵结构形式有关的经验系数。

（4）斯基克钦公式

斯基克钦公式定义与普夫莱德尔公式一致，但 ψ 的表达式与式（2-7）有区别：

$$\psi = \frac{\pi}{3} \tag{2-8}$$

2.2.2 泵内各项损失

泵在把旋转的机械能转化为流体动能和压能的过程中，伴随着各种能量损失。主要有机械损失、容积损失和水力损失。

（1）机械损失

原动机传到泵轴上的功率（轴功率 P）中，一部分消耗在克服轴承和密封装置的摩擦损失 ΔP_1（为轴功率的 1%～3%），其余用于带动叶轮做旋转运动。但叶轮旋转的机械能也不是全部传输给叶轮内的流体，还有一部分机械能消耗在泵体与叶轮前后盖板间的流体摩擦，这部分称为圆盘摩擦损失 ΔP_2（kW）：

$$\Delta P_2 = 0.809 \times 1.2 \times 10^{-6}\rho g u_2^3 D_2^2 \tag{2-9}$$

因此轴功率 P 为：

$$P = \rho g Q_t H_t + \Delta P_1 + \Delta P_2 = \rho g(Q + q)H_t + \Delta P_1 + \Delta P_2 \tag{2-10}$$

式中，Q_t 为水泵进口流量（或称理论流量）；Q 为出口流量（或称实际流量）；q 为泄漏量。

（2）容积损失

由于叶轮对流体做功，使得叶轮出口的流体压力高于进口流体的压力。叶轮进出口之间的压差，迫使叶轮出口的一部分流体从泵腔经叶轮密封环间隙流向叶轮进口。因此，通过叶轮的流量 Q_t 并不是全部都输送到泵出口，返回到泵吸入口的这部分流体消耗了从旋转叶轮中获得的能量，所以容积损失本质上也是一种能量的损失。叶片泵叶轮前密封环的泄漏量 q_1 为：

$$q_1 = \mu F_m \sqrt{2g\Delta H_m} \tag{2-11}$$

式中，F_m 为密封环间隙的过流断面面积；$F_m = 2\pi R_m b$，R_m 为密封环半径，b 为密封环间隙宽度；μ 为间隙的流量系数，$\mu = \dfrac{1}{\sqrt{1 + 0.5\zeta + \dfrac{\lambda l}{2b}}}$，$\zeta$ 为密封环间隙进口系数（一般取 0.5 ～ 0.9），λ 为阻力系数（一般取 0.04 ～ 0.06），l 为间隙长度；ΔH_m 为间隙两端的压差，数值上与泵扬程成正比，$n_s \leqslant 100$ 时，$\Delta H_m = 0.6H$，$n_s > 100$ 时，$\Delta H_m = 0.7H$。

对于开设平衡孔的叶轮，泵的容积损失还包括平衡孔的泄漏量 q_2：

$$q_2 = \sqrt{\frac{\left[H_p - \dfrac{1}{8g}(u_2^2 - u_B^2)\right]2g}{\left(\dfrac{\zeta_m}{F_m^2} + \dfrac{\zeta_B}{F_B^2}\right)}} \tag{2-12}$$

式中，H_p 为叶轮势扬程，$H_p = H_t(1 - g\dfrac{H_t}{2u_2^2})$；$u_B$ 为平衡孔的平均流速；ζ_m 为密封间隙阻力系数：$\zeta_m = 1.5 + \dfrac{\lambda l}{2b}$，$\lambda$、$l$、$b$ 和 F_m 的定义与式（2－11）相同；ζ_B 为平衡孔阻力系数（通常 $\zeta_B = 2$）；F_B 为平衡孔总面积。

因此，总泄漏量 q 等于前密封环泄漏量 q_1 和平衡孔（后密封环）的泄漏量 q_2 之和，即为：

$$q = q_1 + q_2 \tag{2-13}$$

（3）水力损失

流体从水泵进口到出口的流动过程中由于壁面摩擦、脱流、冲击以及速度变化等因素造成能耗，这些能耗称为泵的水力损失，用 Δh 表示。叶片泵内的水力损失若按位置划分，可分为叶轮水力损失和蜗壳水力损失等。水泵水力损失的原因众多、机理复杂，一些文献使用一维管道流动的阻力损失公式近似估算水泵的水力损失，例如摩擦水力损失采用 $\Delta h = \lambda \dfrac{l}{D_e}\dfrac{v^2}{2g}$，局部水力损失采用 $\Delta h = \xi\dfrac{v^2}{2g}$，其中 λ 和 ξ 分别为摩擦和局部阻力系数，l 和 D_e 分别为泵流道的等效长度和等效内径，v 是泵内有关位置的平均流速。由此可见，这些水力损失的计算公式在使用上有较大的盲目性和随意性，实际应用中叶片泵的水力损失计算很少使用上述的近似公式。

2.2.3 实际扬程、有效功率和效率

叶片泵实际扬程就是理论扬程减去总水力损失，即为：

$$H = H_t - \Delta h \tag{2-14}$$

泵的有效功率，用 P_e 表示。它是单位时间内输出流体在泵中所获得的有效能量：

$$P_e = \rho g Q H\ (\text{W}) \tag{2-15}$$

式中，ρ 为流体密度，kg/m^3；Q 为泵出口流量，m^3/s；H 为泵扬程，m；g 为重力加速度，g = 9.8 m/s^2。

水泵效率 η 为泵有效功率与轴功率 P 的比值：

$$\eta = \frac{P_e}{P} = \frac{\rho g Q H}{P} \tag{2-16}$$

2.2.4 轴向力的计算

泵在运转中，由于叶轮前后盖板形状不对称、流体的反作用及转子自重等因素引起轴向的作用力，拉动转子在轴向移动，对水泵运转造成不利影响。

（1）无平衡装置的叶轮轴向力

轴向力 T 近似计算公式为：

$$T = k\rho g H_i \pi (R_m^2 - R_h^2) i \tag{2-17}$$

式中，H_i 为泵单级扬程，单位 m；R_m 为叶轮密封环半径，单位 m；R_h 为叶轮轮毂半径，单位 m；i 为泵级数（单级泵 $i=1$）；k 为系数，当 n_s = 30 ~ 100 时，k = 0.6；n_s = 100 ~ 240 时，k = 0.7；n_s = 240 ~ 280 时，k = 0.8。

（2）有平衡孔的叶轮轴向力

工程中一般采取设置平衡孔、平衡毂和平衡管等措施消除、减小该轴向力，这里仅给出有平衡孔的轴向力计算。开设平衡孔后叶轮轴向力减小的程度与密封环间隙面积、密封环直径、平衡孔大小和数量有关。平衡孔所消除的轴向力近似为：

$$A = \frac{\zeta_m}{2}\left(\frac{q_2}{F_m}\right)^2 \rho \pi (R_m^2 - R_h^2) \tag{2-18}$$

因此开设平衡孔后叶轮的轴向力为：

$$T' = T - A \tag{2-19}$$

2.3 基于 CFD 的泵外特性计算方法

上述的叶片泵性能计算方法是在一维理想流体流动理论基础上，结合多年来国内外水泵行业对各种比转速水泵实际运行参数统计得到的半经验半理论方法，一般仅用于设计工况下的性能估算，在非设计工况则与实际情况则有较大偏差。下面介绍近年来国内外学者提出的基于 CFD 的叶片泵性能预测计算方法及其研究成果，该方法的前提是通过 CFD 模拟仿真已得到了叶片泵内的流速场和压力场等资料，该方法原则上可以对各种比转速水泵在全工况下的流动性能进行预测。

2.3.1 圆盘摩擦损失

旋转叶轮前后盖板外侧与输送介质的摩擦造成了叶片泵的圆盘摩擦损失。因此叶轮圆

盘摩擦损失的计算公式为：

$$\Delta P_{\mathrm{df}} = M_o\omega \tag{2-20}$$

式中，M_o 为叶轮盖板外侧的轴向扭矩，ω 为已知的叶轮旋转角速度。若轴承和密封装置的机械损失忽略不计，则机械效率近似为：

$$\eta_{\mathrm{m}} = M_i/(M_o + M_i) \tag{2-21}$$

式中，M_i 为叶轮盖板内侧的轴向扭矩。M_i 和 M_o 都可通过 CFD 计算结果文件得到。

2.3.2 容积损失

叶片泵的容积损失功率计算公式为：

$$\Delta P_v = \rho g q H_t \tag{2-22}$$

此外，叶轮内侧扭矩和理论流量、理论扬程满足以下关系：

$$M_i\omega = \rho g Q_t H_t \tag{2-23}$$

$$Q_t = Q + q \tag{2-24}$$

将式（2-23）和式（2-24）带入式（2-22），可得容积损失功率：

$$\Delta P_v = g M_i \omega/(Q + q) \tag{2-25}$$

因此容积效率为：

$$\eta_v = Q/(Q + q) \tag{2-26}$$

2.3.3 泵级的水力损失

叶轮内水力损失的计算公式为：

$$\Delta h_{1-2} = (M_i\omega - \rho g Q H_i)/\rho g Q \tag{2-27}$$

式中，H_i 为叶轮扬程，其计算公式为：

$$H_i = (E_2 - E_1)/\rho g \tag{2-28}$$

式中，E_1、E_2 分别为叶轮进出口的平均总能量，其定义为：

$$E = p + \frac{1}{2}\rho v^2 + z \tag{2-29}$$

式中，p 是流体静压，v 是流体的绝对速度，z 是所在位置距地面高度。

蜗壳的水力损失为：

$$\Delta h_{2-3} = (E_2 - E_3)/\rho g \tag{2-30}$$

下标 3 是指蜗壳的出口位置。

泵的实际扬程为：

$$H = (E_3 - E_1)/\rho g \tag{2-31}$$

泵的水力效率为：

$$\eta_h = SgHQ_t/M_i\omega \tag{2-32}$$

水泵的有效功率为：

$$P_{\mathrm{e}} = \rho g Q H \tag{2-33}$$

由式（2-21）、式（2-26）和式（2-32）得到水泵的效率计算公式：

$$\eta = \eta_m\eta_v\eta_h = \rho g Q H/(M_o + M_i)\omega \tag{2-34}$$

2.4 单级泵流动仿真及性能预测实例

2.4.1 单级泵几何结构

选取 KCP80 ×50 －315 型单级单吸悬臂式离心泵为研究对象，泵的设计流量 Q_d = $70m^3/h$，设计扬程 H_d =150m，转速 n =2900r/min，比转速 n_s =34.4。其结构如图 2－3 所示，主要几何结构尺寸为：泵入口直径 D_0 =80mm，叶轮吸入口直径 D_1 =90mm，叶轮外径 D_2 =342mm，叶轮出口宽度 b_2 =7mm，蜗壳出口直径 D_4 =50mm，叶轮叶片数 Z =5，叶轮后盖板上设置 5 个直径 Φ =6mm 的平衡孔。

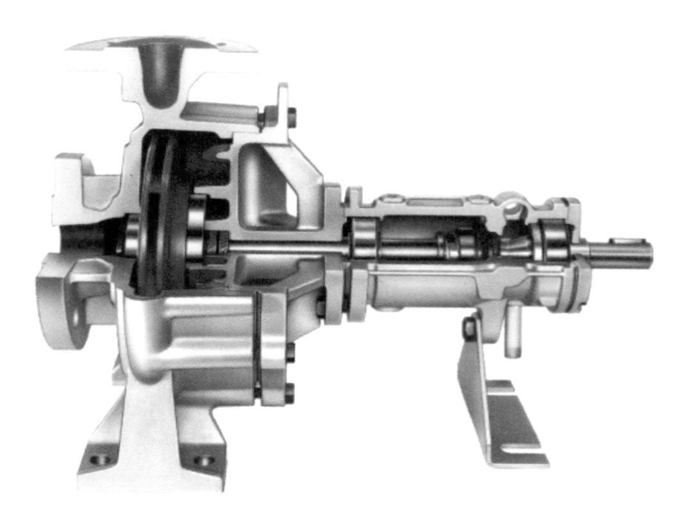

图 2－3　KCP 80 ×50 －315 型离心泵

2.4.2 全流场的计算域建模

目前基于 CFD 数值模拟方法的离心泵性能预测已基本达到了工程精度要求，但计算涉及的流体域绝大部分只有进口段、叶轮和蜗壳域。全流场计算域除了常规的进口段、叶轮域、蜗壳域和出口段之外，还包括了前后密封环与叶轮间隙，蜗壳、泵盖与叶轮前后盖板间的空腔，平衡孔内流体域和密封腔流体域。与非全流场模拟计算相比，全流场模拟计算由于考虑了圆盘摩擦与密封环间隙和平衡孔泄漏等损失，预测的结果将更真实地反映实际情况。此外，全流场模拟计算还可以进行泵轴向力的预测，这是非全流场的模拟计算所无法完成的。当然，全流场的建模难度和计算工作量大为增加。

应用 Pro/E 软件对该型号离心泵建模，得到的全流场计算域以及各部分流体域的组合关系和分解情况如图 2－4 和图 2－5 所示。

2.4.3 计算域网格划分

将离心泵整体计算域的几何文件导入 ICEM 软件进行计算网格划分。由于该泵各部分计算域尺寸差异较大，需要采用分区网格划分方法，相邻的区域使用分界面（Interface）连接。网格质量直接影响到数值模拟计算的收敛性和结果精度，所以还需要利用 ICEM 软

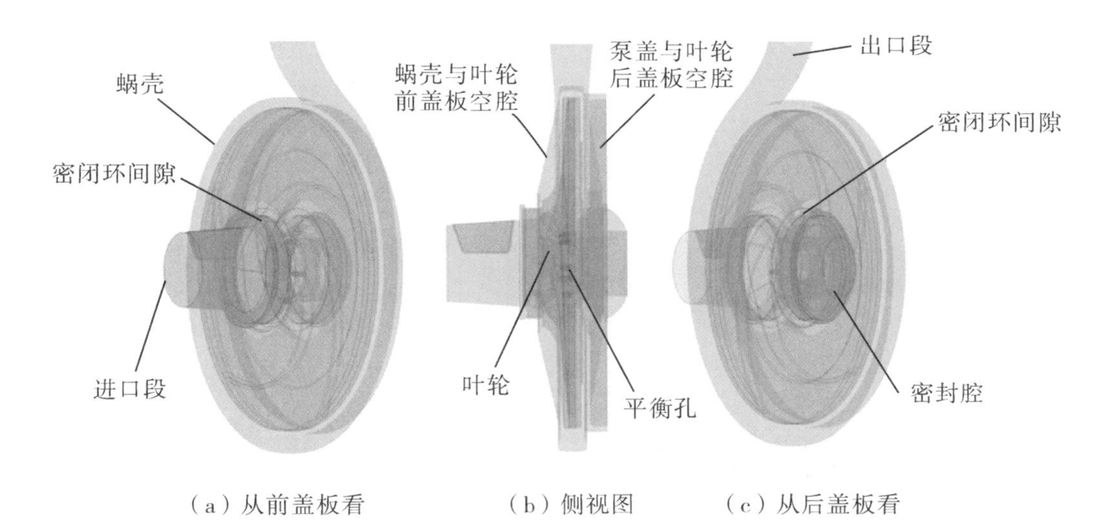

（a）从前盖板看　　（b）侧视图　　（c）从后盖板看

图 2－4　离心泵全流场计算域

图 2－5　离心泵全流场计算域分解图

件的网格光顺功能提高计算网格的质量。各区域网格和网格质量情况如图 2－6 ～图 2－13 所示，其中网格质量由 ICEM 的柱状数据图表示，数值在 0 ～ 1 范围，数值越大表示网格质量越高。

①进口段流体域（图 2－6）内设有分流板，不同部位尺寸差异较大，故采用适应性较好的非结构网格，网格单元数为 875 533，网格质量 0.4 以上。

②叶轮内流体域（图 2－7）形状复杂、曲面较多，也采用非结构网格，单元数为 1 425 056，网格质量达到 0.35。

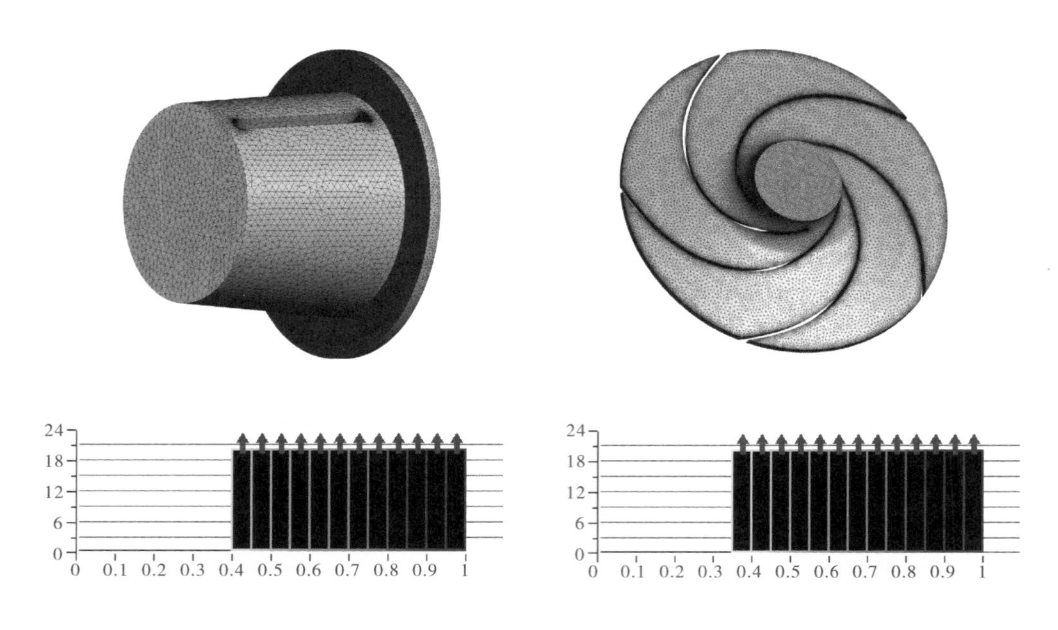

图2-6　进口段网格及网格质量　　　　图2-7　叶轮网格及网格质量

③前后密封环间隙流体域（图 2 -8 和图 2 -9）的尺寸一样，都是厚度（间隙）很薄的圆环域，可采用结构网格得到质量较高的网格，前后密封环间隙流体域的网格单元数均为 48 600，网格质量都达到了 0. 95 以上。

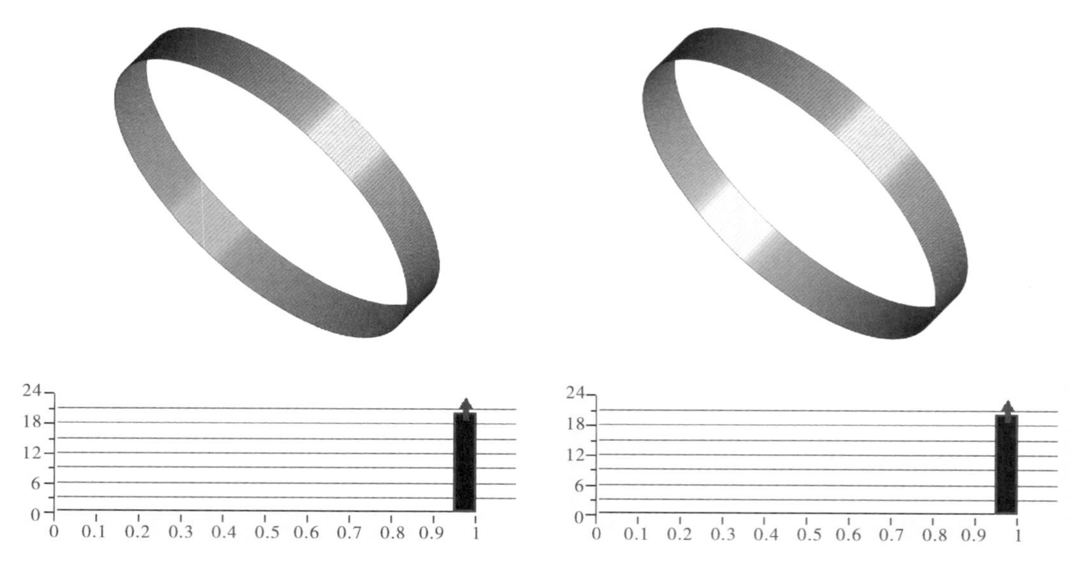

图2-8　前密封环间隙网格及网格质量　　　　图2-9　后密封环间隙网格及网格质量

④平衡孔流体域（图 2 -10 是 5 个平衡孔流体域中的 1 个）由曲面切割圆柱体所得；水泵出口段流体域（图 2 -11）是规则的圆柱体。上述两种计算域都可以采用适合圆柱体的 O - Grid 网格，5 个平衡孔流体域的网格单元数都是 11 520，水泵出口段流体域网格单元数为 201 600，网格质量均达到了 0. 65 以上。

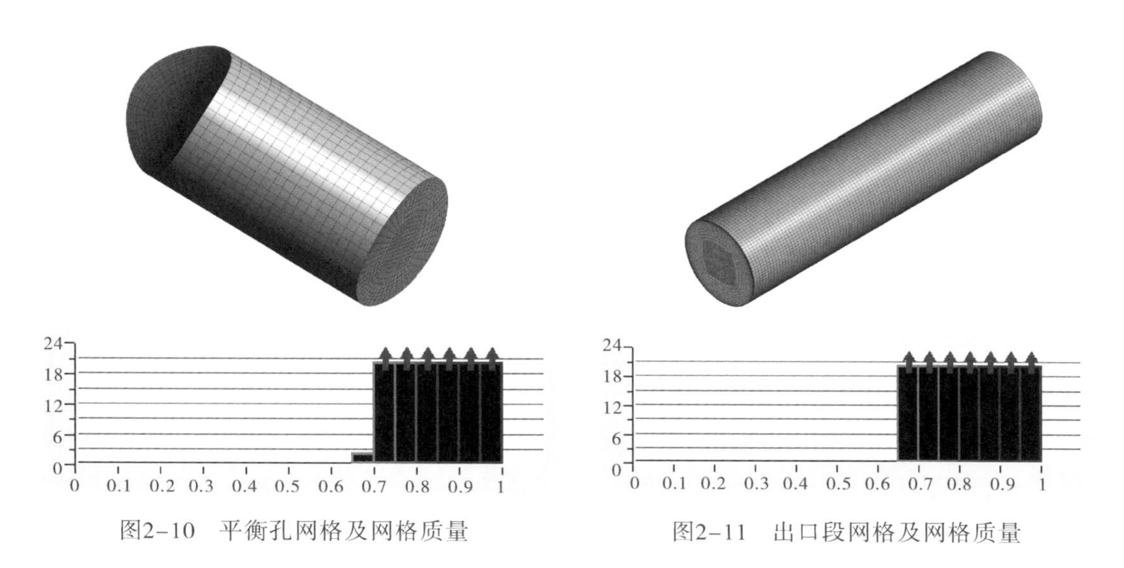

图2-10　平衡孔网格及网格质量　　图2-11　出口段网格及网格质量

⑤蜗壳流体域、泵体与叶轮前后盖板间的空腔流体域（图 2－12）和后密封腔流体域（图 2－13）均是不规则的几何体，故也采用适应性较好的非结构网格，蜗壳流体域和泵体与叶轮前后盖板间空腔流体域的网格单元数共为 2 576 188，后密封腔流体域的网格单元数为 492 953，网格质量为 0. 4 以上。因此离心泵三维全流体域网格单元总数为 5 726 130。

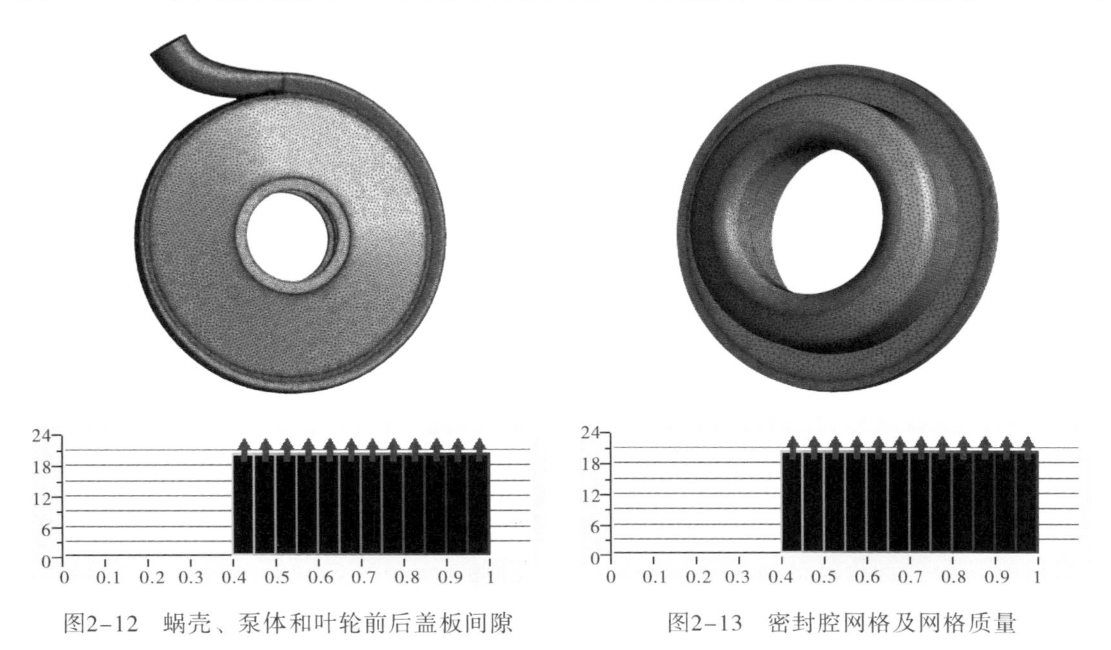

图2-12　蜗壳、泵体和叶轮前后盖板间隙　　图2-13　密封腔网格及网格质量

2. 4. 4　计算方法和边界条件

将 ICEM 软件生成的网格文件导入 Ansys CFX 软件的前处理模块进行计算的前处理设置。这是模拟计算的核心部分，主要操作包括计算模型的选择、边界条件及流体物性参数、收敛标准和监测参数等的设置。

（1）计算模型和收敛条件

计算采用 RNG k－ε 湍流模型，对流项格式选择和湍流项格式均选择 High Resolution，迭代收敛残差设置为 10^{-5}，设置进出口平均压力、进口流量等参数作为监测参数。

（2）边界条件及流体物性参数

泵内流动介质选用20℃的清水；进口边界条件按开口（Opening）设定，压力值设为一个标准大气压，湍流强度选取5%；出口边界条件根据工况流量 Q 设置，从 $Q=0.0Q_d$ 到 $Q=2.0Q_d$ 共 14 个工况，分别为 $Q=0.0Q_d$、$0.15Q_d$、$0.3Q_d$、$0.45Q_d$、$0.6Q_d$、$0.75Q_d$、$0.9Q_d$、$1.0Q_d$、$1.1Q_d$、$1.25Q_d$、$1.4Q_d$、$1.6Q_d$、$1.8Q_d$ 和 $2.0Q_d$。壁面条件采用无滑移固壁条件，壁面粗糙度根据实际加工情况设置，近壁区采用标准壁面函数处理。

（3）定常和非定常模拟计算

作为定常计算，需要按照 1.3.3 节所介绍的那样，旋转计算域与静止计算域的交界面采用“冻结转子法（Frozen Rotor）”处理。若进行非定常模拟计算，则可按照 1.6.5 节中介绍的滑移网格技术处理。本算例仅给出使用“冻结转子法”计算单级泵定常流场和外特性过程和结果，有关使用滑移网格技术计算非定常流场和外特性的方法和过程将在 2.5 节的多级泵算例中给出。

2.4.5 迭代计算和信息监测

图 2－14 是各种工况（$Q=0.0Q_d$、$0.45Q_d$、$1.0Q_d$、$1.25Q_d$）下，模拟计算中连续方程式（1－25）和运动方程式（1－26）的收敛过程，图 2－15 是迭代计算中监测参数值随迭代步的变化过程（$Q=1.0Q_d$）。从图 2－14 可以看到，除 $Q=0.0Q_d$ 工况外，其余工况下的计算残差均已达到了设置所要求的 10^{-5}。工况 $Q=0.0Q_d$ 虽没有达到前处理设置的残差标准，但当计算到 110 步后，残差曲线开始出现规律性的小震荡，监测参数值趋于恒定，由此判定迭代计算可以结束。

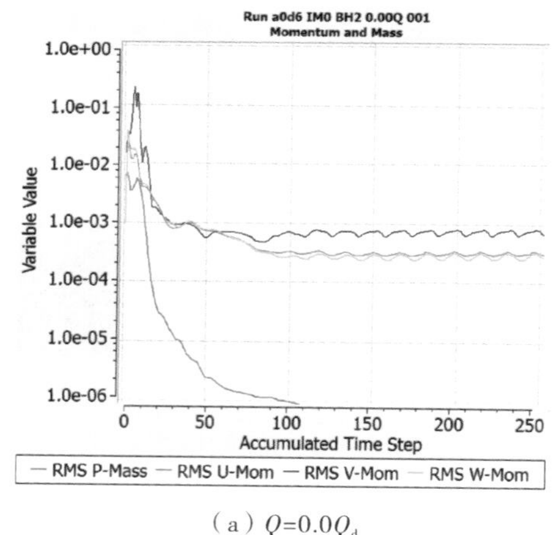

（a）$Q=0.0Q_d$

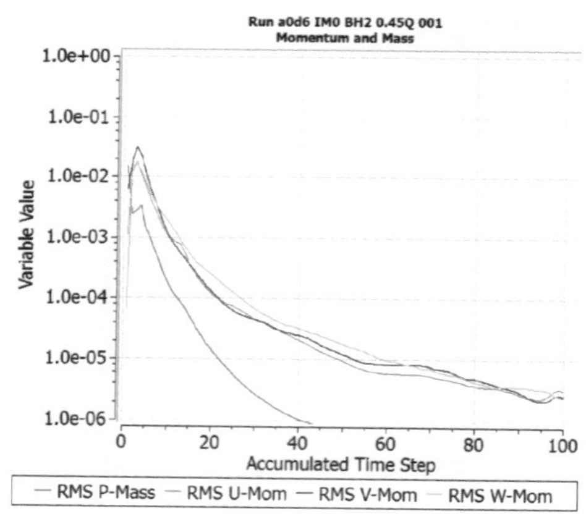

（b）$Q=0.45Q_d$

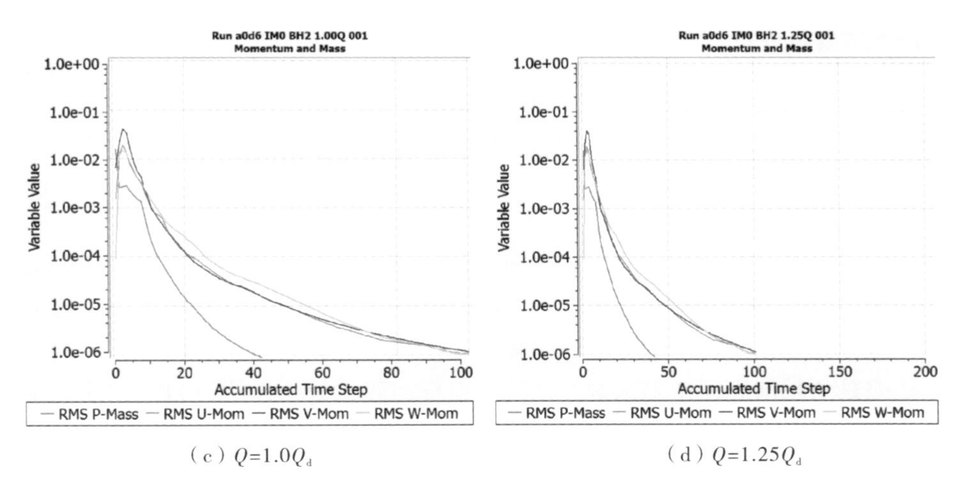

（c）$Q=1.0Q_d$　　（d）$Q=1.25Q_d$

图 2－14　连续方程和运动方程的迭代收敛过程

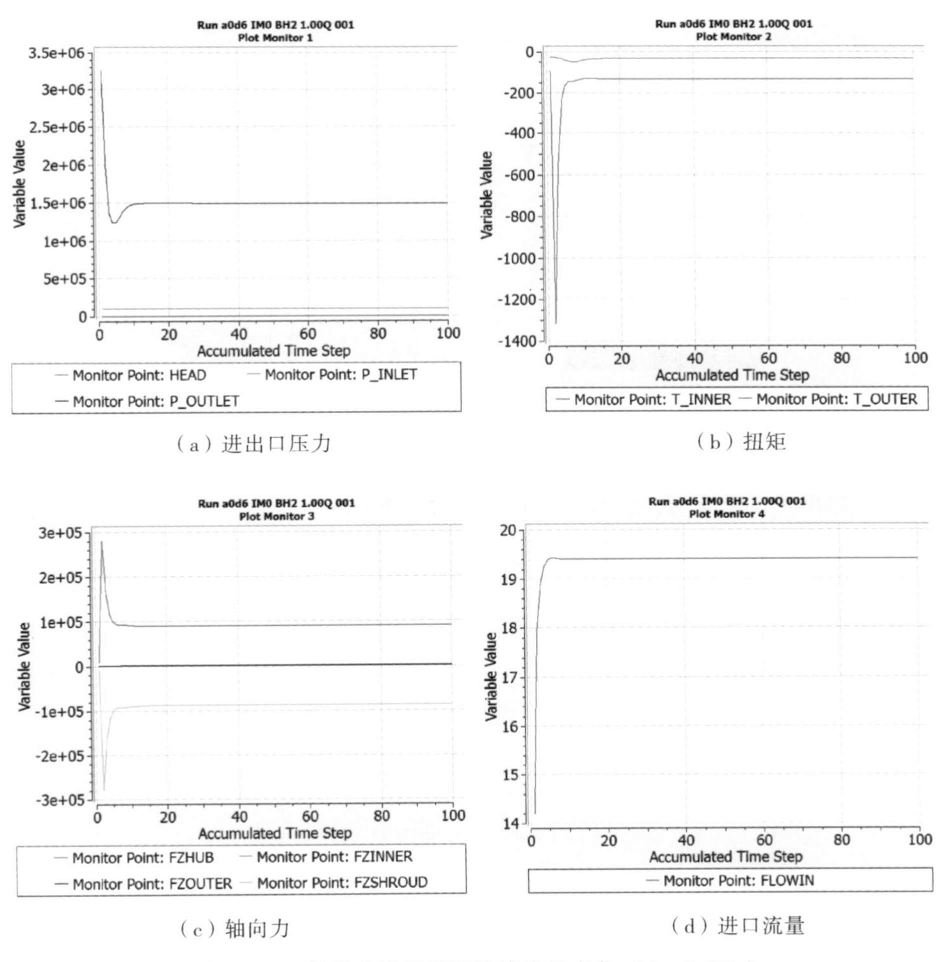

（a）进出口压力　　（b）扭矩

（c）轴向力　　（d）进口流量

图 2－15　监测参数数值随迭代步的变化（$Q=1.0Q_d$）

2.4.6 计算结果及分析

计算结束后，通过对计算结果的后处理，得到从 $Q=0.0Q_d$ 到 $Q=2.0Q_d$ 共 14 个工况下的流动参数，现将压力场和速度场进行流场显示和分析。

2.4.6.1 压力场

（1）多工况压力场

图 2－16 是设计工况（$Q=1.0Q_d$）下离心泵轴截面和中心平面的压力云图。从图 2－16a 中可以看出，从进口段开始，离心泵叶轮、前后腔内的压力沿半径方向平稳上升，叶轮流道内的压力分布按叶片周期分布，但相同半径的叶轮前后腔压力值有所不同，该前后腔的流体压差是泵轴向力的主要来源。从叶轮盖板前腔至吸入口的压力值逐渐减少，一方面造成了一定的水力损失，另一方面也使叶轮吸入口的压力值有一定的提升，有助于提高泵的抗汽蚀性能。从叶轮盖板后腔至泵密封腔的压力值也是递减的，造成一部分水力损失，降低了泵的扬程和效率。

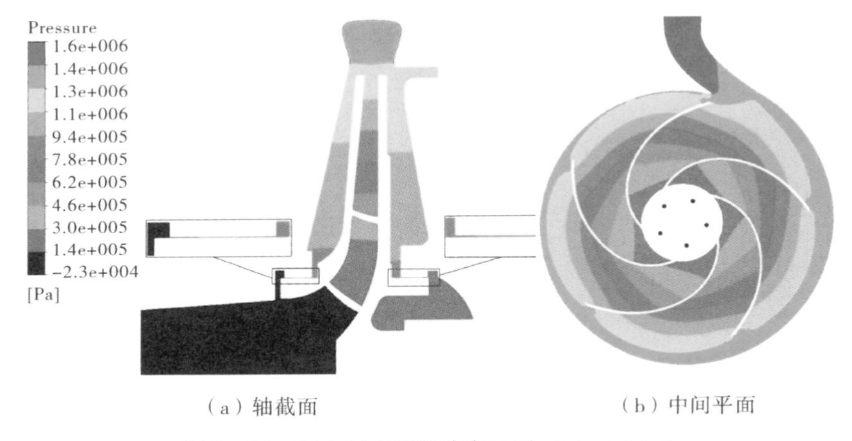

（a）轴截面　　（b）中间平面

图 2－16　离心泵内静压分布云图（$Q=1.0Q_d$）

图 2－17 给出了离心泵全流场模拟得到的 6 个工况点（$Q=0.0Q_d$、$0.45Q_d$、$0.75Q_d$、$1.0Q_d$、$1.4Q_d$、$2.0Q_d$）的叶轮表面压力分布。由图可以看出，叶轮的最小压力总是出现在叶轮叶片入口处，这是汽蚀最容易发生的位置。沿半径增大方向，叶轮表面的静压逐渐增大；在相同半径位置，叶片工作面的压力大于叶片背面的压力。在小流量工况下（尤其是 $Q=0.0Q_d$），叶轮出口的压力分布在圆周方向较其他流量工况变化更显著，叶片工作面与背面的压差加大，这对叶片的强度和刚度提出较高的要求。当离心泵运行在设计流量工况点附近时，叶轮流道内的静压分布趋于规则分布，离心泵运行相对平稳。当离心泵在大流量工况下运行时，离心泵又再次出现小流量工况情况时压力在圆周方向不均匀的现象，导致离心泵振动和噪声增大，严重时会影响离心泵的正常使用。

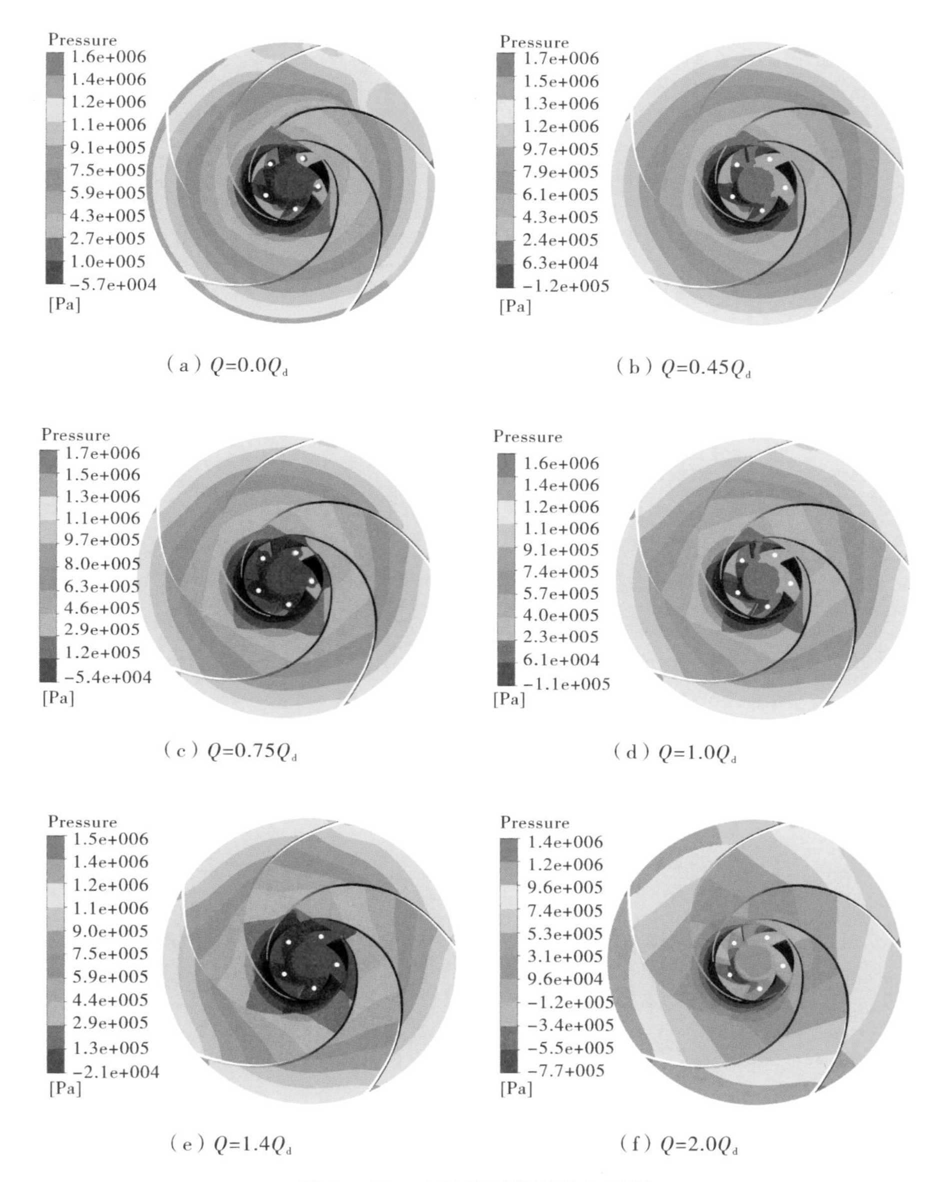

（a）$Q=0.0Q_d$　（b）$Q=0.45Q_d$

（c）$Q=0.75Q_d$　（d）$Q=1.0Q_d$

（e）$Q=1.4Q_d$　（f）$Q=2.0Q_d$

图2－17　叶轮表面静压分布云图

（2）关于平衡孔的叶轮压力

图2－18分别给出了6个工况（$Q=0.0Q_d$、$0.45Q_d$、$0.75Q_d$、$1.0Q_d$、$1.4Q_d$、$2.0Q_d$）下有、无平衡孔两种情况的叶轮表面压力分布云图。从图中可以看出，平衡孔并不对叶轮整体静压分布规律产生影响，只是在靠近平衡孔的叶轮表面，压力有一定程度的升高。这是由于平衡孔连通了叶轮内腔和泵密封腔，增大了叶轮内腔的压力。关于平衡孔对轴向力的影响将在2.4.6.3节中提到。此外，密封环间隙和平衡孔的共同作用，提高了泵的抗汽蚀性能。但从平衡孔进入叶轮内腔的流体会干扰叶轮内主流的正常流动，也使泵的容积损失有所增大，从计算文件后处理的结果得知平衡孔增加的泄漏量约为$0.03Q_d$。

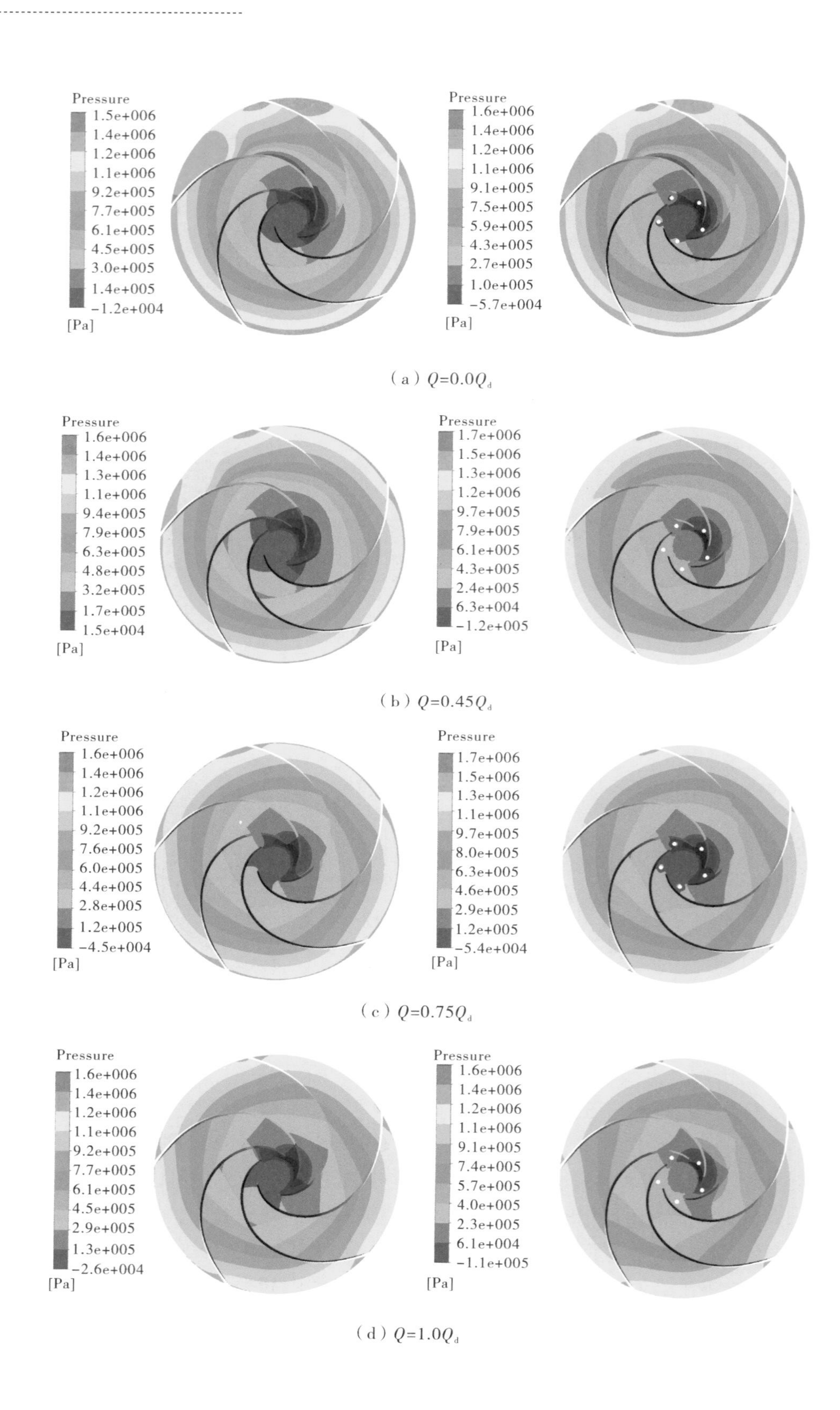

（a）$Q=0.0Q_d$

（b）$Q=0.45Q_d$

（c）$Q=0.75Q_d$

（d）$Q=1.0Q_d$

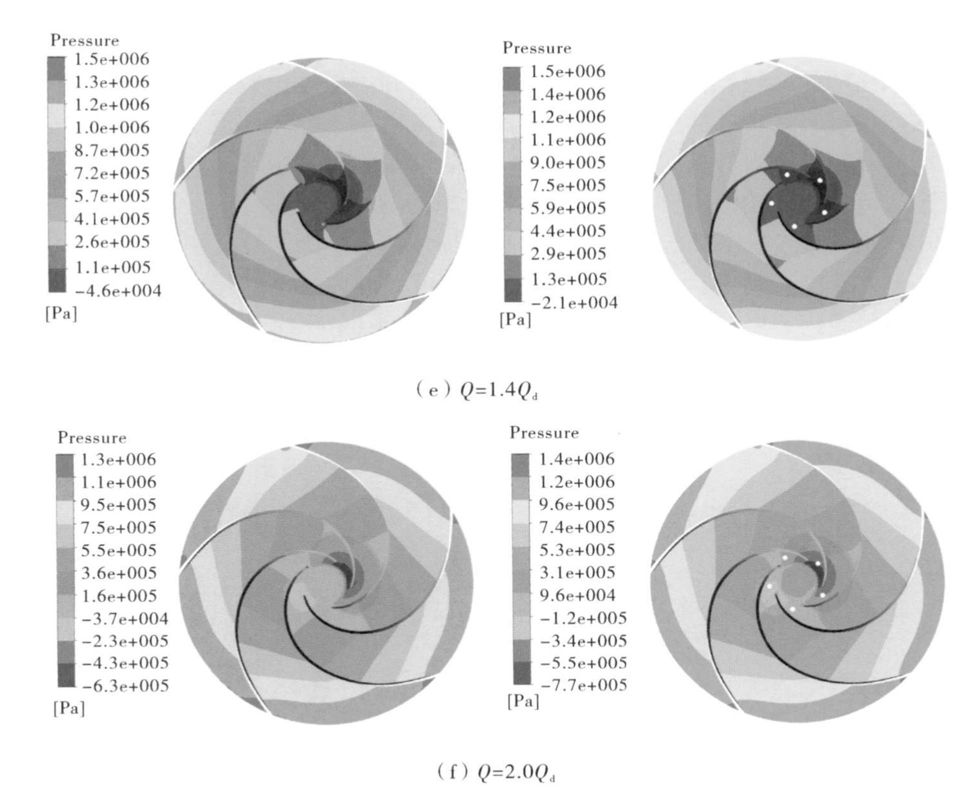

（e）$Q=1.4Q_d$

（f）$Q=2.0Q_d$

图 2－18　离心泵叶轮静压分布云图（左：无平衡孔，右：有平衡孔）

2.4.6.2　流速场

（1）多工况的水泵流速场

图 2－19 是设计工况（$Q=1.0Q_d$）下离心泵轴面和中间平面速度云图。由图可知，泵体和叶轮内的速度分布规律是：叶轮进口处的流速较低，随着半径的增大流速逐渐增大，在叶片的出口处，速度达到最大值，流体进入蜗壳后，流速随之降低，流体的速度能

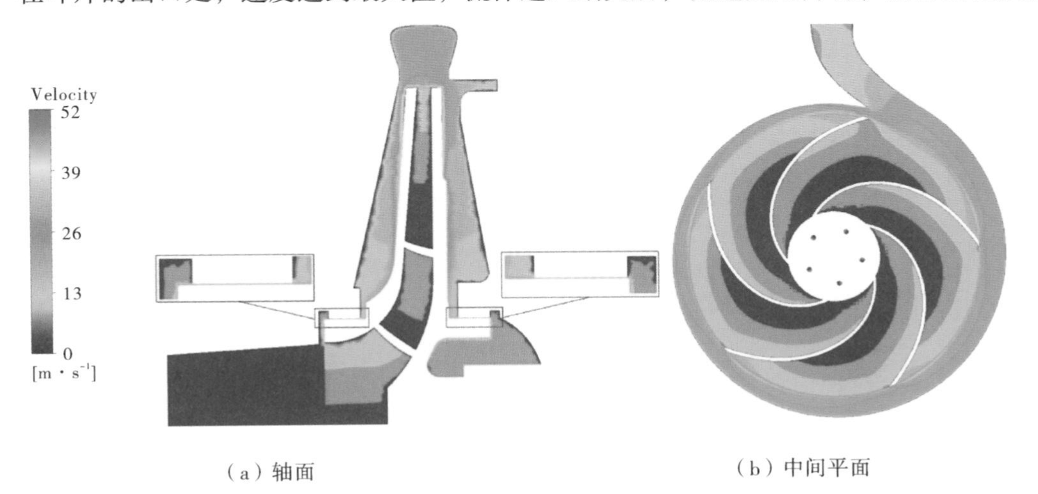

（a）轴面　　（b）中间平面

图 2－19　离心泵内速度云图（$Q=1.0Q_d$）

转换为压力能。在靠近叶轮前后盖板处，流速几乎达到了叶轮的旋转速度，叶轮前后盖板处的速度沿轴向两侧并随着半径的减小逐渐降低，但并不像理论假设那样泵腔内流体以盖板角速度的一半进行旋转。从中间平面的流速场可以看出，叶轮的流道内的速度呈现分层的现象。同一叶轮流道内的相同半径位置，从叶轮叶片工作面至背面的流速是递增的。由此可以看出，流体在叶轮的流道内主要是随着叶轮的旋转加速。

图 2-20 是设计工况下离心泵轴面与中间平面流速矢量图。结合图 2-16～图 2-19，从图 2-20 可以看出，蜗壳、泵体与叶轮前后盖板间空腔内的流体经前后密封环间隙流向泵吸入口和密封腔内。另外，图 2-20b 中显示流体集中在叶片背面一侧流动，靠近工作面一侧存在大尺度的旋涡，这会影响泵的水力效率。

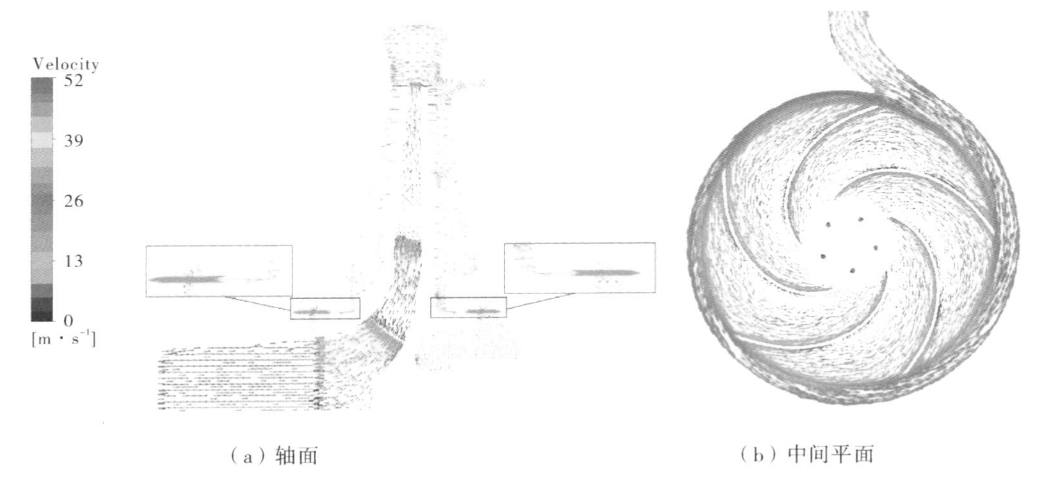

（a）轴面　　（b）中间平面

图 2-20　离心泵轴面和中间平面流速矢量图（$Q=1.0Q_d$）

（2）叶轮流速场

图 2-21 给出了计算得到的 6 个工况（$Q=0.0Q_d$、$0.45Q_d$、$0.75Q_d$、$1.0Q_d$、$1.4Q_d$、$2.0Q_d$）下叶轮内流速矢量图。从图中可以看出，叶轮在 $Q=0.0Q_d$时，叶轮流道内多处出现旋涡，最高流速出现在叶轮出口靠近蜗壳的地方。旋涡出现的原因是由于泵出口处于封闭状态，叶轮内流体无法排出只能自循环流动。此外，小流量如 $Q=0.45Q_d$等工况下均有不同程度的旋涡存在，但是随着流量工况的增大，旋涡的大小和数量均有所下降。由图中显示，$Q=0.75Q_d$工况下的叶轮内部已没有明显的旋涡存在，流动处在一个相对通畅的状

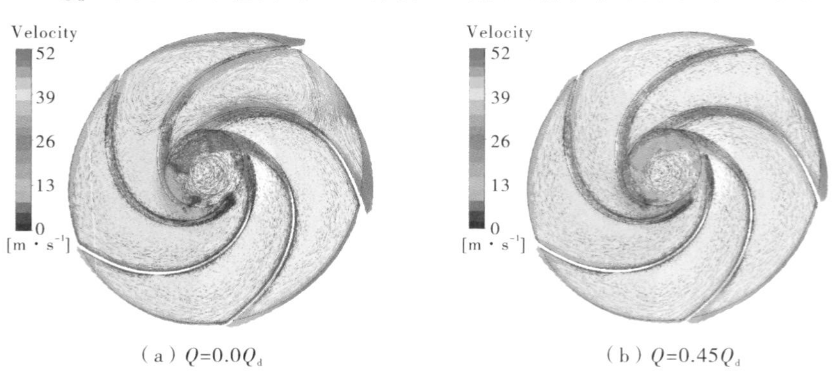

（a）$Q=0.0Q_d$　　（b）$Q=0.45Q_d$

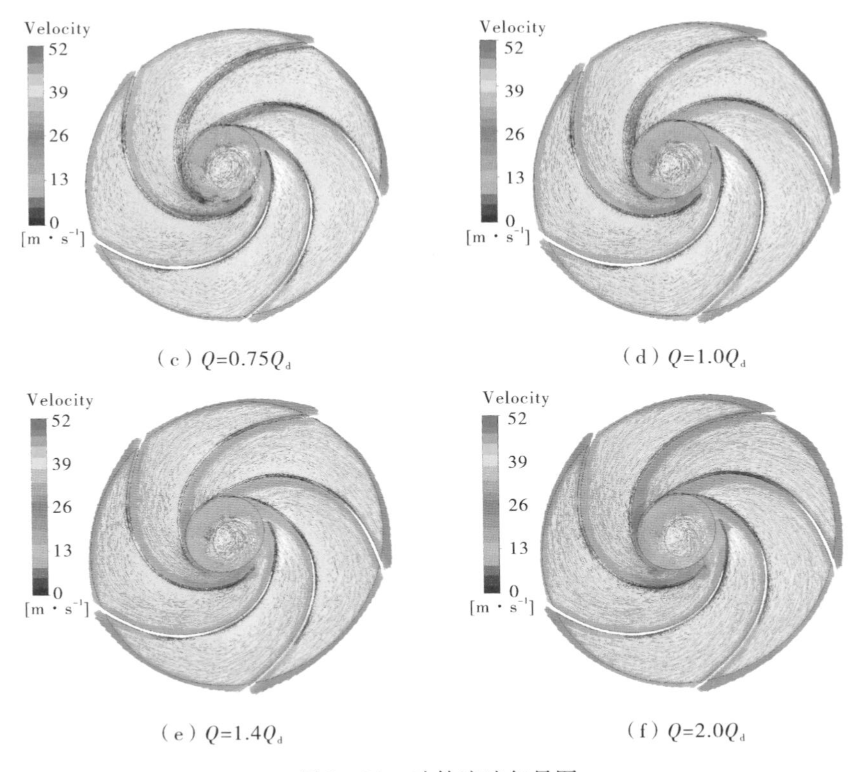

（c）$Q=0.75Q_d$　（d）$Q=1.0Q_d$

（e）$Q=1.4Q_d$　（f）$Q=2.0Q_d$

图 2－21　叶轮流速矢量图

态，泵内流动损失相对较小。当流量升至 $Q=1.0Q_d$（即设计工况）时，叶轮各个流道的流动分布趋于均匀，各流道出口的流体速度也基本一致。但在图中也可发现该泵叶轮在各工况下均存在不同程度的脱流，脱流位置出现在叶片进口处靠工作面一侧，流体在叶轮流道内的流动主要在叶片背面一侧。由于叶片工作面是叶轮流道的高压侧而叶片背面是低压侧，因此旋涡容易向低压侧扩散，此时的旋涡是不稳定的，容易造成扩散损失和汽蚀现象的发生。

（3）密封环间隙流速场

图 2－22 和图 2－23 分别是设计工况下前后密封环间隙处的流速矢量分布。从图 2－22 中可以看出，前密封环间隙处的流体流动主要是靠近旋转叶轮侧的切向流动和靠近静止

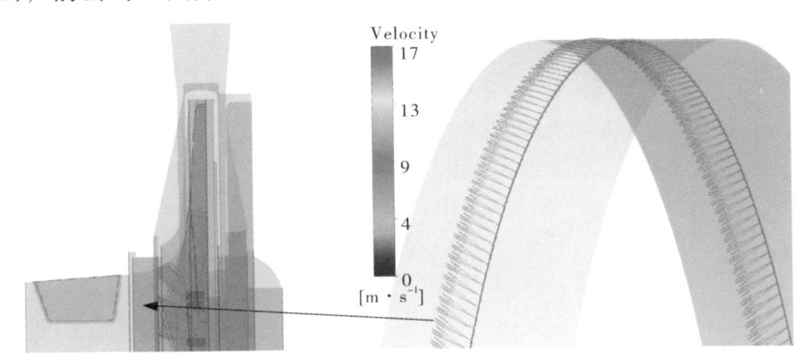

图 2－22　前密封环间隙流速矢量（$Q=1.0Q_d$）

口环侧的轴向流动，其中切向流动方向与叶轮的旋转方向一致；轴向流动是从泵体与叶轮前盖板所形成的空腔向叶轮吸入口处流动，但速度方向并不与旋转轴完全平行，而是与旋转轴成某个角度且偏向叶轮的旋转方向。从图 2－23 中可以看出，后密封环间隙处与前密封环间隙处的流动具有相似的流动特征，流速大小也基本接近。

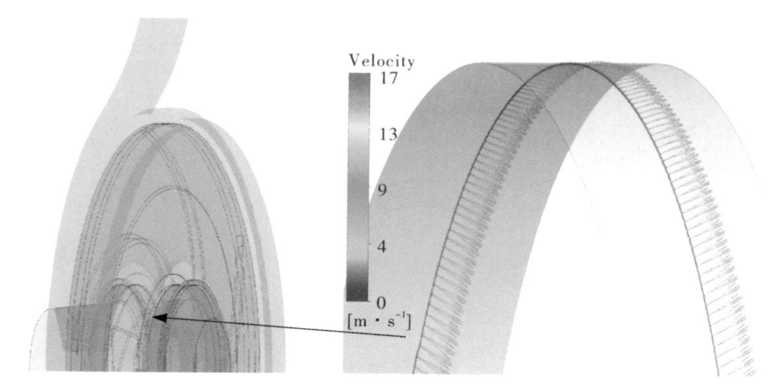

图 2－23　后密封环间隙流速矢量（$Q=1.0Q_d$）

（4）平衡孔流速场

图 2－24 和图 2－25 是设计工况（$Q=1.0Q_d$）下叶轮平衡孔的流速矢量分布，图中从多个角度展示了平衡孔内的流体流动特征，图 2－24a 中是某个平衡孔的轴向流速矢量分布，图 2－24b 是对应的平衡孔径向流速矢量分布，图 2－25 是在 5 个平衡孔中某一位置取横截面得到的横截面上的流速矢量分布。从这些图可以看出，由于密封腔内的流体压力大于叶轮流道内的流体压力，流体由高压侧（密封腔一侧）向低压侧（叶轮一侧）流动。从静止参考系看，平衡孔内的流动是轴向流动与旋转的叠加运动。

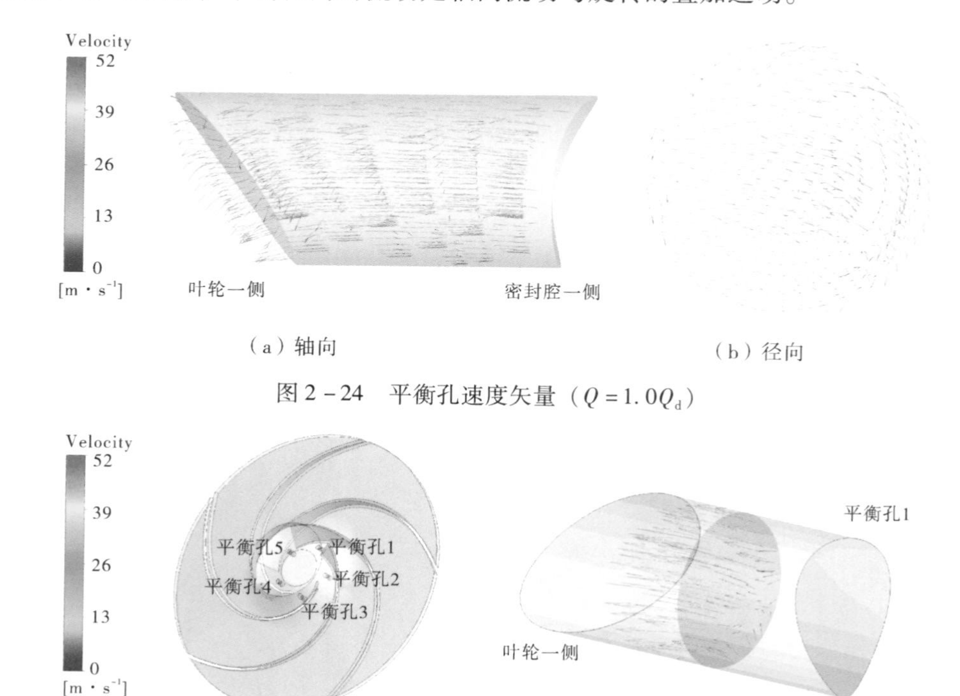

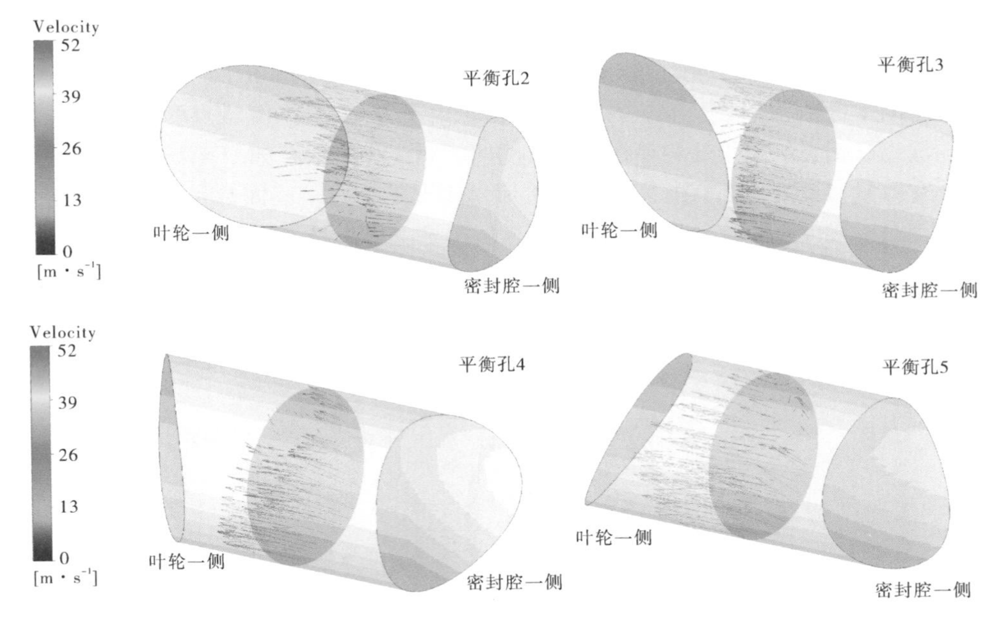

图 2 - 25　平衡孔内横截面上的流速矢量（$Q = 1.0Q_d$）

（5）蜗壳流速场

图 2 - 26 为不同流量工况下蜗壳隔舌附近的流速矢量图。由图可知，当泵运行在小流量工况时，由于阀门开度较小，蜗壳扩散管中的一部分流体在蜗壳内循环流动形成旋涡，消耗了一部分能量；当泵运行在设计工况时，隔舌附近流动比较通畅；当水泵运行在大流量工况时，蜗壳隔舌附近和扩散管的流速相对较大，对隔舌的冲击力也随之增大，也会造成一定的能量损失。

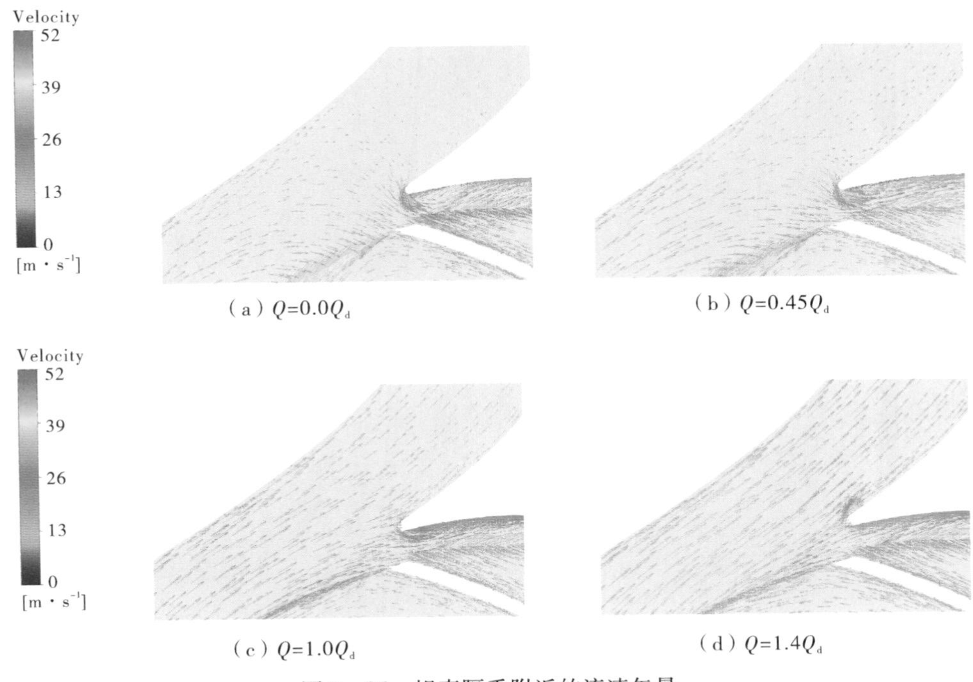

（a）Q=0.0Q_d　（b）Q=0.45Q_d

（c）Q=1.0Q_d　（d）Q=1.4Q_d

图 2 - 26　蜗壳隔舌附近的流速矢量

（6）叶轮蜗壳中间平面内流线

图2-27展示了6个工况（$Q=0.0Q_d$、$0.45Q_d$、$0.75Q_d$、$1.0Q_d$、$1.4Q_d$、$2.0Q_d$）下叶轮及蜗壳中间平面的流线图。从图中可以看出，由于$Q=0.0Q_d$流量点时泵出口是关闭的，此时叶轮流道和蜗壳扩散管处均存在不同尺度的旋涡。小流量点如$Q=0.45Q_d$时，叶轮流道内的旋涡在数量和尺度上都有所减小。随着流量工况的增大，旋涡数目和尺度也越来越小。但此时的旋涡一般位于叶轮叶片工作面一侧，从理论上来讲是不稳定的，容易向叶片背面一侧移动。在较大的流量工况下（图2-27f），叶轮流道内的大尺度旋涡基本消失。

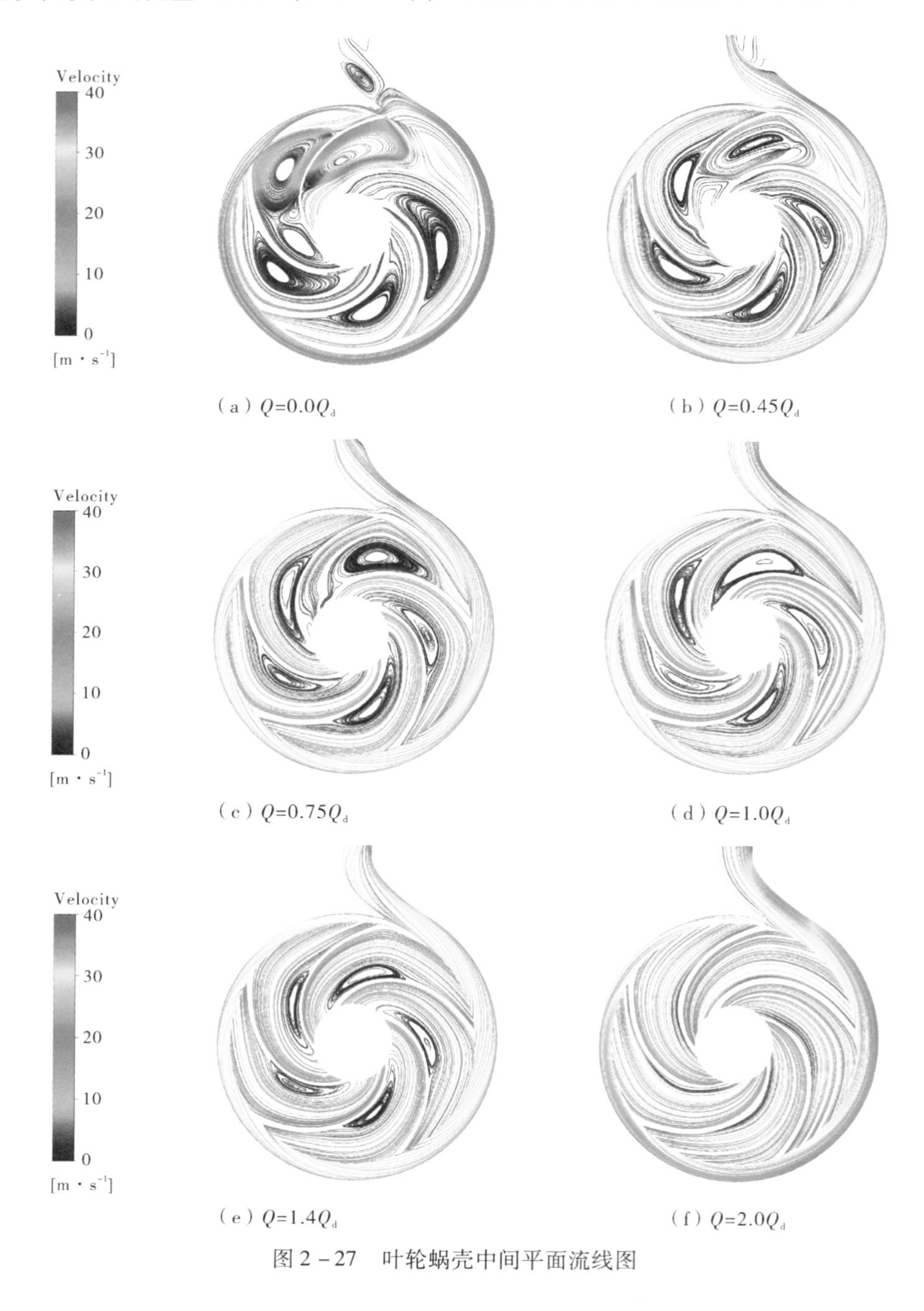

（a）$Q=0.0Q_d$　（b）$Q=0.45Q_d$

（c）$Q=0.75Q_d$　（d）$Q=1.0Q_d$

（e）$Q=1.4Q_d$　（f）$Q=2.0Q_d$

图2-27　叶轮蜗壳中间平面流线图

（7）平衡孔回流的流线

图2-28显示了6个工况（$Q=0.0Q_d$、$0.45Q_d$、$0.75Q_d$、$1.0Q_d$、$1.4Q_d$、$2.0Q_d$）下流体从密封腔经平衡孔回流至叶轮内的流线。小流量工况下由于出口阀门关闭或开度较小，叶轮内的流动不通畅，导致平衡孔的流体回流时也不能顺畅流动。当水泵在设计工况或大流量工况点时，平衡孔内回流的流体流动情况则顺畅很多，流速也有所增大。

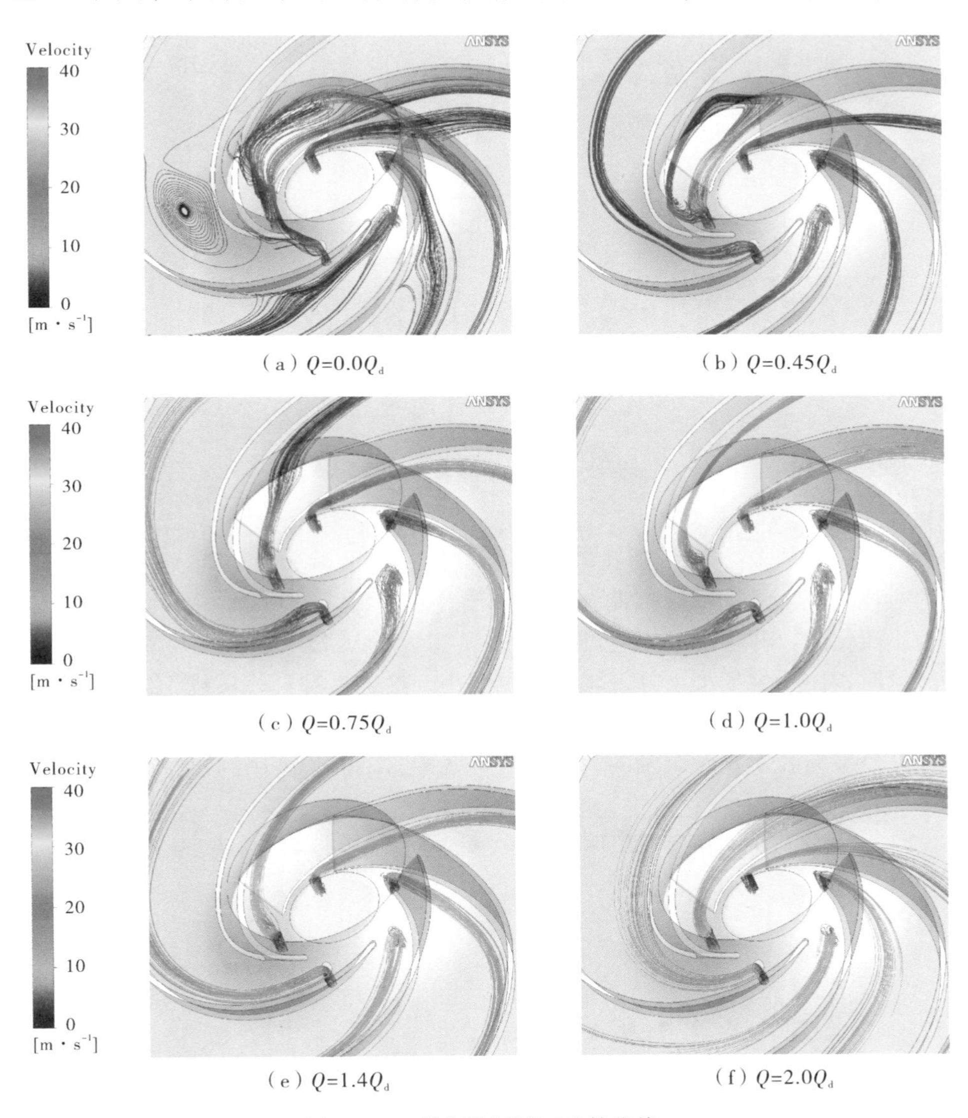

（a）$Q=0.0Q_d$　（b）$Q=0.45Q_d$

（c）$Q=0.75Q_d$　（d）$Q=1.0Q_d$

（e）$Q=1.4Q_d$　（f）$Q=2.0Q_d$

图2-28　平衡孔回流至叶轮流线

2.4.6.3　基于CFD的泵外特性预测计算

在上述的全流场模拟计算结果文件中，由软件的后处理模块直接读出或通过一些简单计算就可以得到水泵的外特性参数结果。

（1）泄漏流量损失

图2-29给出了总泄漏量的模拟值和由半经验公式（2-13）计算的总泄漏量值的对

比结果。由图中可以得知，模拟值仅是经验公式计算值的50%～60%，但二者的变化趋势基本一致。设计工况点时，总泄漏量模拟值为1.32L/s（4.76m^3/h），泄漏量占设计流量的6.8%；式（2－13）计算的泄漏量为2.30L/s（8.29m^3/s），泄漏量占设计流量的11.9%。无论是半经验公式计算值还是模拟值都显示前后密封环的泄漏量是基本相等的。

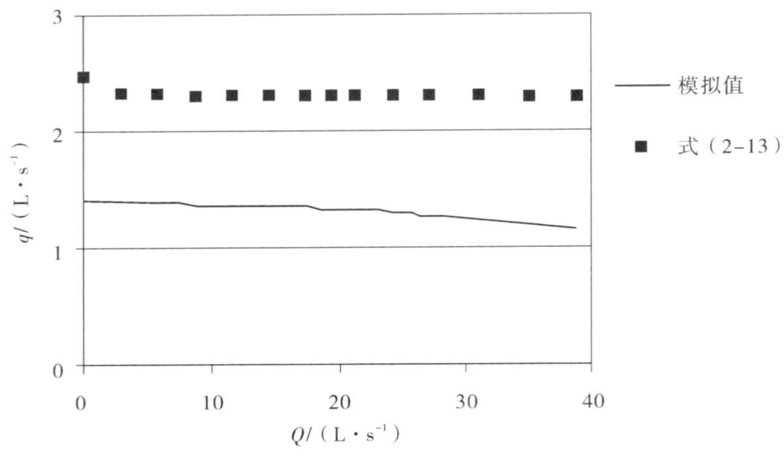

图2－29　总泄漏量与流量关系

（2）轴向力

图2－30是叶轮有、无平衡孔轴向力模拟值及半经验公式（2－17）和式（2－19）计算值的对比情况。从图中模拟曲线可以看出，随着流量的增加，轴向力先增大后减小。这是因为小流量时，尽管泵扬程上升，但泵密封腔的压力还是相对低的，因而轴向力较小；大流量时，由于泵扬程下降，轴向力也变小，这也是符合相关理论的。但经验公式计算值的变化规律则是随流量的增大逐渐减小，与模拟值的规律有所不同。由图也可以看到，叶轮开设平衡孔对减小泵轴向力是非常有效的，轴向力减小约80%以上。

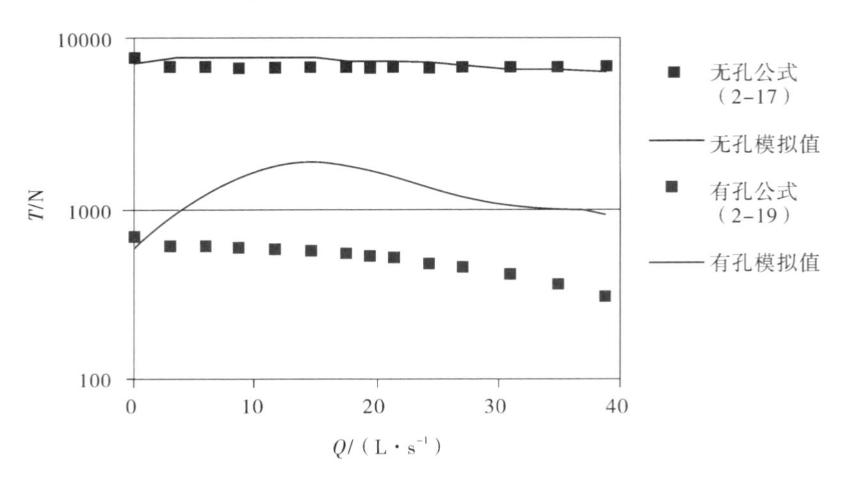

图2－30　轴向力与流量关系

（3）性能曲线

图2－31是根据全流场模拟计算得到的离心泵性能预测曲线，该曲线按照行业习惯做了光滑处理。从图中可以看出，该泵在 $Q=0.45Q_d$ 工况点时达到最高扬程157.2m，即出现了驼峰的现象，分析原因可能是泵出口角偏大等原因导致冲击损失过大，需要采取一些措施如适当增加叶轮叶片包角或减小叶片出口角进行改进。该泵效率最高达到65.9%，出现在 $Q=1.6Q_d$ 工况点，即高效区在大流量工况一侧，需设法使泵的高效区向小流量点偏移，可以采取减小泵体喉部面积，增加基圆直径等措施。但图2－31还只是模拟的预测结果，最终需要结合性能试验的结果对水泵产品进行改进。

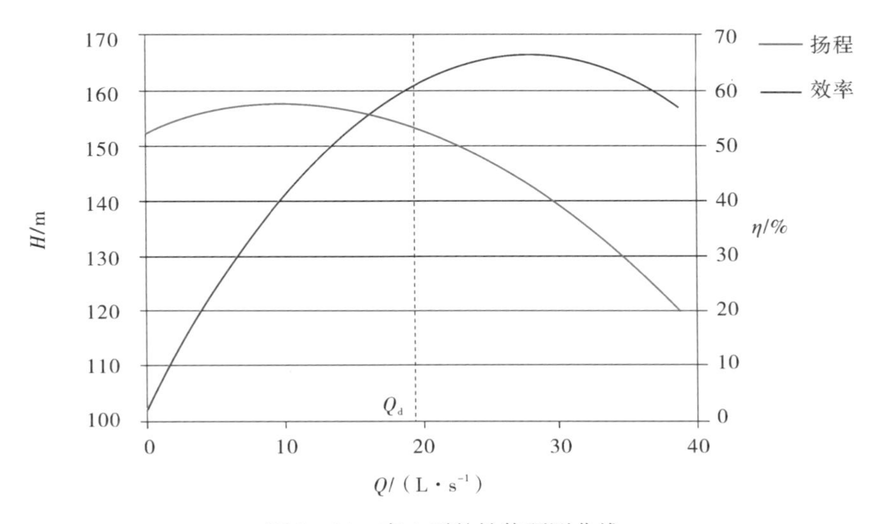

图2－31　离心泵的性能预测曲线

2.4.7　离心泵的实验验证

数值模拟虽然在流体机械尤其是水泵方面得到了一些应用，实际产品研发中仍需要进行必要的性能实测验证。在这一部分主要讨论离心泵的外特性和轴向力实验测试。

2.4.7.1　外特性试验内容

离心泵性能测试工作主要是在设计转速下，通过调节离心泵出口阀门改变泵流量，测量出各工况下离心泵的进口压力、出口压力、流量、扭矩、转速等参数，用于计算离心泵的扬程、轴功率和效率并绘制离心泵的外特性曲线。此外考虑到轴向力是离心泵运行中不可忽视的重要因素，实验中对离心泵轴向力也进行了测量，以验证模拟方法的工程适用性。

2.4.7.2　试验装置

图2－32为某生产企业的离心泵测试循环系统。由试验控制台、供水池、循环管路、阀门、性能参数采集系统和供电设施等元件组成。该平台为B级精度，达到国家有关标准。

2.4.7.3　性能参数测量

（1）扭矩和转速

水泵的轴功率通过扭矩和转速的测量计算得到。试验平台选取JC2C转矩转速传感器及JW－2A微机扭矩仪进行扭矩与转速的测定。该扭矩仪最快采样时间为1ms，扭矩测量

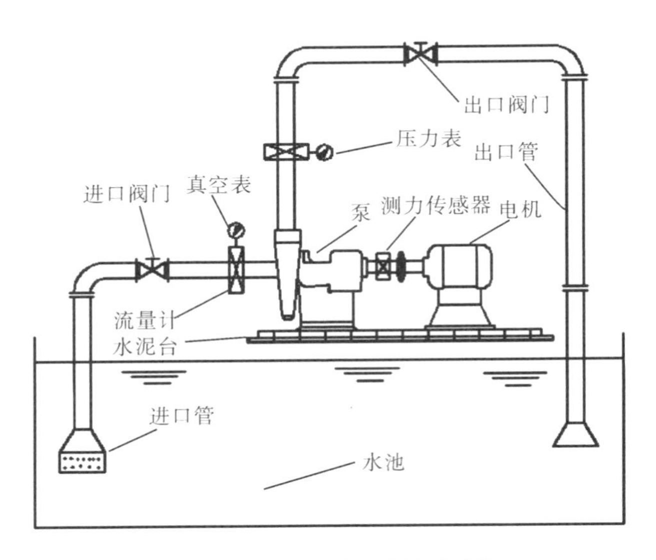

图 2-32　离心泵试验循环系统

精度为 ±0.1%F.S，扭矩量程为 0～99 999N·m；转速测量精度为 ±0.5%，转速量程为 0～30 000r/min。

（2）进出口压力

水泵扬程通过水泵进出口的总压差测量计算得到。泵进口处由于是负压需要采用真空表，该真空表测量范围为 -0.1～0MPa，精度为 ±0.4%；出口则采用压力表，测量范围是 0～0.6MPa，精度为 ±0.4%。

（3）流量

采用 SRXLDE 电磁流量计直接测量水泵流量，该流量计的精度等级为 0.5 级，测量范围为 0.02～20 000m^3/h。

（4）轴向力

轴向力的测量需要用到测力传感器和数据采集卡。实验采用 LH-S05 型拉压双向测力传感器和 NI9205 型数据采集卡，如图 2-33 所示。测试时测力传感器与泵轴中心处通过

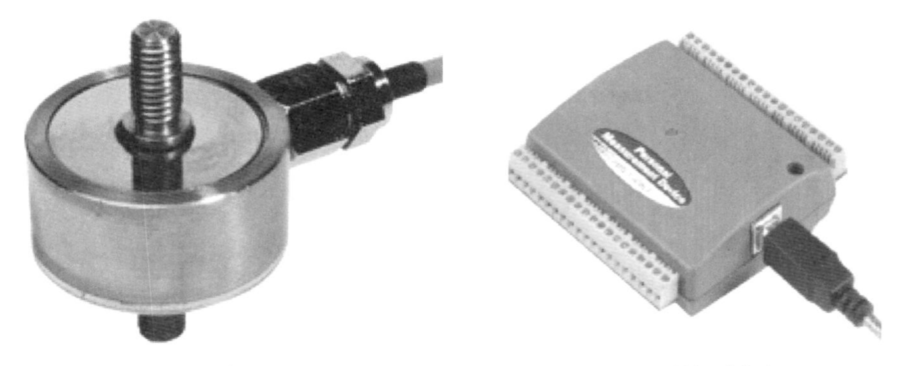

（a）测力传感器　　（b）数据采集卡

图 2-33　轴向力测量仪器

螺纹连接，当水泵工作时，测力传感器将泵轴上的力作用转为电信号。通过数据采集卡进行数据采集，将采集的数据传输至电脑中，通过软件对数据进行处理和转换，得到泵轴向力的数值大小。

2.4.7.4　外特性参数测量值处理

泵的扬程 H、轴功率 P、有效功率 P_e 及效率 η 可分别按照式（2-31）、式（2-23）、式（2-33）和式（2-34）处理计算，但代入计算的数值是实测值，由此得到额定转速下的性能参数测试结果并绘制出水泵的外特性曲线。

2.4.7.5　模拟计算和实测结果对比分析

（1）性能曲线

外特性试验与模拟预测对比结果如图 2-34 所示。在设计工况（$Q=1.0Q_d$）下，扬程和效率模拟值分别为 $H=153.2\text{m}$ 和 $\eta=61.3\%$，而扬程和效率实测值分别为 $H=155.8\text{m}$ 和 $\eta=60.6\%$，H 和 η 的相对误差分别为 -1.69%（负数代表实测值大于模拟值，下同）和 1.25%；在 14 个工况点中，H 模拟值与实测值相对误差最大值为 -4.64%，出现在 $Q=2.0Q_d$工况点，$Q=0.0Q_d$和 $Q=1.8Q_d$工况点的 H 相对误差也达到了 -4%，H 相对误差的最小值为 -1.53%，出现在 $Q=1.1Q_d$工况点，其余工况点的 H 相对误差的绝对值在 1.5%～3.5%之间。

η 模拟值与实测值的相对误差最大值为 5.55%，出现在 $Q=2.0Q_d$工况点，最小值为 1.25%，出现在设计工况点 $Q=1.0Q_d$，其余工况点的 η 相对误差的绝对值在 1.2%～4.0%之间。另外，测试曲线和预测曲线均显示扬程出现驼峰、高效区向大流量工况偏移的现象。综合以上分析，模拟预测值达到工程精度要求。

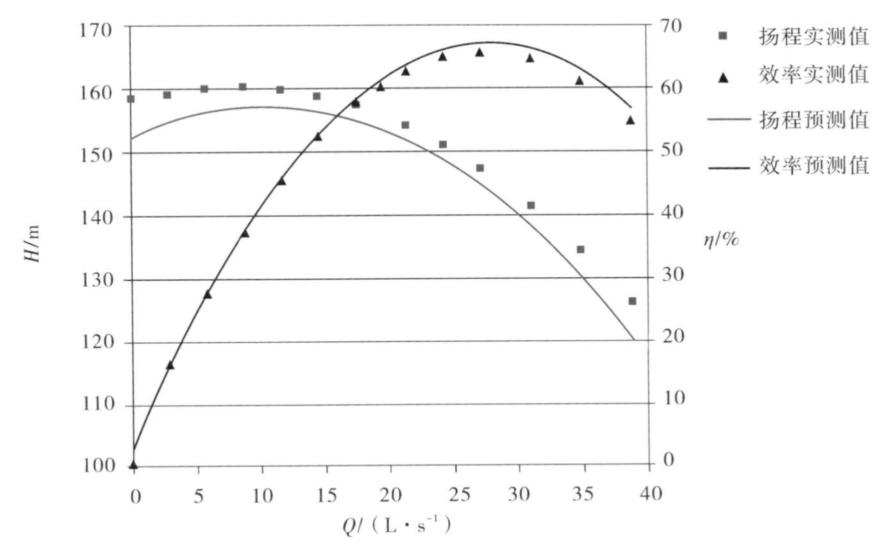

图 2-34　离心泵性能曲线

（2）轴向力

在非全流场离心泵数值模拟中，由于没有考虑泵体和前后盖板间的空腔及密封环间隙的流动，所以轴向力的模拟计算是无法实现的。在离心泵全流场三维数值模拟中，只需要对叶轮前后盖板外表面的压力进行后处理的积分计算，就可得到泵轴向力的预测结果。

图 2－35 是离心泵轴向力实测值与模拟预测值对比，从图中可以看出，在设计工况（$Q=1.0Q_d$）下，轴向力 T 的模拟值为 1692N，实测值为 1944N，即 T 的相对误差为 －12.94%；上述 14 个工况中，相对误差的最大值为 －24.16%，出现在 $Q=0.15Q_d$ 工况点；相对误差的最小值为 －2.54%，出现在 $Q=1.25Q_d$ 工况点。综上所述，轴向力模拟值与实测值还有一定偏差，尤其在非设计工况点，但模拟结果与实测结果随流量的变化趋势较为一致。

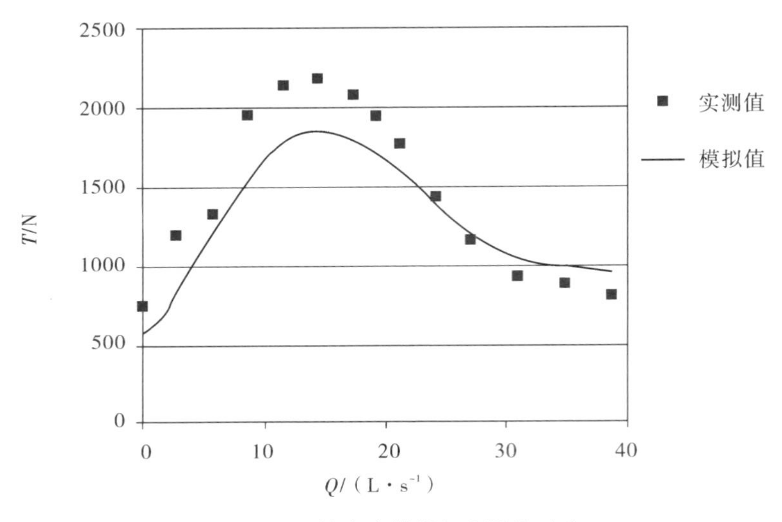

图 2－35　轴向力模拟与实测值对比

2.5　多级泵流动仿真及性能预测实例

2.5.1　多级泵几何结构

当单级泵不能满足所需要的增压要求时，一般采用多级增压方式。多级离心泵是将具有同样功能的两个以上的泵集合在一起。流体通道结构上，表现在第一级的介质泄压口与第二级的进口相通，第二级的介质泄压口与第三级的进口相通，如此串联的机构形成了多

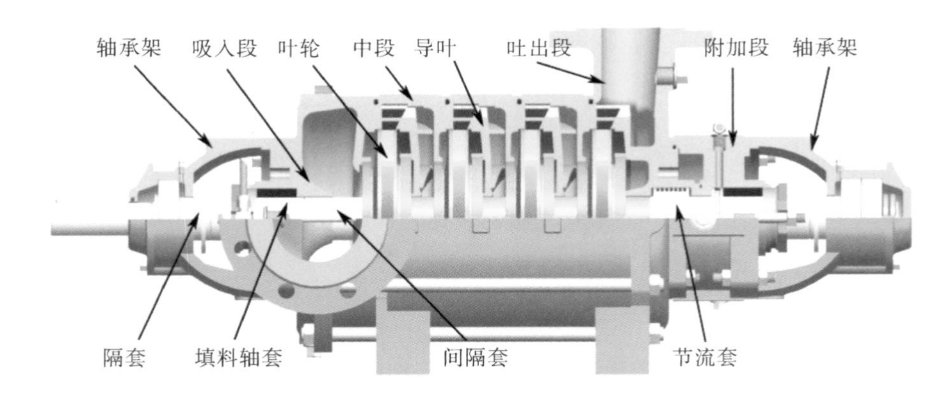

图 2－36　普通多级离心泵

级离心泵。如图 2－36 所示，其主要部件为吸入段、叶轮、导叶、中段和吐出段等。吸入段位于首级叶轮进口前，它把流体从吸入管吸入叶轮，然后导叶收集从叶轮中流出的流体输送到下一级叶轮吸入口，起到将流体速度能转换成压能的作用，流体经多级泵最后一级导叶后沿吐出段排出。

选取某公司生产的 KDW65 型 4 级 3 出口离心泵作为研究对象，其外观如图 2－37 所示。泵的设计流量 $Q_d = 66m^3/h$，转速 $n = 2900r/min$，扬程随出口位置发生变化。与普通的多级离心泵（图 2－36）相比，多级多出口离心泵的特殊性在于它有多个出口选项，用户根据扬程需求选择某个出口作为多级泵的工作出口，其它出口则处于关闭状态。当工作出口位于中段的某一级时，流体经叶轮、导叶后直接从该中段出口排出泵外。当工作出口位于末级时，该多级泵与普通的单出口多级离心泵的工作情况一致。由此可见，出口越往下游移动，多级离心泵的扬程就越高。

图 2－37　多级多出口离心泵

2.5.2　计算模型及网格划分

如图 2－37 所示，所研究的离心泵有两个中段出口选项，一个末级出口选项，其中第一出口位于第二级，第二出口位于第三级，第三出口位于第四级（末级）。叶轮叶片为后弯式，叶片数为 7，叶片有两个尺寸：一个是原始尺寸（205mm），一个是切割尺寸（186mm，只切割叶片末端直径，不切割叶轮盖板）。表 2－1 给出了该多级离心泵各级的叶轮叶片直径和出口布置情况。导叶为径向式结构，正导叶叶片数为 10，反导叶叶片数为 6。应用 Pro/E 创建如图 2－38 所示的多级泵整机的流体计算域。

表 2－1　叶轮叶片直径和泵出口布置

泵级	第一级	第二级	第三级	第四级
出口位置	无出口	第一出口	第二出口	第三出口
叶轮叶片直径 mm	205	186	186	205

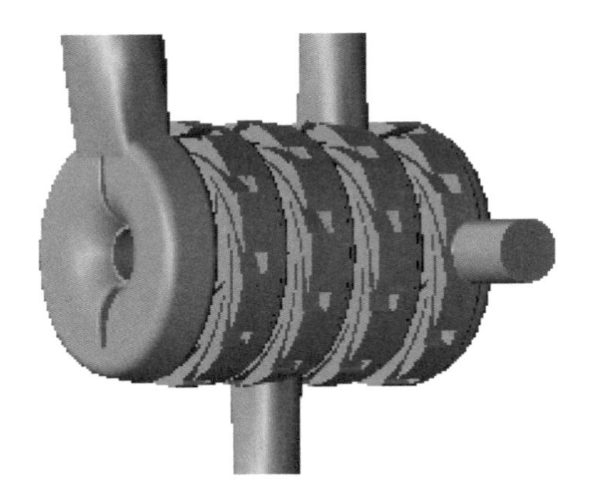

（a）组装

（b）分解

图 2 - 38　多出口多级泵流体计算域

使用软件 ICEM 对计算域进行网格划分，得到如图 2 - 39 所示的非结构四面体网格单元，其中叶轮网格的最大尺寸为 2mm，其余部分的网格最大尺寸为 3mm，总网格数约为 200 万。

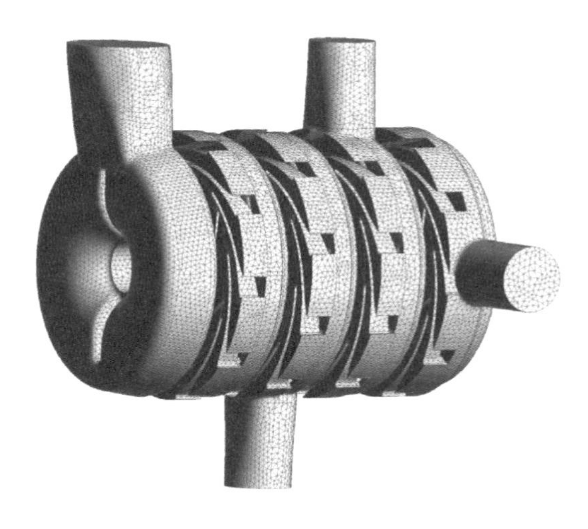

图 2 - 39　计算域网格划分

2.5.3 计算方法

与单级泵相比，多级泵的流道结构比较复杂，叶轮、导叶间一般只有很小的间隙；流体在流经各泵级的有限空间内经历了轴向—径向—轴向交替变化的过程，这使得叶轮和导叶间的“动静干扰”问题尤为突出。本算例运用1.6.5节介绍的滑移网格技术模拟仿真多级泵内三维瞬态全流场及叶轮与导叶间的动静干扰问题，给出叶片泵的非定常流场模拟仿真方法和过程，对叶片泵的性能预测可采用时间平均的方式计算得到性能参数的结果。

2.5.3.1 非定常模拟计算

叶轮计算域设在旋转参考系，其余计算域设在静止参考系，静止计算域与旋转叶轮计算域的交界面设为滑移界面。设置计算时间步长 $\Delta t = 1/nZ$，其中 n 是叶轮转速，Z 是叶轮叶片数。该时间步长相当于叶轮旋转1度所需要的时间。为减少计算时间，以定常计算得到的结果作为非定常模拟计算的初始条件。

2.5.3.2 求解器及方程离散格式的选取

选取标准 k－ε湍流模型，压力和速度的耦合采用SIMPLEC算法。压力方程的离散采用标准式，动量方程、湍动能与耗散率输运方程的离散均采用一阶迎风格式。在迭代计算的过程中，通过设置迭代残差值和监测扬程的谐波稳定程度判断计算是否结束。

2.5.3.3 边界条件及泵出口设置

边界条件：①进口边界条件。按压力入口边界设定，选择静压项设定，相对压力设为0。②出口边界条件。质量流量出口边界，根据实际工况设定出口的质量流量。③壁面条件。采用无滑移固壁条件，并使用标准壁面函数确定固壁附近流动。

泵出口设置：用户在使用多级多出口离心泵时，根据实际需要的扬程选择使用某一个泵出口。因此模拟计算也只设置一个出口，其余出口设为壁面。

2.5.3.4 计算中的泵工况及流体物性

计算中所使用的泵工况、流体物性等参数如表2－2所示。

表2－2 离心泵工况及流体物性参数

泵流量/（$m^3 \cdot h^{-1}$）	泵转速/（$r \cdot min^{-1}$）	大气压力/Pa	水密度/（$kg \cdot m^{-3}$）	水动力粘度/（Pa·s）
0～120	2900	101 325	998.2	1.003×10^{-3}

2.5.4 计算结果及分析

2.5.4.1 瞬态结果分析

为考察水泵流动的非定常特性，图2－40和图2－41分别给出了多级泵中某个叶轮（泵出口设在末级出口）所受的无量纲径向力 F'_x 和 F'_y 随时间迭代计算的监测曲线。无量纲径向力的定义见式（2－35）。

$$F_i' = F_i / \left(\frac{1}{2}\rho A U_{in}^2\right), i = x, y \qquad (2-35)$$

其中，A 是该叶轮受力面积，F_x 和 F_y 分别为该叶轮所受 x、y 方向径向力，可从计算结果文件中读出；U_{in} 为泵进口的平均流速。由图可见，在经历了一段计算时间（约1个叶轮旋转周期 T，$T=0.0207$s）后，径向力值随时间做有规则的谐波变化，即流动进入了相对稳定的阶段。在任一个叶轮旋转周期 T 内，径向力出现 7 次脉动信号，即与叶轮的叶片数 Z 相对应。

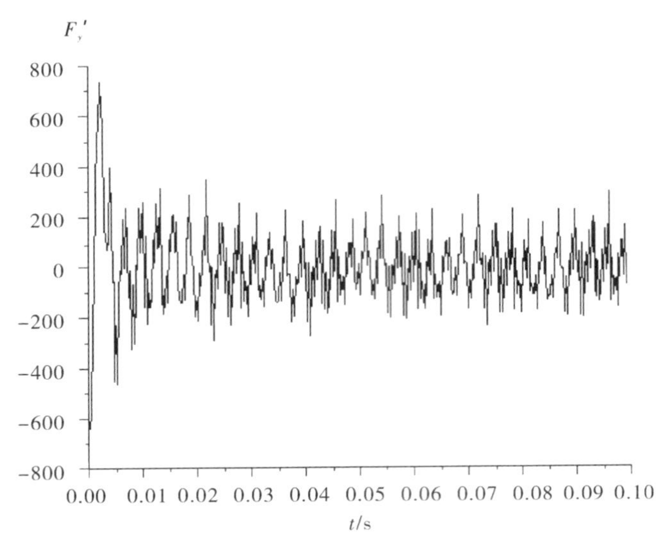

图 2－40　叶轮无量纲径向力 F'_x 随时间的变化

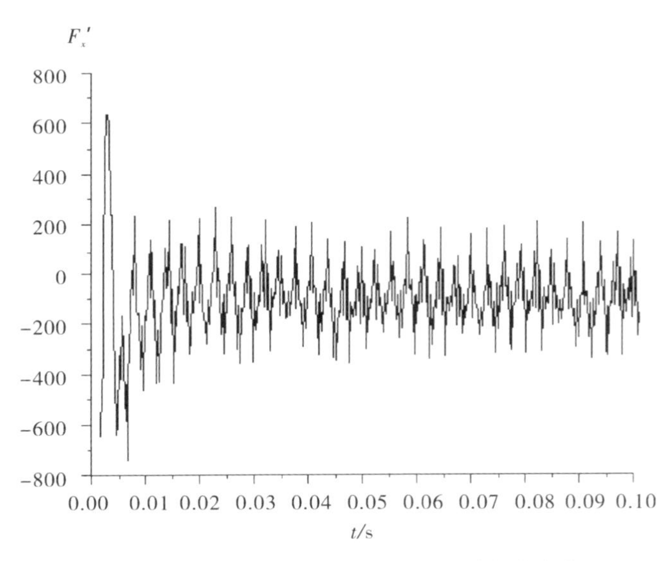

图 2－41　叶轮无量纲径向力 F'_y 随时间的变化

2.5.4.2　流速分布

以下仅以多级泵出口位于第三级中段，$t=0.08$s 时刻的计算结果为例做介绍（下同），此时的数值结果可近似作为脉动数据的平均值。当第三级出口作为泵出口，其他级出口则做封闭处理。图 2－42 是设计工况下（$Q=66\text{m}^3/\text{h}$），多级多出口离心泵整机流体域的流速矢量图。图中可以看出，吸入段的速度较小；到达叶轮以后，流速随叶轮的径向递增，在叶轮出口处达到最大，进入导叶后，由于动能逐渐转化为压能，速度有所减小。

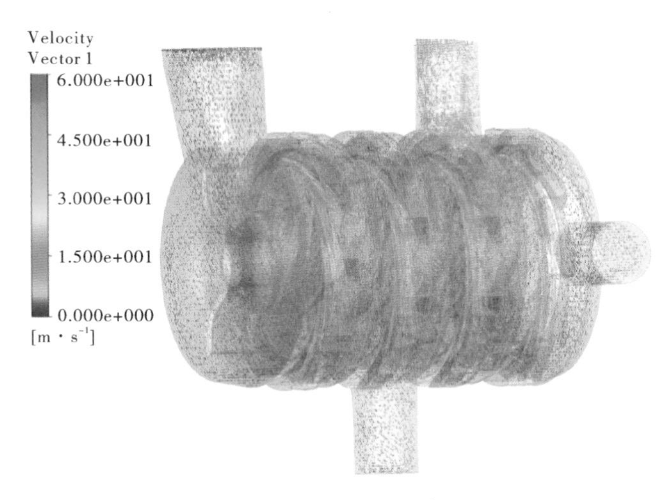

图 2-42　离心泵流速矢量分布（$Q = 66\text{m}^3/\text{h}$，泵出口位于第三级）

图 2-43 给出了设计工况下的离心泵各级叶轮的流线分布，除第四级叶轮外，其余各级叶轮内的流线都具有相似的特点：流速随叶轮的半径方向逐渐增大，最大流速发生在叶轮出口处，叶片工作面的流速大于叶片背面的流速。通过软件后处理发现，从第一级叶轮

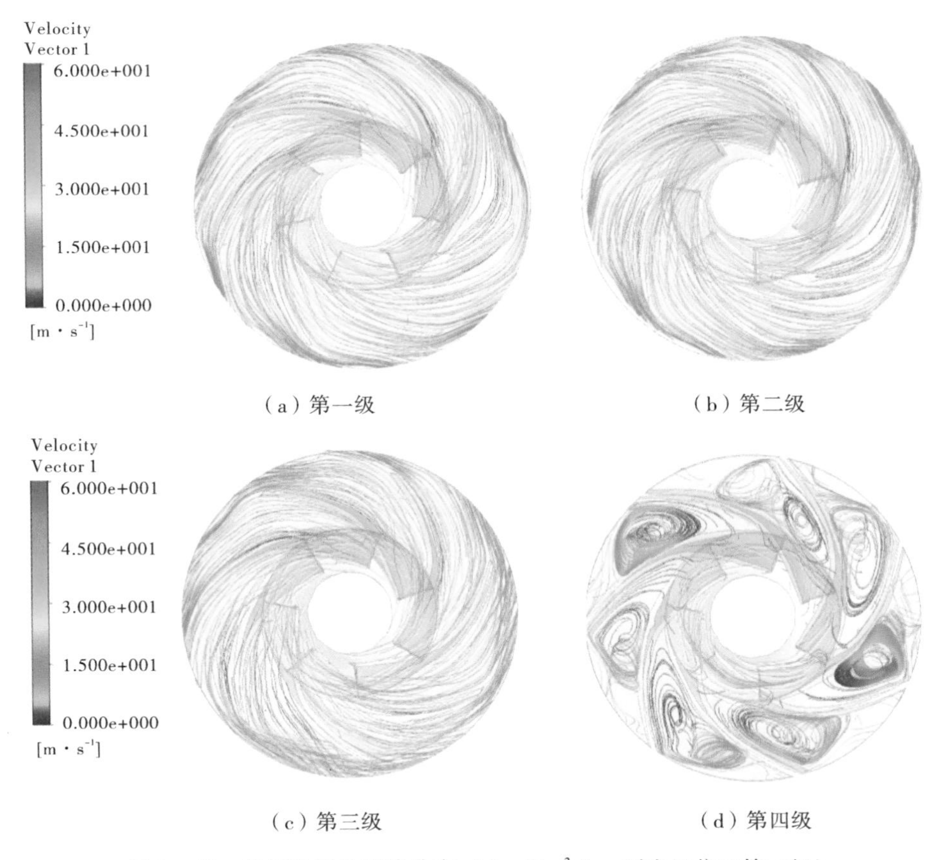

图 2-43　各级叶轮的流线分布（$Q = 66\text{m}^3/\text{h}$，泵出口位于第三级）

进口到第三级叶轮出口的流量均为 $66m^3/h$，即与设计点流量一致（计算中忽略了泄漏损失），而第四级叶轮的进口流量为0，但叶轮仍在旋转，导致流体在叶轮内产生自循环流动（图2－43d），同时也伴随有较大的能量损耗。

图2－44为三个出口所在级的流线分布，由于第二级的出口封闭，第二级出口段的流线显示出较大的漩涡，但该级内的叶轮和导叶的流线分布正常；因水泵工作出口位于第三级，所以流体能顺利流出，流线分布正常，且出口处的流速较大；由于第四级（末级）出口封闭，流体在末级中做自循环流动，叶轮、导叶及出口段都有大量漩涡出现，叶轮出口处的流速较大，但导叶和出口段的流体流速较小。

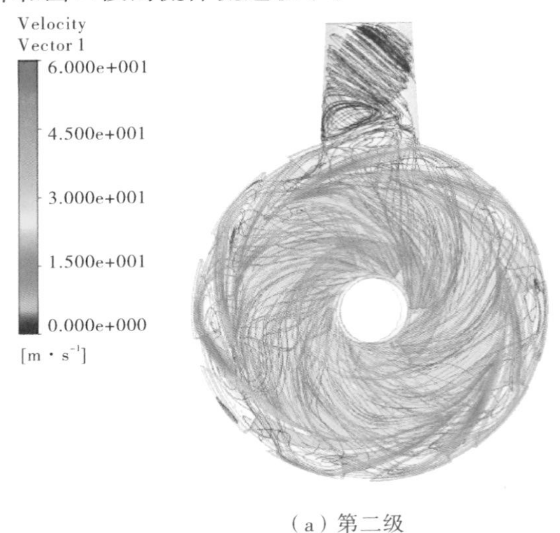

（a）第二级

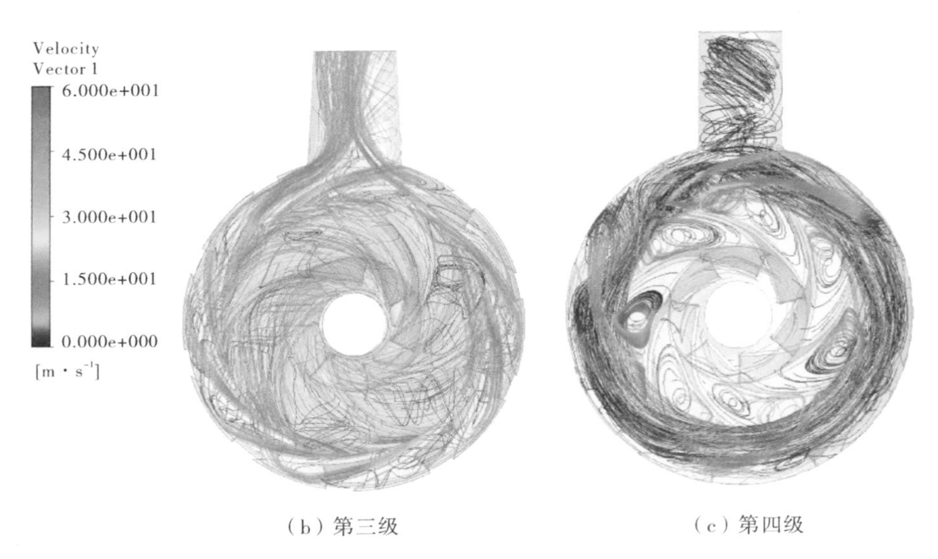

（b）第三级　　（c）第四级

图2－44　中段泵体的流线分布（$Q=66m^3/h$，泵出口位于第三级）

2.5.4.3　压力分布

图2－45为泵出口位于第三级、工况为 $66m^3/h$ 的离心泵整体流域及叶轮的静压分布，静压值在吸入段最低，随着级数的递增压力增高，在末级达到最大。需要指出的是，泵出

口压力与末级压力相差不少，一方面会造成一定的能量消耗，另一方面也因此产生较大的轴向力，对泵的强度及可靠性造成不利的影响。从叶轮静压分布情况看，叶片工作面的静压值大于背面的静压值，最小值位于首级叶轮进口的叶片背面。

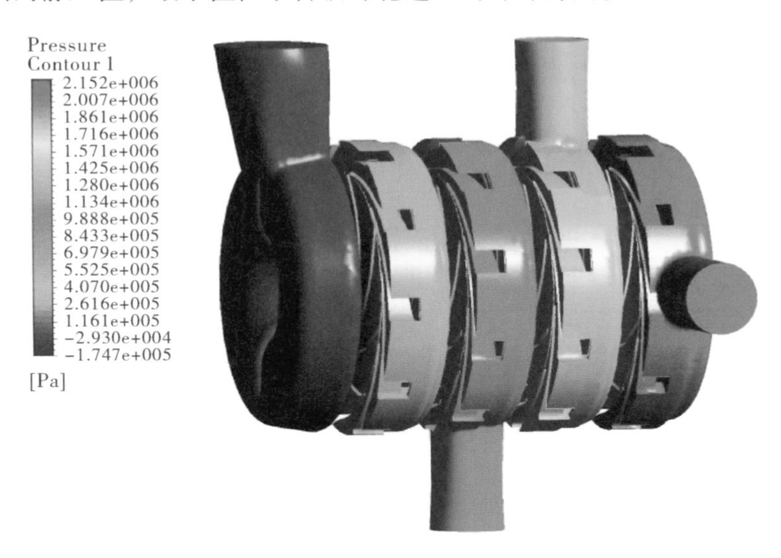

(a) 整体流动域的静压分布

(b) 各级叶轮静压分布

图 2－45　离心泵流场静压分布（$Q=66\text{m}^3/\text{h}$，泵出口位于第三级）

2.5.5　多出口多级离心泵的性能预测及实验验证

为验证模拟结果的有效性，需要将多级多出口离心泵性能预测与实测结果进行对比。泵的性能测试是在某生产企业的水泵测试站完成。该测试站采用多功能参数测量仪的微机自动测试系统，整套系统达到国家 B 级精度水平。

图 2－46 是由数值模拟结果根据式（2－31）和式（2－34）预测的泵扬程和效率与实测结果的对比情况。总体上看，无论是扬程曲线或是效率曲线，无论泵级任一中段作为

泵出口，模拟结果和实测结果的误差都在工程允许的范围内，说明所采用的模拟计算方法是切实可行的。

在设计工况下，随着泵出口位置向下游的移动，多级泵扬程由 80m 增加到 180m（图 2－46a）。当泵出口分别为第一、第二和第三出口时，泵效率依次为 32%、45% 和 60%（图 2－46b），即泵出口越向上游泵级移动，泵效率越低，多级泵的损耗情况变得越严重。如前所述，这是由于泵出口所在下游泵级的叶轮仍承受相当大的水力负荷做无用功造成的结果。

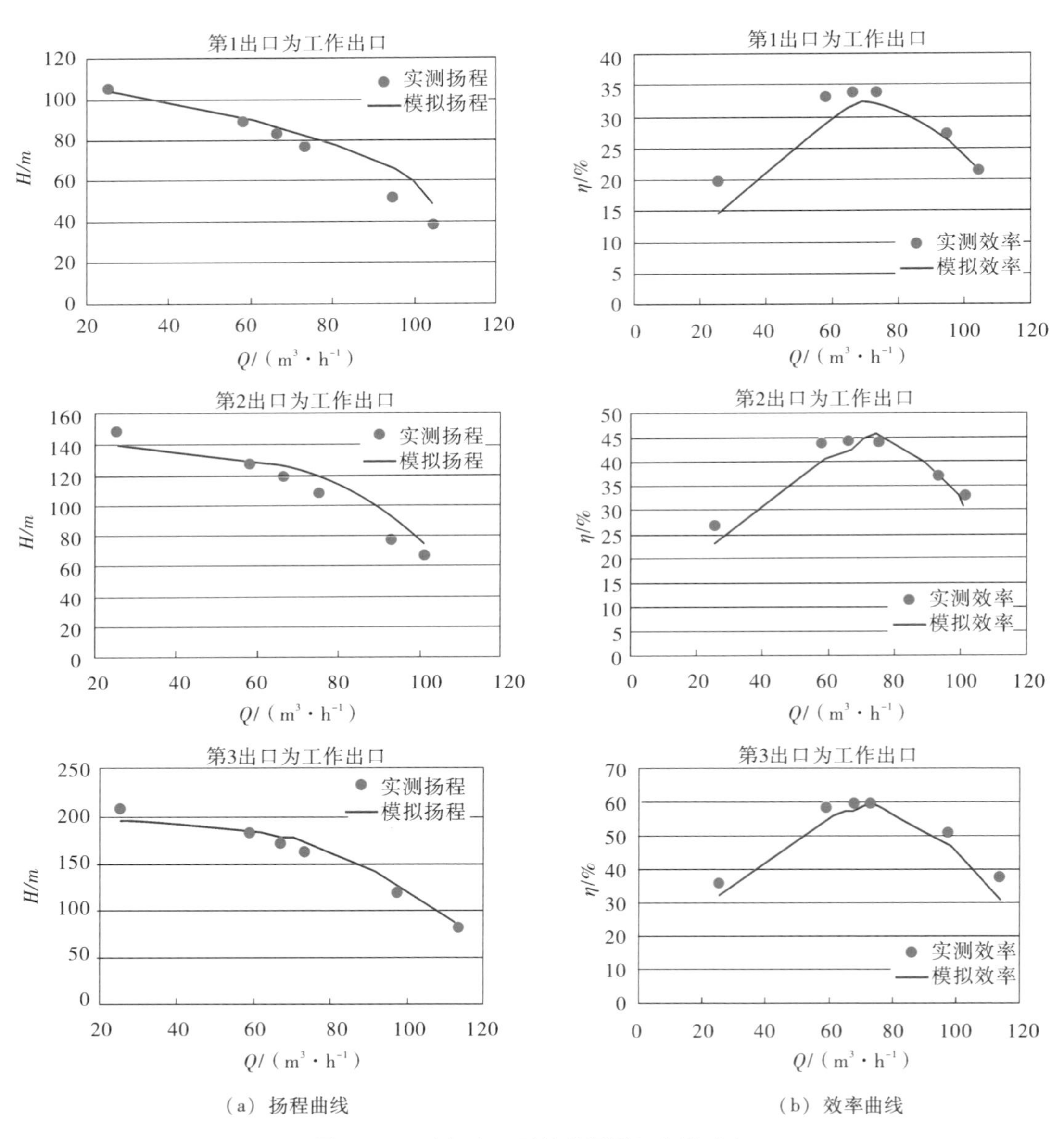

（a）扬程曲线　　（b）效率曲线

图 2－46　多级离心泵性能预测与实测对比

2.6 本章小结

本章首先介绍目前行业中普遍使用的半经验半理论的叶片泵性能计算方法，然后重点探讨了叶片泵全工况流动数值仿真和外特性预测计算方法，内容涉及叶片泵的流速场、压力场、圆盘摩擦损失、容积损失及泵内水力损失计算等方面的内容。

在实际案例中给出了单级离心泵定常流场和多出口多级离心泵的非定常流场数值仿真及性能预测具体过程：构建全流场计算域模型、计算域网格划分、计算前处理和边界条件设置、迭代计算和信息监测设置、流场计算结果与分析、基于 CFD 仿真数据的水泵外特性预测计算以及水泵性能实验验证等。

3　气液两相流动仿真

3.1　概述

机械、化工、冶金、能源动力、食品、农业工程以及自然界中的许多问题可以归结为气液两相流问题。在石油天然气的开采与运输过程中，与传统的气液分离输送方式相比，油气多相运输技术具有显著的经济效益并得到较为广泛的应用。作为混输技术的核心设备，气液两相流泵（图3－1）已成为研究的热点。此外，即使在液体作为输送介质的水力机械，也广泛存在气液两相流问题。例如水轮机和水泵中的空化汽蚀流动（图3－2）；水轮机在部分负荷条件下运行时尾水管内出现螺旋状摆动的涡带，造成噪声和机组与厂房振动现象，给水电站运行带来危害。空化流动和尾水管涡带流的本质是气液两相流动，因此需要对流体机械中的气液两相流进行研究。

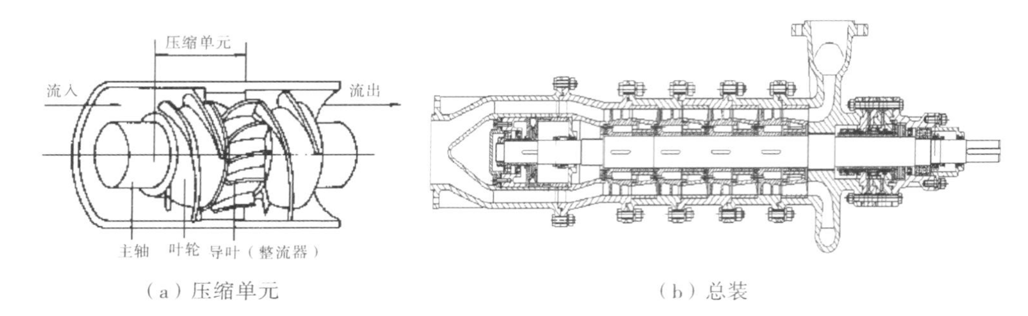

（a）压缩单元　　（b）总装

图3－1　轴流叶片式气液两相流泵

（a）螺旋桨的汽蚀流动　　（b）离心叶轮的汽蚀损坏

图3－2　叶片机械的汽蚀

按工作原理不同，一般气液两相流体机械可以分为透平式和容积式两种类型。①透平式：流体靠叶轮的旋转而获得能量。其优点在于结构简单紧凑，运行稳定、操作方便、适应范围广。例如海神（Poseidon）多相流泵、水下多相增压系统（SMUBS）、意大利新比隆（Nuovop－Ingnone）公司的旋转动力式多相流泵是该类型机械的主要代表。②容积式：主要有螺杆机械、液环压缩机（泵）等，其工作原理是通过工作容积的变化将流体增压输送。Tri-Tonis 多相流泵、SUMBS 容积式多相流泵及德国 Boremann 公司生产的混输泵是该类型机械的代表，其特点是在较高的含气率下仍具有良好的增压效果。

作者近年来使用多相流的欧拉方法开展了离心泵汽蚀性能、液环真空泵内气液两相流及离心泵自吸过程的气液两相流等仿真计算。在 3.4 ~ 3.6 节中将分别给出这些算例的计算方法和结果分析。

3.2　气液两相流基本概念

3.2.1　气液两相流特点

与单相流相比，气液两相流多出了一相。它的复杂性具体表现在：①流态的多变性，流态随流动边界、物理参数发生变化，会出现多种流态并存的情况；②气液两相之间相互作用显著，气液两相间存在传热、传质、化学反应等相互作用；③能耗大，相间磨擦损失以及蒸发或冷凝引起的能量损耗比较明显。因此，其物理特性、数学描述比单相流要复杂得多，目前未有很成熟的认识理论体系，至今仍处于发展和研究阶段。

3.2.2　气液两相流特性参数

在两相流动中，气相和液相可以连续相形式出现，称为连续介质，如气体—液膜系统，也可以离散的形式出现，称为分散介质，如气泡—液体系统。气液两相流根据流动环境的不同，又可分为管内气液两相流和管外气液两相流等，前者为本章的主要研究对象。工程上为便于定义两相流的各种基本宏观物理量，通常简化为一维流动来描述。除了描述流体最常见的压力、速度、温度等参数外，还需要引入一些两相流管路所特有的参数，如质量流量、相的实际流速、相的折算（表观）速度等等。

（1）质量流量

气液两相混合物的质量流量 $\dot{m}$ ，定义为单位时间内流过管道截面的气液混合物总质量：

$$\dot{m} = \dot{m}_g + \dot{m}_l \tag{3-1}$$

式中，$\dot{m}_g$ 和 $\dot{m}_l$ 分别是气相和液相的质量流量，单位 kg/s。

（2）体积流量

气液两相混合物的体积流量 Q，定义为单位时间内流过管道截面的气液混合物的总体积，且有：

$$Q = Q_g + Q_l \tag{3-2}$$

$$Q_g = \dot{m}_g/\rho_g \text{ , } Q_l = \dot{m}_l/\rho_l \tag{3-3}$$

式中，Q_g 和 Q_l 分别是气相和液相的体积流量，单位 m^3/s；ρ_g 和 ρ_l 分别是气相和液相的密度，单位 kg/m^3。

（3）相的实际流速

对于管道内的气液两相流动，若气相和液相所占的流通截面分别为 A_g 和 A_l ，则气相和液相的实际平均流速分别为：

$$v_g = Q_g/A_g \text{ , } v_l = Q_l/A_l \tag{3-4}$$

（4）相的折算（表观）流速

所谓折算流速就是假定管道全部流通截面只被两相流体中的任一相占据时的流速，因此气相和液相的折算流速分别为：

$$v_{sg} = Q_g/A\ ,\ v_{sl} = Q_l/A \tag{3-5}$$

对比式（3-4）和式（3-5）可以看出，任意相的折算流速必定不会大于该相的实际流速。折算速度常用于判断流型方式，另外在下面介绍的两相流计算模型中也会经常用到该参数。

（5）截面含气率（又称空隙率）

截面含气率 α 为气相所占截面积与管道总截面积的比值：

$$\alpha = \frac{A_g}{A} = \frac{A_g}{A_g + A_l} \tag{3-6}$$

（6）体积流量含气率

体积流量含气率 β 为气相体积流量和气液两相总体积流量之比：

$$\beta = \frac{Q_g}{Q} = \frac{Q_g}{Q_g + Q_l} \tag{3-7}$$

截面含气率 α 和体积流量含气率 β 均为含气率的表征参数，由于气、液两相间一般存在相对速度，所以数值上 α 和 β 并不一定相等。

3.2.3 流型概述

气液两相流是气、液两相在一起共同流动，一般由气液界面、气相、液相三部分组成。气液两相流在管道中流动时，由于压力、流量、温度等参数的变化，会形成许多具有不同相分界面的流动结构形式，即流型。研究两相流的流型及其转变，建立适当的模型来研究气液两相流的传热、传质，能进一步揭示两相流动的基本规律。根据管道的流动方向，分为垂直向下气液两相流型和水平管气液两相流型。

3.2.3.1 垂直管流型

垂直向下气液两相流的几种流型如图3-3所示。

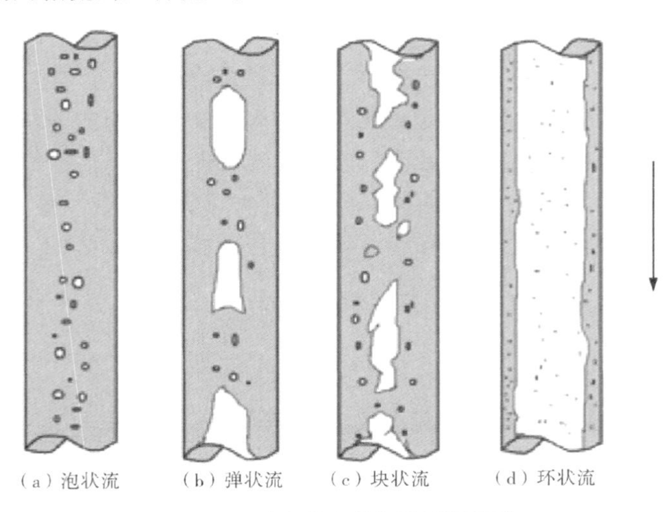

图3-3 垂直管中的气液两相流型

（1）泡状流（Bubbly Flow）：气相和液相分别呈离散相和连续相，气泡在管子中央较多，气泡一般呈球形状。总体上气体量比较少，含气率在30%以下，是较常见的流型之一。

（2）弹状流（Slug Flow）：随着气量的增大，气泡直径接近管道内径时变成大块弹状气泡，此时连续液相中含有较小的分散气泡，外围液膜相对气泡向下流动。

（3）块状流（Churn Flow）：气体流量进一步增大最终导致气泡破裂，形成块状流型。此时大小不同的块状气体在液体中以混乱状态流动。

（4）环状流（Annular Flow）：当气相流速较高时，气弹汇合成气柱在管道中心流动，气柱中夹带着若干细小液滴，液体形成一层液膜沿管壁流动，有时液膜内也会夹杂少量气泡。

3.2.3.2 水平管流型

如图3－4所示，水平管中的气液两相流型一般分为6类。由于重力的作用，使大部分气相聚集在水平管上部，而液相则集中在管道底部流动，因此水平管比垂直管要多出分层流和波状分层流两种流型。

（1）分层流（Stratified Flow）：分层流只有在气液两相的流速都很小时才会出现，气相在管道上部流动，液相在管道底部流动，两相被一个较平滑的界面分开。

（2）波状分层流（Stratified Wavy Flow）：在分层流的基础上，随着气相流速的增大，气液分界面上沿流动方向呈现波浪状，即进入波状分层流。

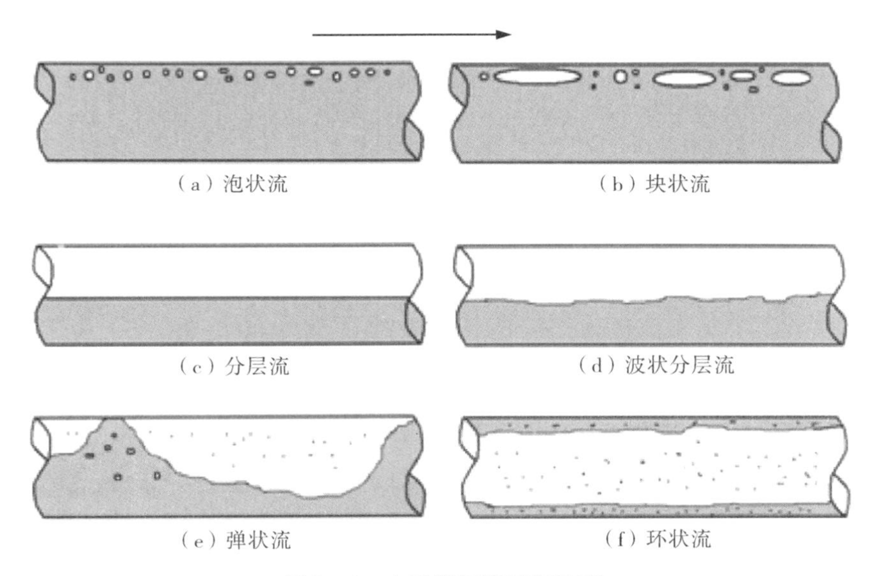

图3－4 水平管气液两相流型

3.2.4 两相流的计算模型及选择

目前对两相流模拟主要有三类方法，即欧拉—拉格朗日（Euler－Lagrange）法、欧拉—欧拉（Euler－Euler）法和拉格朗日—拉格朗日（Lagrange－Lagrange）法。

（1）欧拉—拉格朗日法

欧拉—拉格朗日法将两相中的主相流体当做连续介质，在欧拉参考系下通过求解时均的Navier－Stokes方程（RANS）考察连续流体相的运动；将第二相（气泡、液滴或固体颗粒）粒子视为离散相，在拉格朗日参考系下通过计算流场中粒子、气泡或是液滴的运动轨迹，研究离散相（颗粒群）的运动，即颗粒群轨道模型。离散相和流体相之间可以有动量、质量和能量的交换。这种模型的特点是物理概念直观，但计算量大，目前只适合离散相浓度较低的多相体系计算。

（2）欧拉—欧拉法

欧拉—欧拉法把主相流体和离散相（气泡、液滴）都视为连续介质，离散相和连续相共同存在且相互渗透，两相均在 Euler 参考系下进行研究，即双流体模型。该模型的主要思想是在欧拉坐标系中，将离散的颗粒相假设成连续的拟流体，使之具有和流体相相同的动力学特性，但由于颗粒相本身是离散的，将其作为连续相处理将会导致分析结果与实际情况有较大的误差。

该模型又可分为无滑移连续介质模型、小滑移双流体模型、有滑移—扩散双流体模型三种类型。无滑移连续介质模型又称单流体模型，是最简单的颗粒拟流体模型，它不考虑两相流之间速度和温度的滑移，计算时间短，但与实际情况差别较大，使用较少；小滑移双流体模型考虑了两相间的速度和温度滑移以及因滑移而产生的阻力，但由于认为该滑移是由于湍流扩散而引起的，并没有考虑初始动量不同而产生的速度大滑移，因此仍无法全面描述颗粒的运动状态；有滑移—扩散双流体模型同时考虑了由初始动量和湍流扩散引起的速度和温度滑移，是比较完善的颗粒拟流体模型，但由于其对相关参数的设置还处于探索阶段，故仍需进一步研究。双流体模型中离散相和连续相有相同形式的控制方程，其计算量较小，目前对多相体系的 CFD 模拟主要采用这种方法。

（3）拉格朗日—拉格朗日法

拉格朗日—拉格朗日法不仅将宏观分散的介质相当成离散相处理，还将宏观连续的流体主相也当做“拟颗粒”流体微团处理，将颗粒相和流体主相都在拉格朗日参考系下进行研究，该模型目前在发展阶段，还不是很成熟，本书不做进一步介绍。

简单地讲，欧拉方法属于连续相模型，拉格朗日方法属于离散相模型。解决多相流问题的第一步，就是选出符合实际流动的计算模型。总的原则是：对于相体积率较小的（例如 0% ~ 20%）的气泡、液滴和粒子负载流动，可采用欧拉—拉格朗日方法。反之，则采用欧拉—欧拉方法。正如前面所说，气液两相流的情况非常复杂，现有的模拟计算一般较多采用欧拉方法的双流体模型，而极少采用拉格朗日方法，因此本章主要介绍欧拉—欧拉算法及其在气液两相流动模拟计算应用的实例。关于欧拉—拉格朗日算法及其模拟应用的实例介绍则放在下一章固液两相流动仿真的部分给出。

3.3 欧拉—欧拉方法

对于 n 相的流动问题，欧拉模型建立了一套含有 n 组流动控制方程来求解，相可以是液相、气相、固相的任意组合。欧拉模型理论上讲可计算任何数量的第二相，可分析计算相间相互作用包括分离、聚合等现象，但第二相的数量可能因计算机硬件要求和计算收敛等因素受到限制。压力项和各相界面交换系数是耦合的。

3.3.1 体积分数

单相模型中，一般只需求解一组稳态或瞬态控制方程，对于欧拉—欧拉模型，假定各相是连续互相贯穿组成的，每相各自独立地满足稳态或瞬态控制方程，另外还需要引入附加的守恒方程。各连续相由体积分数 α_q 定义，α_q 代表了每相 q 所占据的空间，它是时间和空间的函数，q 相的体积 V_q 定义为：

$$V_q = \int_V \alpha_q \mathrm{d}V \tag{3-8}$$

由于任一相占据的体积不能被其他相同时占有，各相的体积率之和应等于1，即：

$$\sum_{q=1}^{n} \alpha_q = 1 \tag{3-9}$$

3.3.2 控制方程

3.3.2.1 质量守恒

q 相的连续方程为：

$$\frac{\partial}{\partial t}(\alpha_q \rho_q) + \nabla \cdot (\alpha_q \rho_q \boldsymbol{v}_q) = \sum_{p=1}^{n} \dot{m}_{pq} \tag{3-10}$$

这里 $\boldsymbol{v}_q$ 是 q 相的速度，$\dot{m}_{pq}$ 表示了从第 p 相到 q 相的质量传递。若 $\dot{m}_{pq} > 0$，表示相 p 的质量传递到相 q；反之，若 $\dot{m}_{pq} < 0$ 则是相 q 的质量传递到相 p。按照质量守恒方程可得：

$$\dot{m}_{pq} = -\dot{m}_{qp} \tag{3-11}$$

3.3.2.2 动量守恒

q 相的动量方程为：

$$\frac{\partial}{\partial t}(\alpha_q \rho_q \boldsymbol{v}_q) + \nabla \cdot (\alpha_q \rho_q \boldsymbol{v}_q \boldsymbol{v}_q) = -\alpha_q \nabla p + \nabla \cdot \bar{\bar{\tau}} + \sum_{p=1}^{n} (\boldsymbol{R}_{pq} + \dot{m}_{pq} \boldsymbol{v}_{pq}) + \alpha_q \rho_q (\boldsymbol{F}_q + \boldsymbol{F}_{\mathrm{lift},q} + \boldsymbol{F}_{Vm,q}) \tag{3-12}$$

这里 $\bar{\bar{\tau}}_q$ 是第 q 相的应力应变张量：

$$\bar{\bar{T}}_q = \alpha_q \mu_q (\nabla \boldsymbol{v}_q + \nabla \boldsymbol{v}_q^{-T}) + \alpha_q \left(\lambda_q - \frac{2}{3}\mu_q\right) \nabla \cdot \boldsymbol{v}_q \bar{\bar{I}} \tag{3-13}$$

这里 μ_q 和 λ_q 是 q 相的剪切和体积粘度，$\boldsymbol{F}_q$ 是外部体积力，$\boldsymbol{F}_{\mathrm{lift},q}$ 是升力，$\boldsymbol{F}_{Vm,q}$ 是虚拟质量力，$\boldsymbol{R}_{pq}$ 是相之间的相互作用力，p 是所有相共享的压力，$\boldsymbol{v}_{pq}$ 是相间的相对速度。

为使方程式（3－12）求解封闭，需要对相间作用力 $\boldsymbol{R}_{pq}$ 给出合适的计算表达式，$\boldsymbol{R}_{pq}$ 依赖于摩擦、压力、内应力等方面的影响，服从条件 $\boldsymbol{R}_{pq} = -\boldsymbol{R}_{qp}$。假定相间作用力满足式（3－14）：

$$\sum_{p=1}^{n} \boldsymbol{R}_{pq} = \sum_{p=1}^{n} K_{pq} (\boldsymbol{v}_p - \boldsymbol{v}_q) \tag{3-14}$$

这里 $K_{pq}(=K_{qp})$ 是相间动量交换系数。不同的相（液、固、气相）之间有不同的动量交换系数，详细的讨论见3.4.2.6节等。

3.3.2.3 能量守恒

各相 q 的能量方程可写成如下形式：

$$\frac{\partial}{\partial t}(\alpha_q \rho_q h_q) + \nabla \cdot (\alpha_q \rho_q \boldsymbol{v}_q h_q) = -\alpha_q \frac{\partial p_q}{\partial t} + \bar{\bar{\tau}} : \nabla \boldsymbol{v}_q - \nabla \cdot \boldsymbol{q}_q + S_q + \sum_{p=1}^{n} (Q_{pq} + \dot{m}_{pq} h_{pq} - \dot{m}_{qp} h_{qp}) \tag{3-15}$$

其中，$\boldsymbol{q}_q$ 是热流量，S_q 是涵盖了化学反应及辐射的热源项，Q_{pq} 是相 p 与相 q 间的热量交换，相之间的热交换有：$Q_{pq} = -Q_{qp}$；h_{pq} 是相之间的焓（例如汽化中的蒸汽焓），h_q 是相 q 的焓，定义如下：

$$h_q = \int c_{p,q} \mathrm{d}T_q \tag{3-16}$$

其中，$c_{p,q}$ 是相 q 在等压下的比热。

3.3.2.4　升力

多相流的动量方程式（3－12）一般需要考虑第二相颗粒（液滴、气泡或固体粒子）升力的影响。作用于颗粒的升力主要是由于主相流场的速度梯度造成的。主相 q 中作用于第二相 p 的升力由下式计算：

$$\boldsymbol{F}_{\text{lift}} = -0.5\rho_q\alpha_q|\boldsymbol{v}_p - \boldsymbol{v}_q|(\nabla\times\boldsymbol{v}_p) \tag{3-17}$$

其中，由于相互作用力原理，升力 F_{lift} 在两相中满足 $\boldsymbol{F}_{\text{lift},q} = -\boldsymbol{F}_{\text{lift},p}$。

对较大粒径的颗粒，升力较为显著，但当粒径远小于粒子间距离时，升力的影响可以忽略不计。另外在大多数情形下，与阻力相比，升力是相对次要的项。

3.3.2.5　虚拟质量力

对多相流动，当第二相 p 相对于主相 q 发生速度变化时，就产生了虚拟质量力的作用，即主相流动的惯性对变速颗粒（液滴、气泡或固体粒子）施加一个虚拟质量力：

$$\boldsymbol{F}_{Vm} = 0.5\alpha_q\rho_q\left(\frac{\mathrm{d}_q\boldsymbol{v}_q}{\mathrm{d}t} - \frac{\mathrm{d}_p\boldsymbol{v}_p}{\mathrm{d}t}\right) \tag{3-18}$$

$\dfrac{\mathrm{d}_q}{\mathrm{d}t}$ 表示对相 q 的时间全导数：

$$\frac{\mathrm{d}_q(\phi)}{\mathrm{d}t} = \frac{\partial(\phi)}{\partial t} + (\boldsymbol{v}_p\cdot\nabla)\phi \tag{3-19}$$

同样，虚拟质量力 $\boldsymbol{F}_{Vm}$ 在两相中满足 $\boldsymbol{F}_{Vm,q} = -\boldsymbol{F}_{Vm,p}$。由式（3－18）可见，当第二相 p 的密度远小于主相 q 的密度时，虚拟质量影响是显著的。

3.3.2.6　流体—流体间动量交换

对流体—流体两相流动系统，假定第二相流体为液滴或气泡的形式。于是液—液或气—液混合类型的动量交换系数可写成以下通用形式：

$$K_{pq} = \frac{\alpha_p\rho_p f}{\tau_p} \tag{3-20}$$

这里，τ_p 是颗粒的弛豫时间，定义为：

$$\tau_p = \frac{\rho_p d_p^2}{18\mu_q} \tag{3-21}$$

这里 d_p 是 p 相液滴或气泡的直径。

f 是与阻力相关的函数，包含相对雷诺数（Re）的阻力系数（C_D）。不同的交换系数模型有不同的阻力函数。下面是三种典型的模型：

（1）Schiller－Naumann 模型

$$f = \frac{C_D Re}{24} \tag{3-22}$$

这里，

$$C_D = \begin{cases} 24(1 + 0.15\,Re^{0.687})/Re & Re \leqslant 1000 \\ 0.44 & Re > 1000 \end{cases} \tag{3-23}$$

Re 是相对雷诺数，对于主相 q 和第二相 p 的相对雷诺数的表达式为：

$$Re = \frac{\rho_q |\boldsymbol{v}_p - \boldsymbol{v}_q| d_p}{\mu_q} \tag{3-24}$$

第二相 p 和 r 的相对雷诺数的表达式为：

$$Re = \frac{\rho_{rp} |\boldsymbol{v}_r - \boldsymbol{v}_p| d_{rp}}{\mu_{rp}} \tag{3-25}$$

这里 $\mu_{rp} = \alpha_p\mu_p + \alpha_r\mu_r$ 是相 p 和 r 的混合粘度。

（2） Morsi－Alexander 模型

$$f = \frac{C_D Re}{24} \tag{3-26}$$

这里，

$$C_D = \alpha_1 + \frac{\alpha_2}{Re} + \frac{\alpha_3}{Re^2} \tag{3-27}$$

Re 的定义与方程式（3－24）和式（3－25）相同。$\alpha_1, \alpha_2, \alpha_3$ 定义如下：

$$\alpha_1, \alpha_2, \alpha_3 = \begin{cases} 0 & , 18 & , 0 & , 0 < Re < 0.1 \\ 3.690 & , 22.73 & , 0.0903 & , 0.1 < Re < 1 \\ 1.222 & , 29.1667 & , -3.8889 & , 1 < Re < 10 \\ 0.6167 & , 46.50 & , -116.67 & , 10 < Re < 100 \\ 0.3644 & , 98.33 & , -2778 & , 100 < Re < 1000 \\ 0.357 & , 148.62 & , -47500 & , 1000 < Re < 5000 \\ 0.46 & , -490.546 & , 578700 & , 5000 < Re < 10000 \\ 0.5191 & , -1662.5 & , 5416700 & , Re > 10000 \end{cases} \tag{3-28}$$

由式（3－28）可见，由于在较大范围的雷诺数中给出了详细的数值，因此 Morsi－Alexander 模型是比较完善的。

3.3.2.7 流体—固体间动量交换

流体—固体间的动量交换系数 K_{sl} 可以下面的通用形式式（3－29）写出：

$$K_{sl} = \frac{\alpha_s \rho_s f}{\tau_s} \tag{3-29}$$

固体颗粒的弛豫时间 τ_s 定义与式（3－21）类似：

$$\tau_s = \frac{\rho_s d_s^2}{18\mu_l} \tag{3-30}$$

这里 d_s 是固体相颗粒的直径。

f 的定义与相对雷诺数（ Re ）的阻力系数（ C_D ）相关。下面是三种典型的模型：

（1） Syamlal－O'Brien 模型

$$f = \frac{C_D\, Re_s \alpha_l}{24 v_{r,s}^2} \tag{3-31}$$

这里阻力系数采用由 Dalla Valle 给出的形式：

$$C_D = \left(0.63 + \frac{4.8}{\sqrt{Re_s / v_{\tau,s}}}\right)^2 \tag{3-32}$$

该模型是基于流化床或沉淀床颗粒的沉降速度的测量数据，并使用类似式（3-24）的相对雷诺数：

$$Re_s = \frac{\rho_1 d_s |\boldsymbol{v}_s - \boldsymbol{v}_1|}{\mu_1} \tag{3-33}$$

这里下标 l 表示流体相，s 表示固体相，d_s 是固体相颗粒的直径。

将式（3-31）~式（3-33）代入式（3-29），得到该模型流体—固体间的交换系数：

$$K_{sl} = \frac{3\alpha_s \alpha_1 \rho_1}{4 v_{\tau,s}^2 d_s} C_D \left(\frac{Re_s}{v_{\tau,s}}\right) |\boldsymbol{v}_s - \boldsymbol{v}_1| \tag{3-34}$$

这里 $v_{\tau,s}$ 是与固体颗粒相关的沉降速度（Garside - Dibouni）。

$$v_{\tau,s} = 0.5\left(A - 0.06\,Re_s + \sqrt{(0.06\,Re_s)^2 + 0.12\,Re_s(2B - A) + A^2}\right) \tag{3-35}$$

其中，

$$A = \alpha_1^{4.14} \tag{3-36}$$

$$B = \begin{cases} 0.8\alpha_1^{1.28} & \alpha_1 \leqslant 0.85 \\ \alpha_1^{2.65} & \alpha_1 > 0.85 \end{cases} \tag{3-37}$$

（2）Wen - Yu 模型

该模型较适用于颗粒稀疏的系统。流体—固体交换系数有如下形式：

$$K_{sl} = \frac{3}{4} C_D \frac{\alpha_s \alpha_1 \rho_1 |\boldsymbol{v}_s - \boldsymbol{v}_1|}{d_s} \alpha_1^{-2.65} \tag{3-38}$$

这里，

$$C_D = \frac{24}{\alpha_1 Re_s}[1 + 0.15(\alpha_1 Re_s)^{0.687}] \tag{3-39}$$

Re_s 与式（3-33）的定义是一致的。

（3）Gidaspow 模型

该模型是在 Wen - Yu 模型基础上进行的改进，适用于颗粒稠密的场合。当 $\alpha_1 > 0.8$ 时，流体—固体交换系数 K_{sl} 有如下形式：

$$K_{sl} = \frac{3}{4} C_D \frac{\alpha_s \alpha_1 \rho_1 |\boldsymbol{v}_s - \boldsymbol{v}_1|}{d_s} \alpha_1^{-2.65} \tag{3-40}$$

这里，

$$C_D = \frac{24}{\alpha_1 Re_s}[1 + 0.15(\alpha_1 Re_s)^{0.687}] \tag{3-41}$$

当 $\alpha_1 \leqslant 0.8$ 时，

$$K_{sl} = 150 \frac{\alpha_s(1 - \alpha_1)\mu_1}{\alpha_1 d_s^2} + 1.75 \frac{\rho_1 \alpha_s |\boldsymbol{v}_s - \boldsymbol{v}_1|}{d_s} \tag{3-42}$$

3.3.3 多相流动湍流模型

与单相湍流相比，多相湍流方程中出现较多的项，这使得多相流的湍流模型非常复杂。本节仅介绍多相流分析中常用的 k－ε 湍流模型。广义的多相湍流模型为每一相都满足各自的 k 和 ε 输运方程，该多相湍流模型适用于每相流动对湍流起同样重要作用的场合。连续相 q 的雷诺应力张量采用如下形式：

$$\boldsymbol{\tau}'_q = -\frac{2}{3}(\rho_q k_q + \rho_q \mu_{t,q} \nabla \cdot \boldsymbol{v}_q)\boldsymbol{I} + \rho_q \mu_{t,q}(\nabla \boldsymbol{v}_q + \nabla \boldsymbol{v}_q^T) \tag{3-43}$$

q 相的湍流粘度有：

$$\mu_{t,q} = \rho_q C_\mu \frac{k_q^2}{\varepsilon_q} \tag{3-44}$$

湍流动能（k_q）方程

$$\frac{\partial}{\partial t}(\alpha_q \rho_q k_q) + \nabla \cdot (\alpha_q \rho_q \boldsymbol{v}_q k_q) = \nabla \cdot \left(\alpha_q \frac{\mu_{t,q}}{\sigma_k} \nabla k_q\right) + (\alpha_q G_{k,q} - \alpha_q \rho_q \varepsilon_q) + \\ + \sum_{l=1}^{N} K_{lq}(C_{lq} k_l - C_{ql} k_q) - \sum_{l=1}^{N} K_{lq}(\boldsymbol{v}_l - \boldsymbol{v}_q) \cdot \frac{\mu_{t,l}}{\alpha_l \sigma_l} \nabla \alpha_l + \sum_{l=1}^{N} K_{lq}(\boldsymbol{v}_l - \boldsymbol{v}_q) \cdot \frac{\mu_{t,q}}{\alpha_q \sigma_q} \nabla \alpha_q \tag{3-45}$$

湍流耗散率（ε_q）方程：

$$\frac{\partial}{\partial t}(\alpha_q \rho_q \varepsilon_q) + \nabla \cdot (\alpha_q \rho_q \boldsymbol{v}_q \varepsilon_q) = \nabla \cdot \left(\alpha_q \frac{\mu_{t,q}}{\sigma_\varepsilon} \nabla \varepsilon_q\right) + \frac{\varepsilon_q}{k_q}\Big[C_{1\varepsilon} \alpha_q G_{k,q} - C_{2\varepsilon} \alpha_q \rho_q \varepsilon_q + \\ + C_{3\varepsilon}\left(\sum_{l=1}^{N} K_{lq}(C_{lq} k_l - C_{ql} k_q) - \sum_{l=1}^{N} K_{lq}(\boldsymbol{v}_l - \boldsymbol{v}_q) \cdot \frac{\mu_{t,l}}{\alpha_l \sigma_l} \nabla \alpha_l + \sum_{l=1}^{N} K_{lq}(\boldsymbol{v}_l - \boldsymbol{v}_q) \cdot \frac{\mu_{t,q}}{\alpha_q \sigma_q} \nabla \alpha_q\right)\Big] \tag{3-46}$$

式中，k_q 是 q 相的湍流动能；ε_q 是 q 相的湍流耗散率。$\nabla \boldsymbol{v}_q$ 是 q 相流速梯度的张量矩阵；$\nabla \boldsymbol{v}_q^T$ 是 q 相流速梯度的转置张量矩阵；$\boldsymbol{I}$ 是单位张量矩阵；C_μ，$C_{1\varepsilon}$，$C_{2\varepsilon}$，$C_{3\varepsilon}$ 是湍流模型常量；$G_{k,q}$ 是 q 相平均速度梯度引起的湍动能；C_{lq}，C_{ql} 是多相流模型常量。模型的具体处理方法可见参考文献。

3.3.4　气泡空化模型

欧拉—欧拉方法的气液两相流分析方法还包含了计算气泡空化（Cavitation）的模型。气泡空化模型对于流体机械的模拟仿真具有重要的学术研究和工程应用价值。

3.3.4.1　空化现象概述

液体中一般含有微小的气泡核，当液体的压力降到当地温度下的饱和汽化压力时，气泡核长大、溃灭并形成气穴，这一过程称为空化现象。为分析这一空化现象，可以将欧拉—欧拉方法与空化模型一起联合使用。该空化模型中，假定主相是不可压缩的液体，第二相是可压缩的气体。假设气泡为球形，单个气泡体积由下式给出：

$$\phi(\boldsymbol{r},t) = \frac{4}{3}\pi R_B^3 \tag{3-47}$$

这里 R_B 是气泡的半径。因此汽化的体积分数为：

$$\alpha_v = \frac{\phi\eta}{1+\phi\eta} \tag{3-48}$$

这里 η 是单位流体容积内的气泡数量。

3.3.4.2　体积分数方程

由连续性方程得到下面的气相体积分数方程：

$$\frac{\partial \alpha}{\partial t} + \nabla \cdot (\alpha \boldsymbol{v}_m) = \frac{\rho_l}{\rho_m} \frac{\eta}{(1+\eta\phi)^2} \frac{\mathrm{d}\phi}{\mathrm{d}t} + \frac{\alpha\rho_v}{\rho_m} \frac{\mathrm{d}\rho_v}{\mathrm{d}t} \tag{3-49}$$

3.3.4.3　气泡动力学

Rayleigh – Plesset 建立了流体压力和气泡容积 ϕ 相关的方程：

$$R\frac{\mathrm{d}^2 R_B}{\mathrm{d}t^2} + \frac{3}{2}\left(\frac{\mathrm{d}R_B}{\mathrm{d}t}\right)^2 = \frac{p_B - p}{\rho_l} - \frac{2\sigma}{\rho_l R_B} - 4\frac{\mu_l}{\rho_l R_B}\frac{\mathrm{d}R_B}{\mathrm{d}t} \tag{3-50}$$

这里 p_B 表示气泡内的压力，它是汽化压力 p_v 和非凝结气体的压力之和，σ 是表面张力。当考虑动量平衡，假定没有热量损失，在低振动频率和忽略表面张力的情况下，该方程可以简化为：

$$\frac{\mathrm{d}R_B}{\mathrm{d}t} = \sqrt{\frac{2}{3}\frac{p_v - p}{\rho_f}} \tag{3-51}$$

气泡体积变化率为：

$$\frac{\mathrm{d}V_B}{\mathrm{d}t} = \frac{\mathrm{d}}{\mathrm{d}t}\left(\frac{4}{3}\pi R_B^3\right) = 4\pi R_B^2 \sqrt{\frac{2}{3}\frac{p_v - p}{\rho_f}} \tag{3-52}$$

气泡质量变化率为：

$$\frac{\mathrm{d}m_B}{\mathrm{d}t} = \rho_g \frac{\mathrm{d}V_B}{\mathrm{d}t} = 4\pi R_B^2 \rho_g \sqrt{\frac{2}{3}\frac{p_v - p}{\rho_f}} \tag{3-53}$$

如果 N_B 表示气泡单位体积，那么气泡体积率 r_g 表示为：

$$r_g = V_B N_B = \frac{4}{3}\pi R_B^2 N_B \tag{3-54}$$

界面间单位体积的总质量流量为：

$$\dot{m}_{fg} = N_B \frac{\mathrm{d}m_B}{\mathrm{d}t} = \frac{3 r_g \rho_g}{R_B} \sqrt{\frac{2}{3}\frac{p_v - p}{\rho_f}} \tag{3-55}$$

上述表达式只是描述气泡的生长过程，以下的表达式可以包括气泡的冷凝过程：

$$\dot{m}_{fg} = F\frac{3 r_n (1 - r_g)\rho_g}{R_B} \sqrt{\frac{2}{3}\frac{|p_v - p|}{\rho_f}} \operatorname{sgn}(p_v - p) \tag{3-56}$$

式中，r_n 表示成核位置的体积率。冷凝和汽化过程有不同的系数 F，因为一般来说，冷凝的速度要比汽化的速度慢得多。

3.4　基于气液两相流的离心泵汽蚀仿真实例

3.4.1　计算泵几何模型和基本参数

选取一冲压式低比转速多级离心泵首级，建立包括泵进口、叶轮、泵体（导叶）在内的三维模型，其中叶轮为后弯式叶片，叶片数为 7，额定转速为 2900r/min；导叶为径向式结构，叶片数为 10。设计工况流量为 16m³/h。图 3－5 所示为多级离心泵首级三维造型。

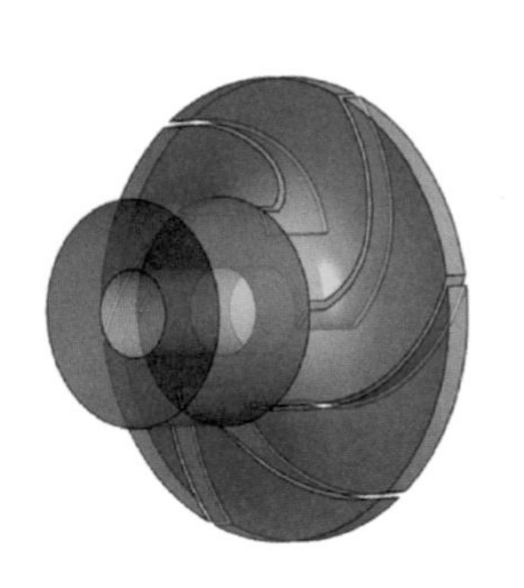

（a）进水段及叶轮（隐去泵体部分）

（b）进水段及泵体正面

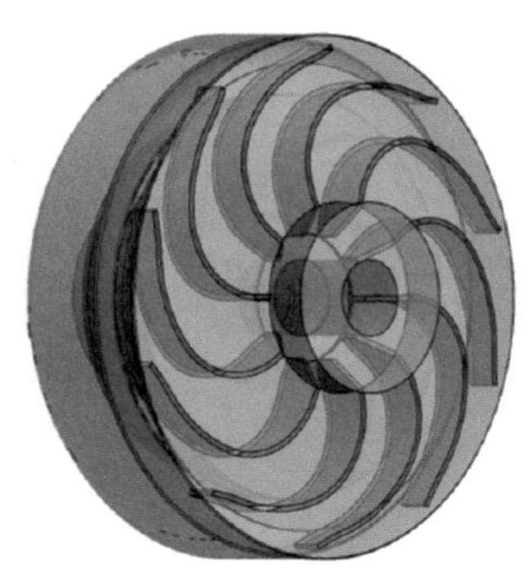

（c）出水段及泵体背面

图3－5　多级离心泵首级三维造型

3.4.2　数值计算方法与边界条件

采用非结构化单元对图3－5所示的计算域进行网格划分，划分的总单元数为747 128，其中叶轮部分的单元数为300 234。计算时将叶轮区域设在运动坐标系，其他区域设在静止坐标系。边界条件在进口断面采用压力设定，出口断面按流量给定；固体壁面采用无滑移条件，湍流壁面采用壁面函数法处理。

用SIMPLEC算法实现速度和压力的耦合求解。首先将气泡相体积率的初值设置为0计算单相流场，再进行汽蚀流动计算，以提高汽蚀计算的稳定性。对大部分工程问题，计算中选取以下经验数值：$R_B=1\ \mu\text{m}$，$r_n=5\text{E}-4$，式（3－56）中汽化系数$F=50$，冷凝系数$F=0.01$。

3.4.3　计算结果和分析

3.4.3.1　必需汽蚀余量的计算

泵的汽蚀余量计算公式为：

$$\text{NPSH}=\frac{P_{\text{in}}-p_v}{\rho g} \tag{3-57}$$

式中，P_{in}是泵级进口处总压的平均值，p_v是当地温度下的饱和汽化压力。在任意流量工况下，通过不断改变泵级入口的总压，由流场的模拟结果，分别按式（2－31）和式（3－57）计算泵级的扬程预测值H和汽蚀余量预测值NPSH，得到如图3－6所示的NPSH－H关系曲线。

在图3－6中当NPSH值变小接近2m时，扬程H出现明显下降的趋势，说明此时离心泵叶轮内开始汽化。当NPSH继续变小时，扬程曲线变成陡降的形状。按工程上规定，取H陡降3%的点（图3－6中的红点）为必需汽蚀余量NPSHr。

为检验该汽蚀模型及模拟计算方法的有效性，作者计算不同流量工况下的NPSHr数值并与生产厂家的实测结果进行了对比（图3－7）。由图3－7可见，在设计工况及小流量下模拟结果与实测结果较为接近，但在大流量下有一定偏差，需要对空化模型的汽化系数做适当修正。

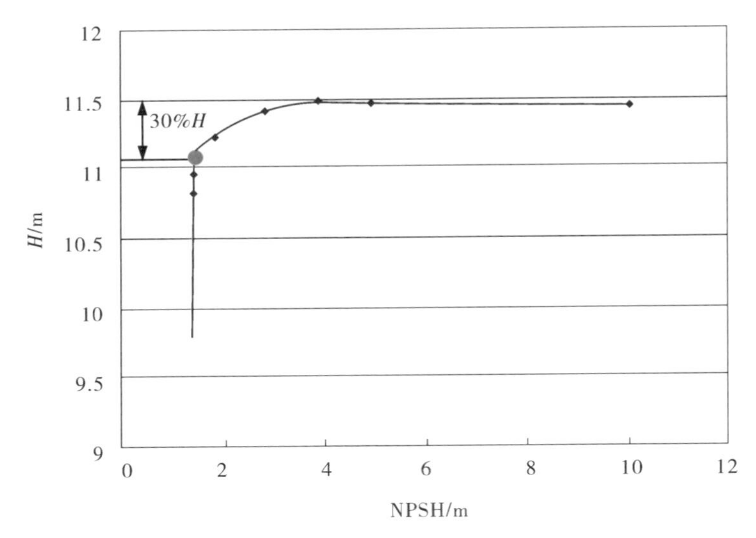

图 3－6　NPSH—Q 关系（$Q=16\text{m}^3/\text{h}$）

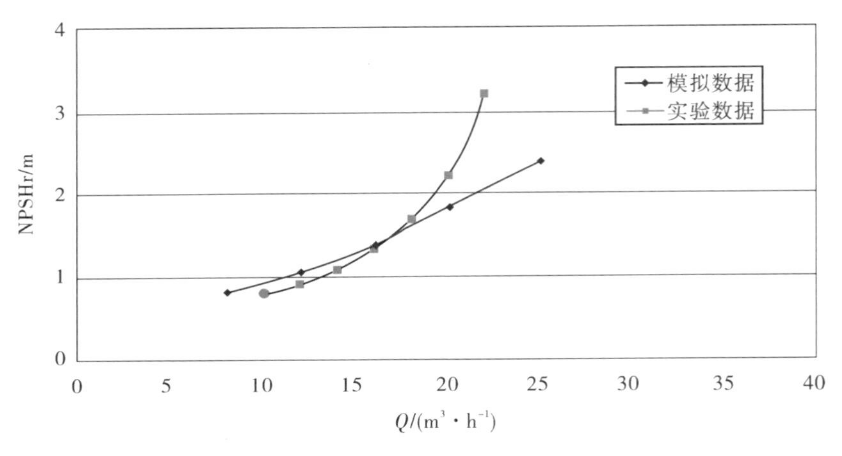

图 3－7　NPSHr 计算值与实测值对比

3.4.3.2　叶轮内汽蚀流动的分析

图 3－8 给出了设计工况下，叶轮叶片表面上的气泡相分布随 NPSH 值的变化情况。在开始的工况中（NPSH＝4.91m），泵级入口和导叶内部没有出现汽蚀。当泵叶轮入口总压降低到一定程度（NPSH＝1.82m）时，叶片背面液体开始形成气泡；当压力继续降低（NPSH＝1.41m）时，气泡不断地生成和发展，改变了流道内的压力和速度分布。随着 NPSH 值的降低，气泡体积率逐渐增加；当 NPSH＝1.32m 时，叶片背面上气泡体积率最大，这时整个叶轮流道内充满大量的气泡，叶轮流道受到了严重的堵塞，影响液体的正常流动，导致离心泵扬程下降明显。

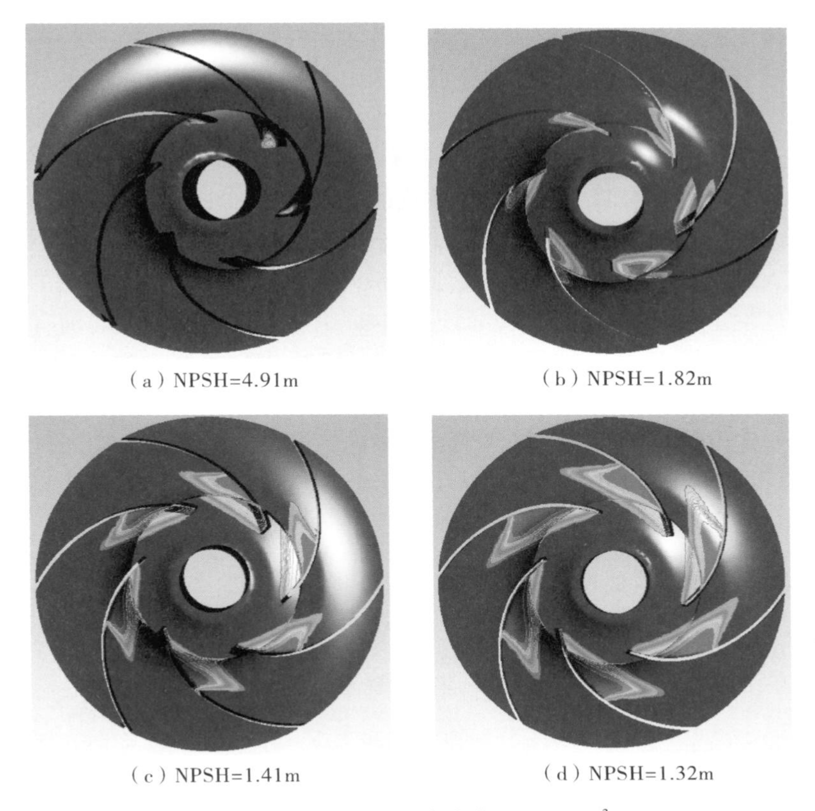

图 3－8　叶轮气泡相分布变化（$Q=16\text{m}^3/\text{h}$）

3.5　液环真空泵内气液两相流动的仿真实例

液环真空泵是一种以旋转液体作为活塞，抽吸及压缩气体的回转容积式泵，工作原理如图 3－9 所示。当叶轮按顺时针方向旋转时，离心力的作用使工作液体甩向泵体四周形

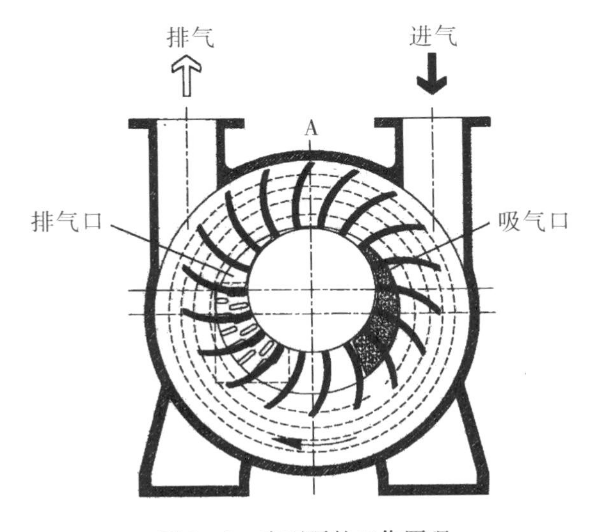

图 3－9　液环泵的工作原理

成液环，叶轮内流道与液环之间形成一个近似月牙形的空腔，该空腔被叶轮叶片分隔成若干个小空腔。随着叶轮旋转，吸气时小空腔容积由小变大；吸气停止后小空腔体积再由大变小，气体被压缩并排出泵体完成整个压缩过程。液环真空泵具有等温压缩、转子与泵体无接触等特点，特别适用抽吸和压缩易燃易爆、含粉尘、水蒸气的气体，在石化、冶金、电力、轻工、食品等行业有着广泛且不可替代的应用。

液环真空泵内的流动属于十分复杂的非稳态气液两相流。现有液环泵小泵效率一般为30%～45%，大泵也只能达到50%左右。造成液环真空泵能耗高、效率低的主要原因是泵内气液两相流产生了较大的水力损失，而现有的理论及分析手段未能准确有效地描述泵内气液两相流动规律。液环泵内的两相流动远比一般叶片泵的流动复杂得多，这是因为：①泵内具有一个大小形状未知的气液两相分界面；②泵内的两相流动是随时间显著变化的，必须采用非定常的分析方法；③常规叶片泵内各流道的流动基本相同，按照周期性条件一般只需分析一个流道即可，而液环泵中每个叶片流道内的两相流动是完全不同的，必须将整个液环泵流场作为一个整体进行分析。

3.5.1 模拟对象及计算前处理

（1）液环真空泵主要设计参数

选取一种单级单作用、径向吸排气的液环真空泵作为研究对象，其主要设计参数如表3－1所示。

表3－1 液环真空泵主要设计参数

零件	几何参数	单位	数值
进水管	直径 d	mm	50
进出气段	直径 D	mm	105
泵体	轴向长度	mm	708
叶轮	转速 n	r/min	372
	叶片角 β	deg	45
	宽度 B	mm	708
	叶轮半径 r_2	mm	355
	轮毂半径 r_1	mm	175
	偏心距 e	mm	40
	叶片厚度 δ	mm	12
	叶片数 Z		18

（2）两相介质的物性参数

选取水和空气作为液环真空泵的液相和气相，假设液相为不可压流体，气相为理想气体。介质物性及操作参数如表3－2所示。

表 3－2 两种工作介质物性及操作参数

参数		单位	水	空气
操作条件	供液量	m^3/h	8.5	
	进气压力	Pa		16000
	排气压力	Pa		101325
	温度	K	300	
介质	密度	kg/m^3	998	理想气体
	粘度	kg/（m·s）	1.003×10^{-3}	1.789×10^{-5}
	比热	J/（kg·K）	4182	1006.4
	热传导系数	W/（m·K）	0.6	0.0242

（3）计算区域、滑移网格的生成及边界条件处理

应用 Pro/E 对选取的液环泵各部件进行了三维建模，如图 3－10 所示。在此基础上得到液环泵流动域的三维实体造型，如图 3－11 所示。考虑到液环泵轴向两侧流动的独立性、对称性及减少计算成本，本节仅研究液环泵其中一侧的流动。

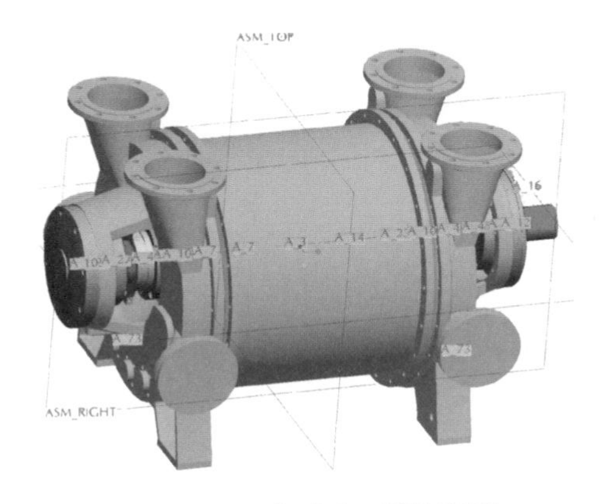

图 3－10 液环泵三维装配图

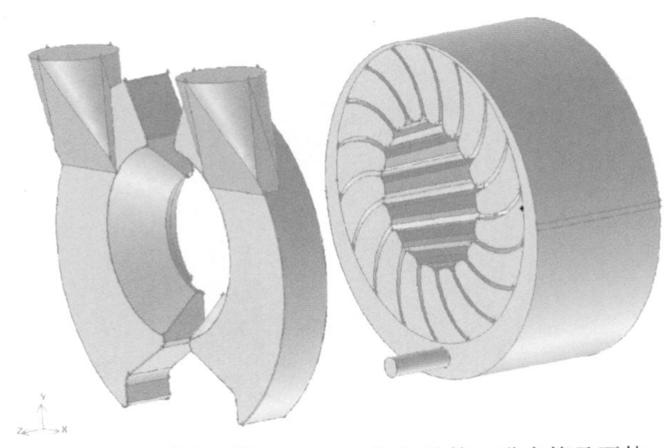

（a）进出气段　　（b）叶轮、进水管及泵体

图 3－11 液环泵流动域的三维实体造型

将 Pro/E 制作的液环泵流动域三维实体导入流动软件 Fluent 的前处理程序 Gambit，进行结构化/非结构网格单元划分，共计 468 659 个网格单元和 129 568 节点（图 3－12）。为模拟液环泵的非稳态流场，这里采用滑移网格方法。设置液环泵的进、出气段与叶轮之间的交界面为一个滑移界面，叶轮出口与泵体间的交界面为另一个滑移界面。将叶轮区域设在 Fluent 提供的移动网格（Moving Mesh）坐标系，其余区域设在固定坐标系。边界条件采取如下设置：①进气条件按吸入压力设置，进液条件按质量流量设置；②出口条件按出口压力设置；③壁面条件采用无滑移固壁条件，并使用标准壁面函数法确定固壁附近流动。计算的时间步长根据液环泵的转速值和叶片数确定，该叶轮转动一周需要约 0. 1s，每个叶片转过的时间需要约 0. 005s，因此计算的时间步长不能超过 0. 005s。计算方法为非定常三维有限体积 SIMPLE 的隐式算法。两相流动、湍动能及湍流耗散率的离散格式均取二阶迎风格式。

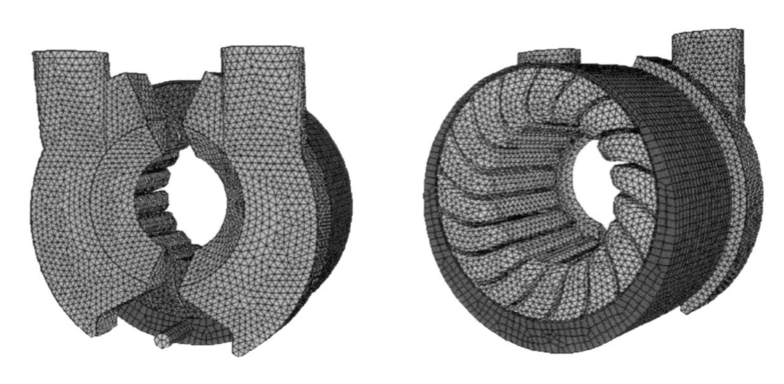

图 3－12　液环泵流动域的计算网格划分

3. 5. 2　计算结果及其分析

在经历了一段叶轮启动时间后，进气量计算值随时间做有规则的谐波变化，即流动进入了相对稳定阶段。图 3－13 给出相对稳定阶段后的某时刻（$t = 5.0$s）液环泵内气相流

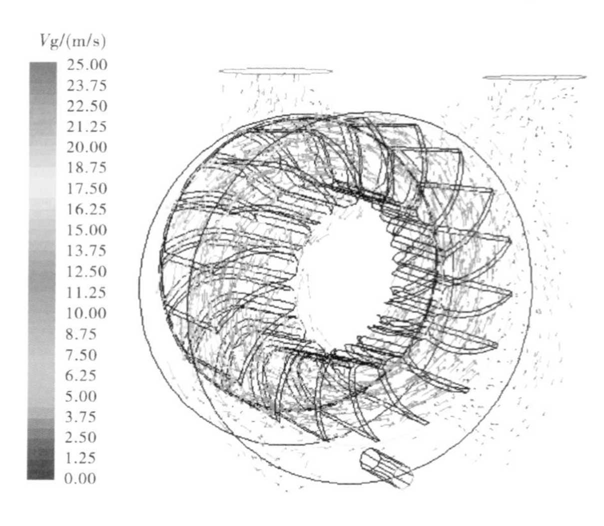

图 3－13　液环泵内气相流速矢量图（$t = 5.0$s）

速 v_q 矢量图，叶轮绝对流速大小在25m/s以内，最大值出现在叶轮出口附近，这是因为叶轮旋转速度在此位置达到最大值。流体进入泵体后，因动能逐渐转变为位能使流速降低，绝对流速大小在10m/s以内。图3－14给出时刻（$t=5.0$s）液环泵内气液两相体积率分布图，红色表示气相（$\alpha=1$），蓝色表示液相（$\alpha=0$），其他颜色表示不同气液比的混合相。由图3－14可以看出，由于离心力的作用，重相液体被甩向泵体四周，轻相气体则集中在叶轮轮毂附近；叶轮内形成一个有相当厚度的气液分界面，其形状大小与传统理论分析的结果相似，但由于叶轮叶片的分隔作用，气液分界面的形状并不像理论结果那样的光滑规则。

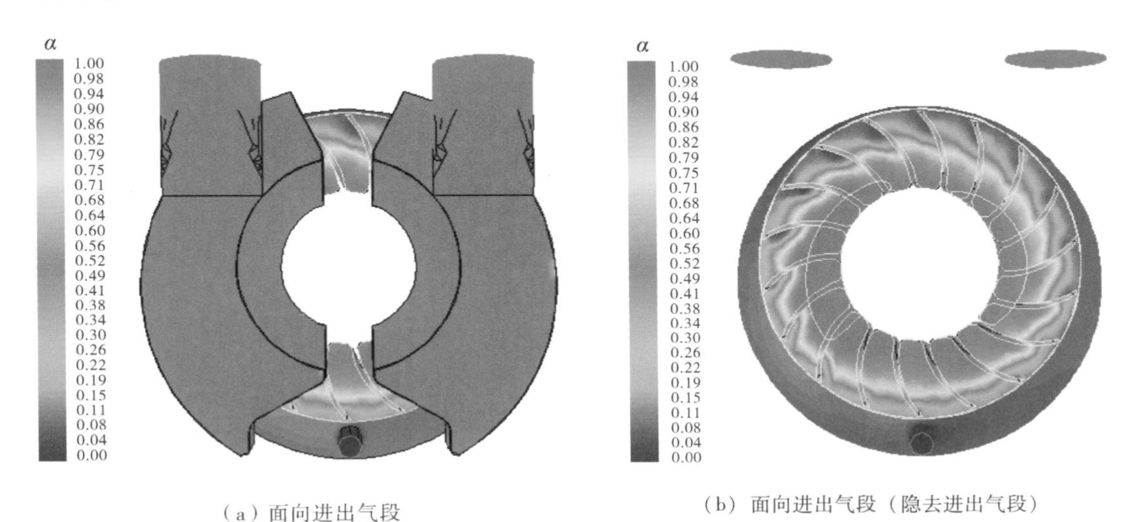

（a）面向进出气段　　（b）面向进出气段（隐去进出气段）

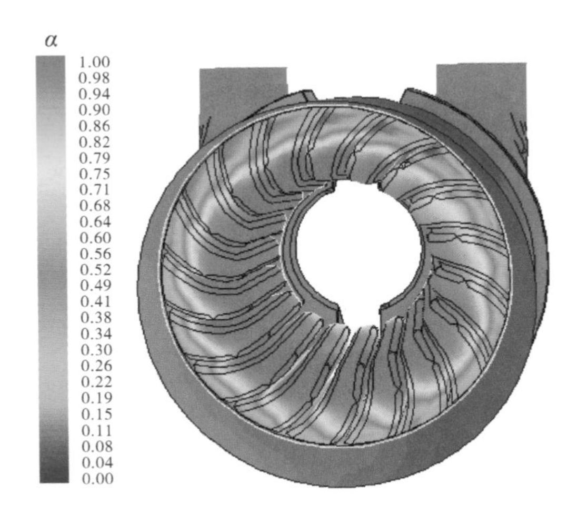

（c）面向分隔板

图3－14　液环泵内气液两相体积率分布（$t=5.0$s）

图3－15给出了某时刻（$t=5.0$s）液环泵内的静压 p 分布图。从图3－15可见，整个液环泵的低压区出现在叶轮的吸气区一侧，高压区则出现在叶轮的排气区一侧，该结果与传统理论结果相似。叶轮的最小静压表征了该转速下液环泵抽吸真空的能力，最小静压越

小，液环泵抽吸真空的能力越强。而叶轮的最大静压则表征了液环泵的压缩能力，最大静压越大，液环泵压缩能力越强。因此，从优化设计的角度考虑，应设法增加叶轮吸气区的真空度及排气区的静压值，同时减少叶轮排气区到泵出气段的能量损耗。

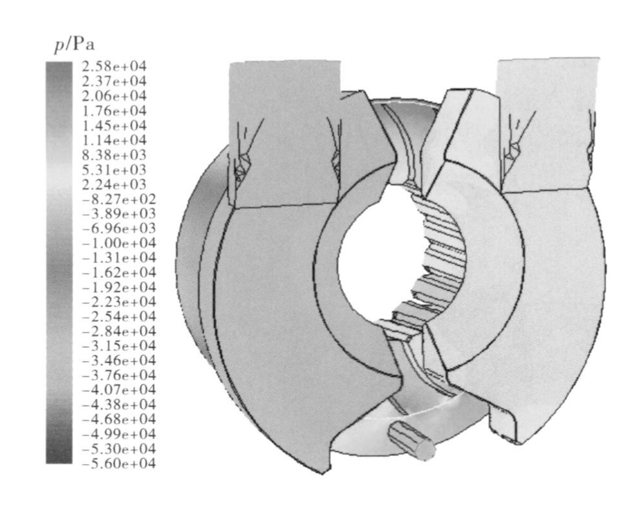

（a）面向进出气段

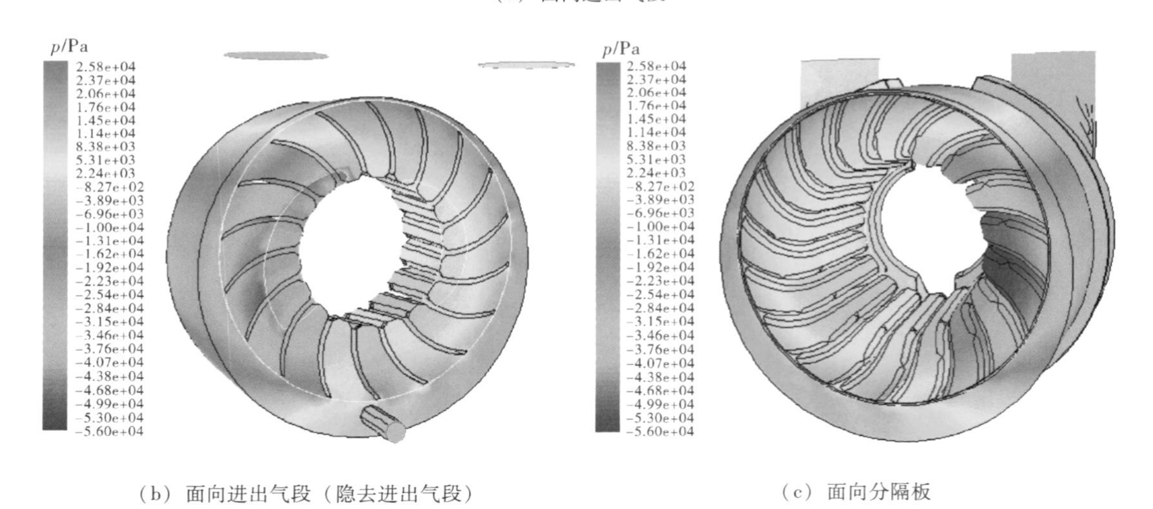

（b）面向进出气段（隐去进出气段）　　（c）面向分隔板

图 3－15　液环泵内流场静压分布（$t=5.0$s）

3.6　离心泵自吸过程的气液两相流仿真实例

3.6.1　问题的提出

自吸离心泵以其特有的自吸功能，具有使用方便、操作简单、工作可靠等特点，广泛应用于石油、石化、化工、电力、冶金、城建等部门。自吸泵按自吸原理可分为内混式和外混式两种。内混式是指从叶轮入口直到叶轮出口水和空气都在进行混合；外混式则是指水和空气只在叶轮出口进行混合，其结构较为简单而被国内外普遍采用。自吸泵起动后先是作为真空泵工作，当吸水管中的空气排出后就变成一般水泵工作。因此自吸泵的性能分为自吸性能和水泵性能两部分。自吸性能一般是以泵的自吸时间（或抽气率）和泵的最大自吸高度（或极限真空度）来衡量，通常都是通过试验手段确定。

近年来一些学者相继开展了自吸泵气液两相流数值模拟的研究，在一定程度上了解了自吸泵内的流动状态和水力性能。这些模拟计算基本上是采用自吸泵入口体积含气率按某个固定值作为边界条件的处理办法，但现实中自吸泵起动前，一部分吸入管路充满气体；泵起动后在一段很短的时间内，泵入口的含气率随时间和空间变化都非常显著，因此上述的模拟计算与实际情况会有较大偏差。基于以上考虑，本节采用泵起动前一部分吸入管路充满气体作为初始条件，运用非稳态数值模拟手段，探索自吸离心泵起动后气液两相流动过程。

3.6.2　研究对象及计算方法

3.6.2.1　自吸离心泵主要结构参数

如图 3－16 所示，选取一种常用的 WFB 型立式外混式自吸离心泵作为研究对象，主要结构参数见表 3－3。进水管与储液室相连，在储液室上方设有闭式叶轮，叶轮入口向下放置，流体经过叶轮后，由蜗壳导入气液分离室内。蜗壳上设有开孔使气体逸出，气液分离室内设有挡板，防止气体在气液分离室内旋转、滞留，并将气体经出水管导出泵体。

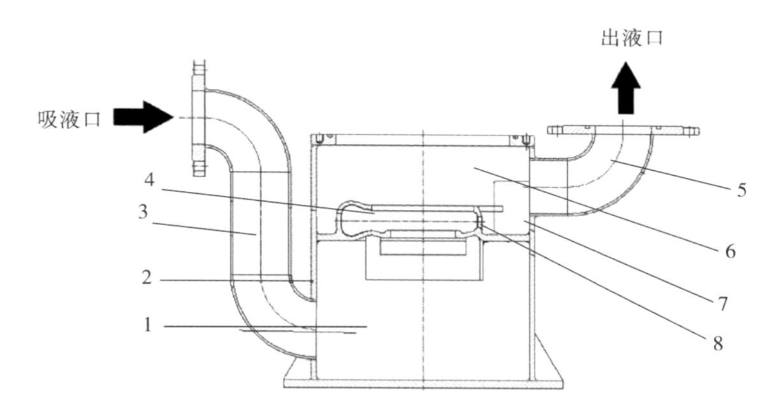

图 3－16　WFB 型自吸离心泵示意图

1—储液室　2—泵体　3—进水管　4—叶轮　5—出水管　6—气液分离室　7—挡板　8—蜗壳

表 3－3　立式外混式自吸离心泵主要结构参数

零件	几何参数	单位	数值
管路	直径	mm	100
	进气段长度	mm	495
储液室	直径	mm	380
	高度	mm	250
气液分离室	直径	mm	380
	高度	mm	180
	挡板尺寸	mm	65 × 100 × 10

续上表

零件	几何参数	单位	数值
蜗壳	出口尺寸	mm	65 × 70
	开孔直径	mm	22
叶轮	转速	rpm	2900
	宽度	mm	35
	出口直径	mm	185
	入口直径	mm	110
	吸入安装高度	mm	200
	叶片数		6

3.6.2.2　计算域及计算网格

应用Pro/E对自吸泵流动域进行三维实体造型，如图3－17所示。图3－17a是泵的总体图，泵的储液室与进口管相连，叶轮和蜗壳位于储液室上方的气液分离室内。图3－17b显示气液分离室的局部情况，从中可见蜗壳开孔、蜗壳出口和挡板的位置。

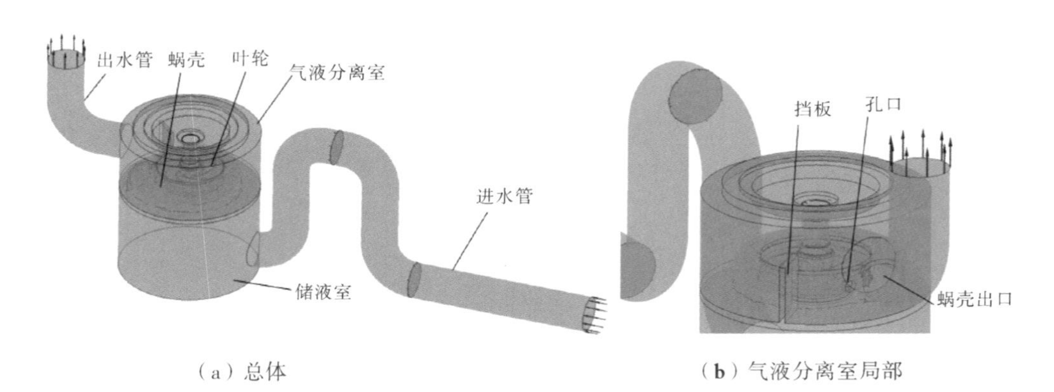

（a）总体　　（b）气液分离室局部

图3－17　泵三维造型

将计算域三维实体导入ICEM进行结构化/非结构网格单元划分，共计1 468 659个网格单元和429 568个节点。采用滑移网格进行非稳态计算，设置泵体与叶轮接触的交界面为滑移界面，叶轮域设在转动坐标系，其余区域设在静止坐标系。

3.6.2.3　边界条件及初始条件

本节主要采用了接近真实自吸情形的设置，即取一段吸入管路充满空气作为计算的初始条件。此外，离心泵虽然需要一定时间才能从静止状态启动到额定的工作转速（这部分内容将在第7章讨论），但为避免计算过于复杂耗时，计算采取以下的简化措施：①自吸泵以恒定的工作转速运行；②选取较短的叶轮吸入安装高度和空气吸入段（表3－3）；③当绝大部分空气排除泵体时计算终止。

选取水和25℃空气分别作为液相和气相，自吸过程视为等温过程，进出口边界条件按压力设置。控制方程采用多相流欧拉方法和标准k－ε湍流模型，计算方法为非定常三维有限体积SIMPLE的隐式算法，时间步长根据自吸泵的转速值和叶片数确定。两相流动、湍动能及湍流耗散率的离散格式均取二阶迎风格式。

3.6.3　计算结果及分析

（1）气液两相分布

图3－18是计算得到的几个代表性时刻计算域中心截面的气液两相分布云图，其中$\alpha=1$表示气体，$\alpha=0$表示液体。图3－18a是自吸过程的初始状态，即一段吸入管充满气体而其余部分充满液体。图3－18b显示泵起动后吸入管气体进入储液室时的情形。图3－18c是叶轮吸入、泵体排出大量气体时的情形，此时吸入管路中的所有气体都全部进入储液室与其后的液体陆续被吸入叶轮。图3－18d显示泵内大部分气体已排除，自吸过程基本完成，水泵进入正常工作状态。

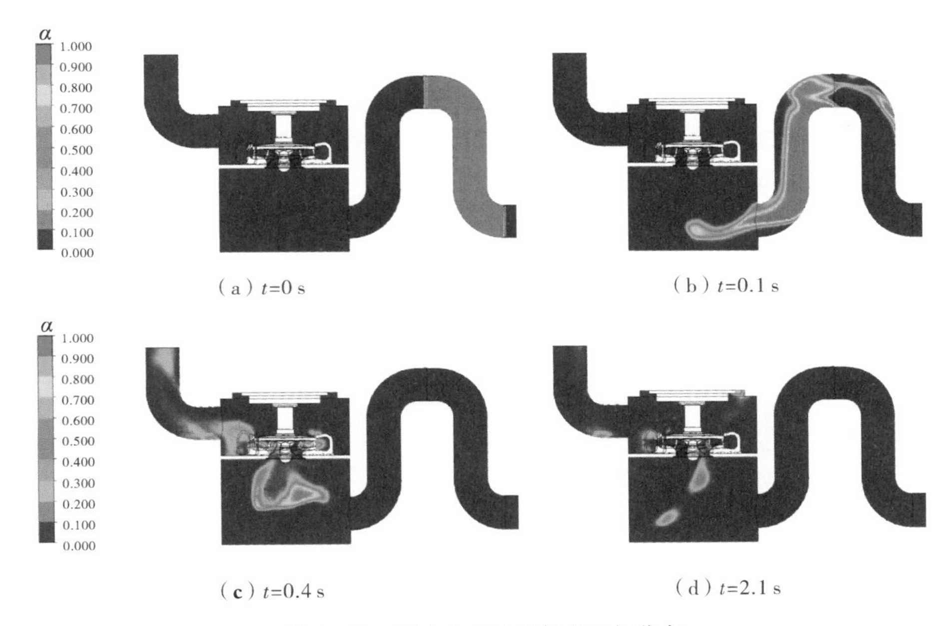

图3－18　泵内中心截面气液两相分布

图3－19是从另一个视角观察吸入管、叶轮和泵出口等位置水平截面上的两相分布。由图可得到以下信息：①气相较集中在叶轮叶片的吸力面；②离心力的作用使密度较大的液相甩向蜗壳壁面，密度较小的气相则聚集在叶轮周围；③气液分离室的挡板起到了阻止气体旋转并使其向上排出的作用。

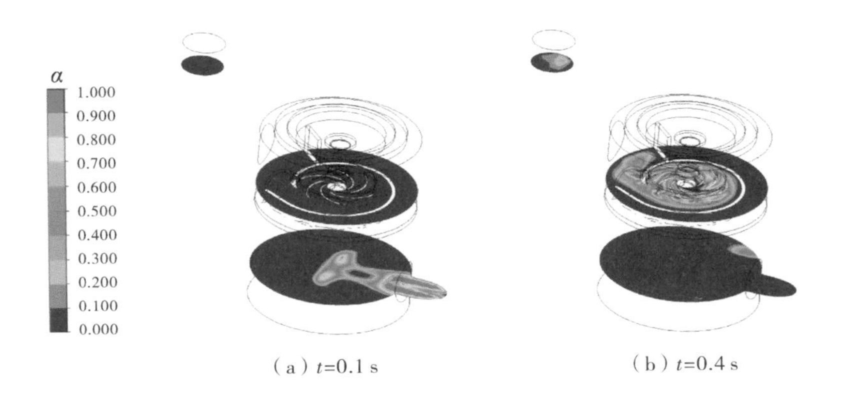

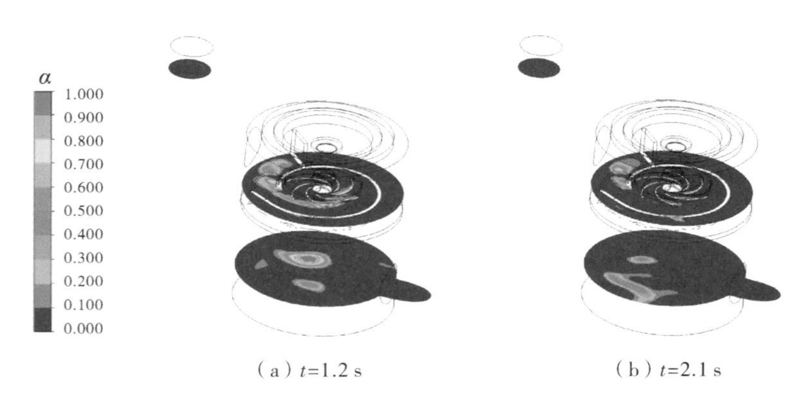

（a）t=1.2 s　　（b）t=2.1 s

图 3－19　泵内水平截面上气液两相分布

图 3－20 和图 3－21 分别是由计算后处理得到的叶轮入口和泵出口液体和气体流量随时间变化的曲线。从图中可见，泵吸入和排出气量的时间主要集中在泵启动的初期阶段（0.2～0.6s），其中以叶轮吸入气量 Q_g 最为明显。从理论上讲，泵的自吸时间等于吸入管中所有气量排除泵的时间，但该计算耗时较长。由图 3－22 可以看出，可以利用在泵启动时吸入管内的气体体积（约 4.12L）和泵出口气体体积对时间累加值的延长线的焦点来估算自吸时间（约 3.0s）。

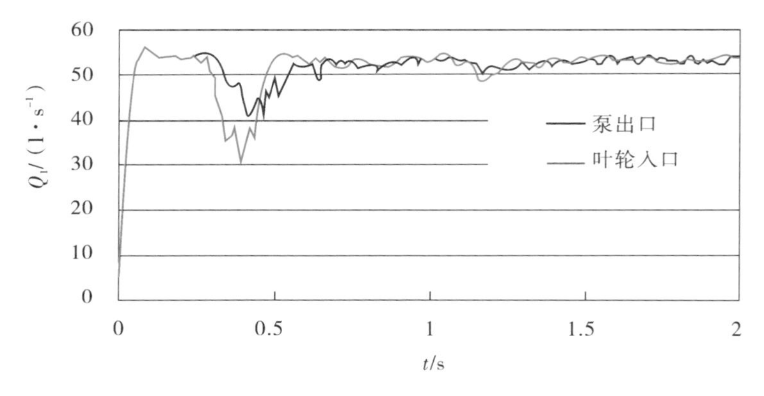

图 3－20　叶轮入口和泵出口液相流量

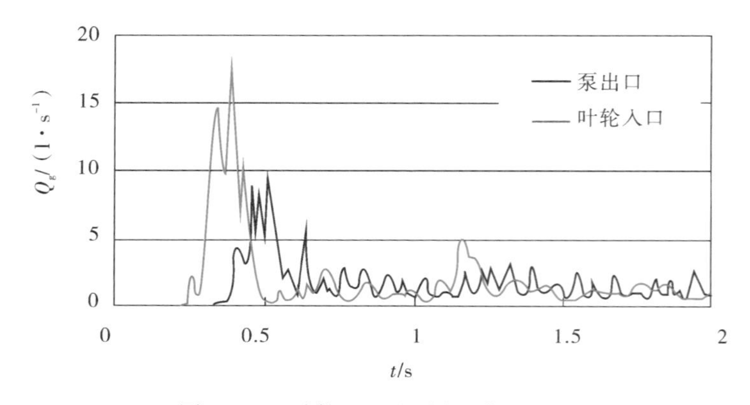

图 3－21　叶轮入口和泵出口气相流量

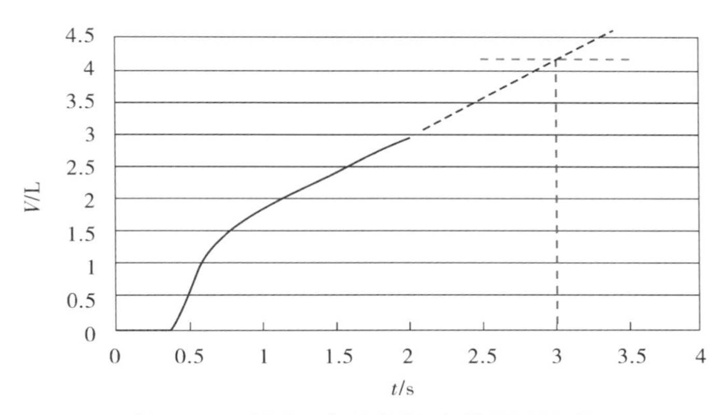

图 3－22　泵出口气体体积对时间的累加值

图 3－23 是叶轮入口和泵出口含气率随时间变化的曲线。由图可见，叶轮入口的含气率 α 随时间变化比较明显。尤其在泵启动初期，α 一度可达到 30. 9%，之后基本在 7% 以下波动。泵出口的 α 随时间变化相对平稳一些，启动初期 α 可达到 20. 2%；之后基本在 10% 以下变化。

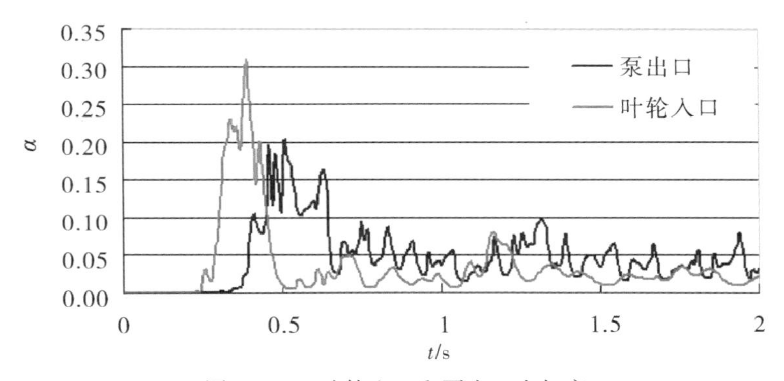

图 3－23　叶轮入口和泵出口含气率

为考察蜗壳开孔的效果，图 3－24 和图 3－25 分别给出蜗壳孔口和蜗壳出口液体和气体流量随时间变化的曲线。由图可见，在整个自吸过程中，蜗壳开孔起到了分流排气的显著作用，孔口平均排气流量 Q_g 占了整个蜗壳平均排气流量的 20% ~ 25%，而孔口的平均排液流量 Q_l 仅占整个蜗壳平均排液流量的 5% ~ 10%。

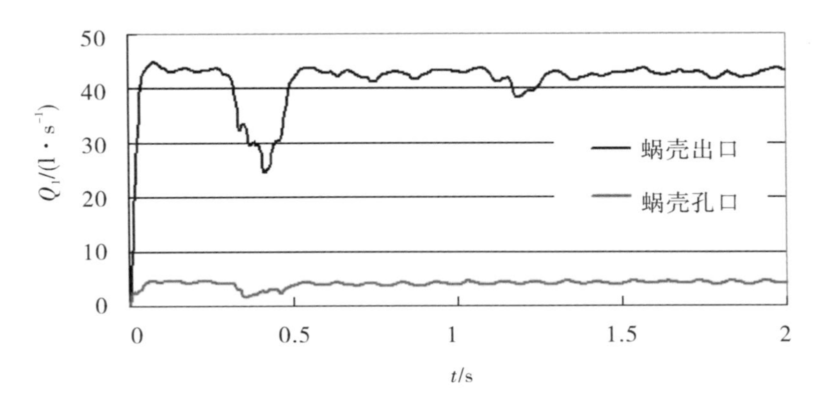

图 3－24　蜗壳孔口和出口液相流量

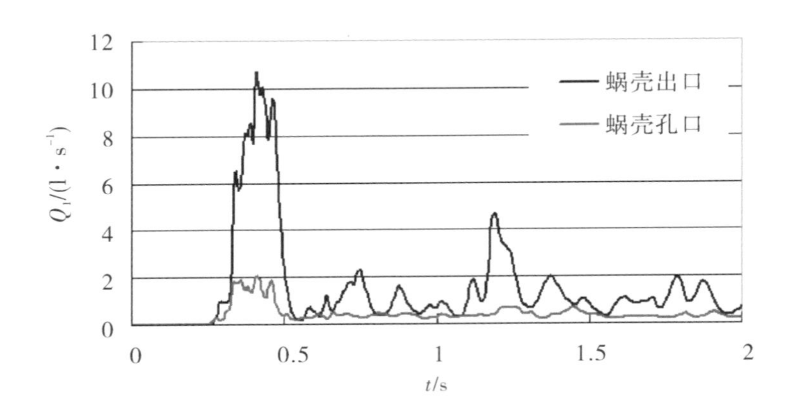

图 3－25　蜗壳孔口和出口气相流量

（2）气液两相流场

图 3－26 和图 3－27 分别显示排气相对稳定时（$t=1.2s$）泵内气液两相流速矢量图，此时两相流速基本在 35m/s 以内，流速最大值一般出现在叶轮出口附近，这是因为叶轮旋转速度在此位置达到最大值。流体进入蜗壳后，因动能逐渐转为压能使流速降低。

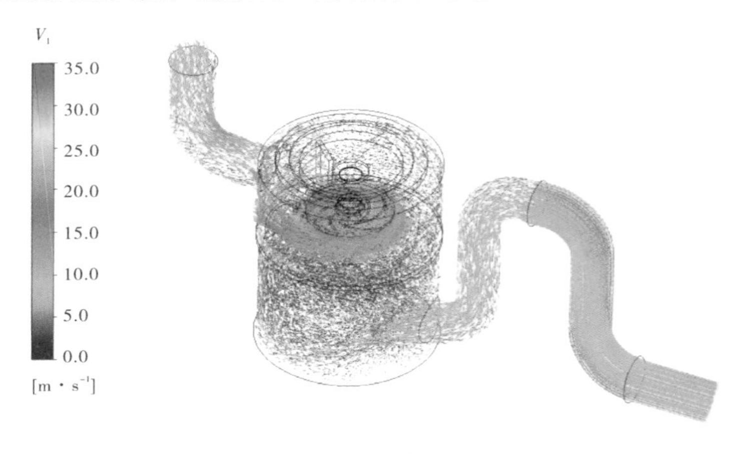

图 3－26　液相表观速度矢量（$t=1.2s$）

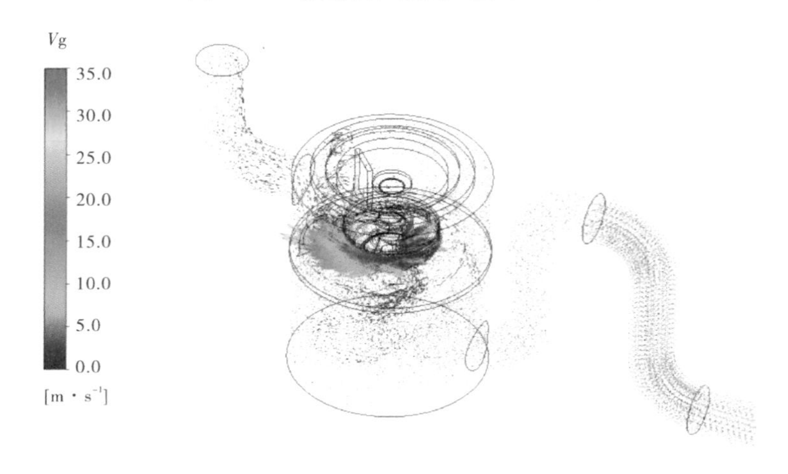

图 3－27　气相表观速度矢量（$t=1.2s$）

（3）压力场分布

图3－28为自吸过程中两个代表时刻的泵内压力p分布。在叶轮吸入大量气体时（$t=0.4s$），泵内的压力普遍较低，最高压力约为0.1MPa；在排气相对稳定后（$t=1.2s$），叶轮蜗壳内气量相对较少，泵内压力明显上升，最高压力可达到0.15MPa。

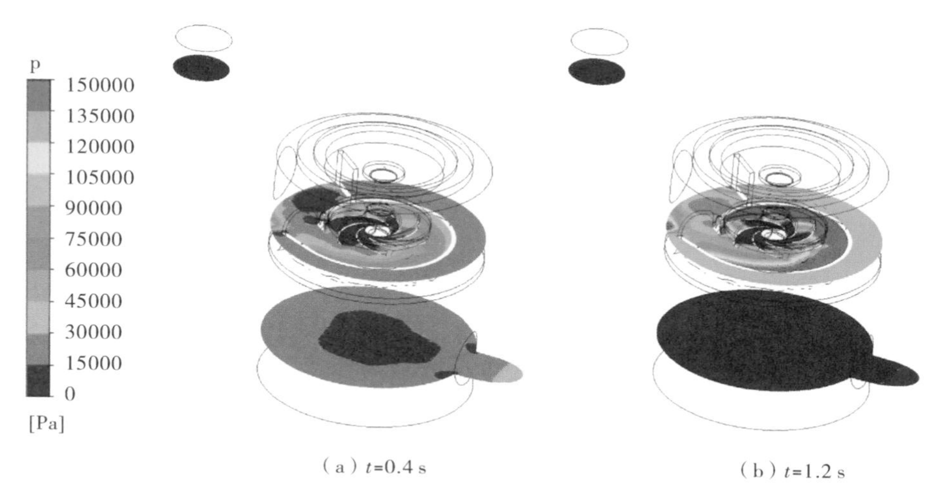

图3－28　泵内水平截面上压力分布

图3－29为泵出口静压p随时间变化的曲线。从图中可以看出泵出口静压随着时间有明显的脉动现象。将图3－23与图3－29比较可以看出，气流对泵出口静压有较大的影响，泵出口压力的脉动频率与泵出口含气率的脉动频率基本相同。

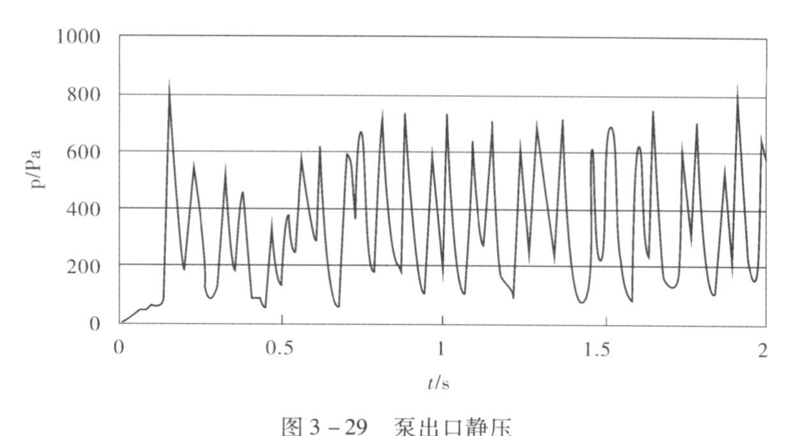

图3－29　泵出口静压

3.7　本章小结

本章探讨了流体机械中的气液两相流仿真计算问题。首先给出了气液两相流的基本概念、流动特点、两相流特性参数和气液两相流的几种典型流型的描述；介绍了气液两相流仿真计算常用的欧拉—欧拉方法，给出了欧拉方法中的相体积分数、多相流动控制方程、湍流模型、气液两相流体间质量和动量交换等概念及气泡空化模型。在仿真实例中，介绍了作者近年来使用欧拉方法完成的“基于气液两相流的离心泵汽蚀性能”“液环真空泵内气液两相流动”及“离心泵自吸过程的气液两相流”等仿真实例。在这些仿真实例中，从流体计算域构造、计算网格划分、仿真模型选取、边界条件初始条件设置及计算结果分析等方面都做了较为完整的介绍。

4　固液两相流和固相颗粒运动及磨损

4.1　概述

随着水利工程、矿山开采、电力、石油化工、冶金、轻工、环保工业以及海洋金属矿物质开采等流程工业的发展，需要采用大量的叶片泵等流体机械来输送含有固体的液体。但这类机械存在以下关键技术难题：一是由于流动介质中含有固体物质导致效率低，二是由于固体磨损问题而导致的可靠性差，这两个问题一直制约着固液两相输送叶片泵的发展和应用。由于固相颗粒的大小、密度和浓度等参数不尽相同，再加上泵内流道的复杂几何形状和叶轮高速旋转的因素影响，导致泵内固液两相流动极其复杂，存在固液两相之间、颗粒与颗粒之间的相互作用，存在颗粒与壁面之间的碰撞反弹等各种现象。

4.1.1　固液两相流模型及计算方法

目前研究流—固两相流动的模型大体可划分为三类：①欧拉—欧拉方法的双流体模型（Two - Fluid Model，TFM）；②欧拉—拉格朗日方法的连续 - 离散相模型（Combined Continuum and Discrete Model，CCDM）；③拉格朗日—拉格朗日方法的流体拟颗粒模型（Pseudo Particle Model，PPM）。

第一类的“双流体模型”（或称颗粒拟流体模型）在第三章已做了介绍。该模型的主要思想是在欧拉坐标系中，将离散的颗粒相假设成连续的拟流体，使之具有和连续流体相相同的动力学特性，全面考虑相间速度滑移、颗粒扩散、相间耦合和颗粒对流体的作用。该模型的限制是所选取的流体控制体尺度必须远大于单颗粒尺度，又要远小于系统的特征尺度。由于实际中颗粒相本身是离散的且颗粒几何尺度范围较宽，在颗粒尺度较大的情况下将其作为连续相处理会使分析结果与实际情况有较大的误差。

第二类的“连续—离散相模型”把流体相视为连续介质，求解欧拉坐标系下的 N - S 方程；把固相颗粒相视为离散介质，在拉格朗日坐标系下求解其运动方程。根据流场中离散颗粒被解析程度的不同，一般将相应的方法按复杂程度分为点源颗粒、半解析颗粒和解析颗粒三类（图 4 - 1）。

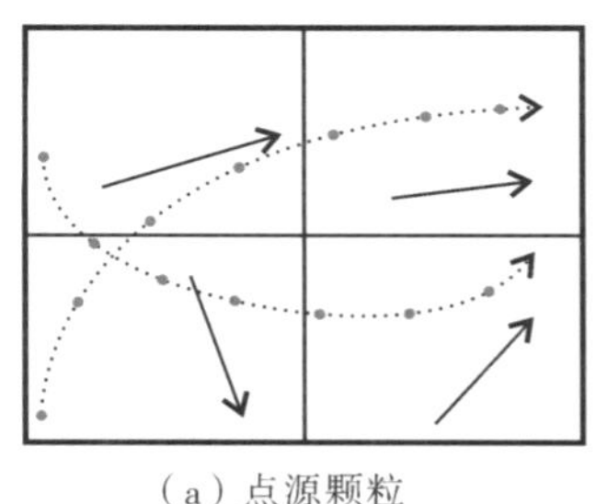
（a）点源颗粒

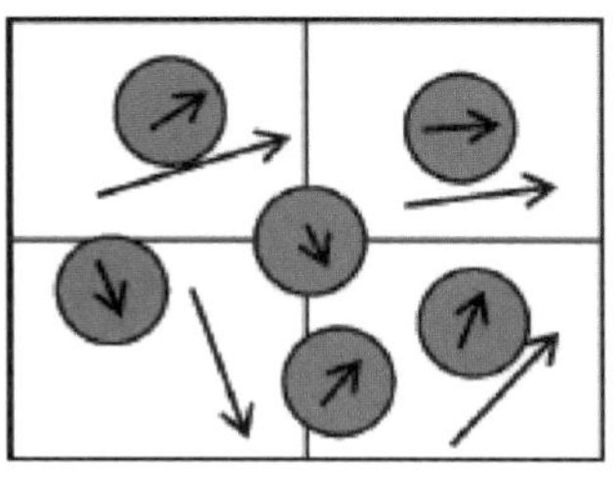
（b）半解析颗粒

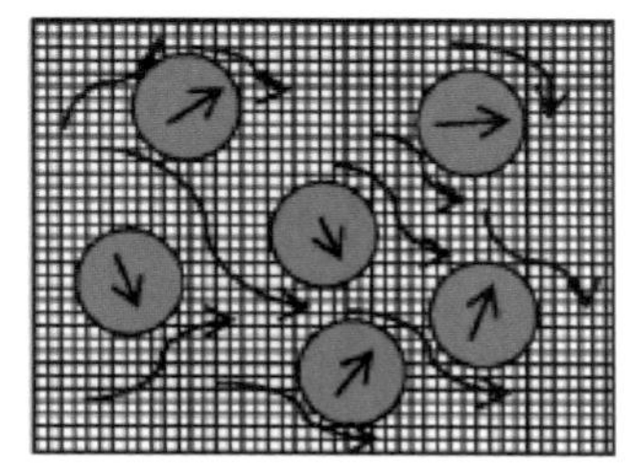
（c）全解析颗粒

图 4 - 1　流场中的颗粒分类

若流体描述尺度大于单颗粒尺度，单颗粒的几何、运动特征无法被完全分辨，此时的颗粒可视为半解析颗粒或点源颗粒。如图 4 - 1a、b 所示，需要提供模型来封闭流体—颗粒相相互作用：流体对颗粒的作用直接施加在单颗粒上，颗粒对流体的作用局部平均（Local Averaging）到流体计算网格内。半解析颗粒用于稠密的流固两相流，此时需要考虑颗粒的容积效应和颗粒间的碰撞，而且网格内颗粒平均容积作为显式变量需要反映到流体流动控制方程中，颗粒间的碰撞反弹规律则需要依照颗粒碰撞模型来确定。

如果流体的描述尺度小于颗粒尺度，此时颗粒的大小、形状和运动被完全分辨，该情形下的颗粒称为解析颗粒（图4－1c），颗粒的运动使每一时间步的流场空间和边界都在发生变化。对这类问题或许可以运用将在第6章介绍的动网格技术，利用网格重构、网格变形等手段来调整每一步的网格以适应运动的相界面。但动网格方法不可避免地要在每一时间步都进行网格重构而带来巨大的计算量，而且在新旧网格交替时，还会带来数值不稳定性。所幸实际流体机械中所输送的颗粒尺度一般在半解析颗粒范围内，因此现有文献中尚未看到运用动网格技术处理“解析颗粒”的固液两相流案例。

第三类的“流体拟颗粒模型”不仅把颗粒当离散相处理，而且也把连续流体相离散成流体微团或流体“颗粒”。通过模拟流体“颗粒”与固相颗粒间的碰撞等相互作用，来研究描述、再现两相流动中的一些经典现象和微观特性。但由于该模型对计算资源的巨大需求，目前的模拟还局限于一些几何较为简单的情况，如流体绕流颗粒、颗粒与流体间阻力的模拟等，对复杂几何模型的流体机械仿真计算还很不现实。

4.1.2 固液两相流泵的输送性能研究

目前国内外在对叶片泵内部固液两相流动计算时，大多将固相颗粒当作“拟流体”处理，采用双流体模型进行计算。例如，在不同转速下，针对输送水、灰浆和锌尾矿固液混合介质的闭式叶轮固液两相离心泵进行实验研究，发现固体浓度小于20%时，泵扬程和流量的关系可以用清水工况关系式来确定，当固体浓度变高时，就需要考虑固相颗粒对于泵性能的影响。有学者基于Mixture模型，采用数值计算方法对一台低比转速离心泵进行研究，发现体积分数、颗粒粒径和密度对泵水力性能均产生较大影响，随着颗粒直径和体积分数的增加，泵的扬程和效率均呈下降趋势，而颗粒密度对泵性能的影响相对较小；叶片吸力面磨损比压力面严重，蜗壳隔舌附近出现明显射流尾迹结构，且随着体积分数的增加这一现象越发明显。采用数值模拟和实验研究的方法分析固相颗粒对离心泵性能的影响规律，发现随着固相颗粒粒径和体积分数的增加，泵的扬程和效率基本呈下降趋势；但在小流量工况下，效率值略有增加，稳定工作区减小，最优工况点向小流量方向移动。还有学者在额定转速工况下，针对不同类型泥浆泵进行清水和固液两相实验，固相质量分数为50%～70%，结果表明，离心泵的扬程和效率随固相浓度的增加而减小，泵的输入功率随着固相浓度增加而增加，影响程度与浆液特性密切相关。

综上所述，对于尺度在“点源颗粒”级别的固相颗粒，将颗粒视为“拟流体”模拟计算叶片泵的固液两相流动有较好的精度；但当固相颗粒尺度大到“半解析颗粒”级别后，其形状大小、碰撞等效应无法忽略，若仍将固相颗粒视为“拟流体”进行数值计算则与实际情况相差较大。对于半解析颗粒尺度的固相颗粒，作者近年来运用DEM离散元法结合CFD方法，模拟计算离心泵内非定常固液两相流动，在4.5节中将给出该算例的计算方法和结果分析。

4.1.3　固液两相流泵的磨损性能研究

本章讨论的磨损是指固相颗粒与固体壁面接触并发生相对运动时，表面材料出现损失的现象，颗粒对材料壁面的磨损对设备的使用寿命和可靠性产生不利的影响。

颗粒对壁面的碰撞磨损模型是碰撞磨损机理的体现，更是目前用来进行磨损预测的工具。由于固相颗粒的物理属性、运动参数以及磨损壁面材料属性的多样性，再加上研究方法的差异，导致目前颗粒对壁面的磨损模型种类繁多。目前主要磨损模型种类有：①基于理论假设分析和实验研究相结合的半经验半理论模型；②根据实验数据得到的经验模型。

一些学者对双流道泵在不同浓度和流量下，输送不同粒径的固相颗粒开展固液两相水力性能试验，发现随着介质中固相颗粒浓度的增加，扬程及效率均呈递减趋势。泵体磨损主要发生在周壁、隔舌及泵体口环处。有学者采用雷诺应力模型、离散相模型和 Finnie 塑形冲蚀模型，通过对固液两相流场内固相颗粒运动轨迹进行追踪，对离心泵中颗粒与过流部件表面的相互碰撞和磨损进行数值模拟。发现大颗粒运动轨迹向叶片工作面发生较大偏转，易与叶片头部发生撞击，对叶片磨损程度大；小颗粒易与叶片工作面后端发生撞击，对叶片冲蚀磨损相对较小。通过数值计算，分析泵流量、转速等操作运行参数、颗粒粒径形状、隔舌曲率以及蜗壳的宽度等几何参数对颗粒冲蚀磨损的影响，发现随流量增大，磨损速率曲线变得更为平缓；随蜗壳宽度的增大，磨损速率有降低的趋势；随着转速的下降，磨损速率逐渐下降。也有学者以泥浆泵为研究对象，通过对固液两相流的数值计算发现颗粒大小、形状以及液体速度等流动参数对过流部件表面的冲蚀凹坑有很大影响，并且随着颗粒直径的增大，凹坑的扭曲程度与最大应力相应增大。还有学者对脱硫泵内部固液两相流动进行数值计算，对不同直径颗粒的固相体积分数分布、速度分布及磨损特性进行研究。发现叶片和蜗壳主要发生滑动磨损，隔舌部位主要发生冲击磨损。

总之，目前关于流体机械设备的固相颗粒磨损的模拟工作，一般是采用两相流的离散相模型（Discrete Phase Model，DPM）结合半经验半理论磨损模型或实验数据回归的磨损模型进行数值计算。作者近年来运用上述方法模拟计算了稀疏小颗粒固相对离心泵的磨损率，在 4.6 节中将给出该算例的计算方法和结果分析。

4.2　欧拉—拉格朗日方法

欧拉—拉格朗日颗粒轨道模型是在欧拉坐标系中处理流体相的运动，在拉格朗日坐标系中考虑颗粒相的运动，即流体相视为连续介质，而颗粒相仍然按照离散体系来进行处理。该模型不仅考虑了颗粒相和流体相之间的相互作用，而且考虑了颗粒相与流体相之间的速度和温度滑移，易于描述单个颗粒的复杂运动。

欧拉—拉格朗日方法除了求解连续相的输运方程，还要在拉格朗日坐标下计算连续相流场中由颗粒（液滴或气泡）构成的离散相。对稳态与非稳态流动，考虑离散相的惯性、阻力、重力，依据颗粒物理属性，定义颗粒的初始位置、初始速度、初始温度及初始尺寸，计算离散相颗粒的运动轨迹以及由颗粒引起的热量/质量传递；计算由连续相湍流涡旋作用对颗粒造成的影响；计算相间耦合以及耦合结果对离散相运动轨迹、连续相流动的影响等。

该模型既可以按非耦合方法，在连续相流场中预测离散相的分布，也可以按相耦合方法，在离散相对连续相有影响的流场中考察颗粒的分布。离散相的存在影响了连续相的流场，而连续相的流场反过来又影响了离散相的分布，通过交替计算连续相和离散相直到两相的计算结果都满足收敛的要求。

以下的欧拉—拉格朗日方法讨论仅限于图 4 - 1a、b 两种情形，即流体描述尺度大于单颗粒尺度，颗粒可视为半解析颗粒或点源颗粒的情形。Fluent 软件中的 DPM 模型、Ansys - CFX 中的 Particle Transport 模型以及将在 4.3 节介绍的 DEM - CFD 耦合都属于欧拉—拉格朗日方法的具体应用。

4.2.1 连续流体相控制方程

（1）质量守恒方程

$$\frac{\partial}{\partial t}(\rho\alpha) + \frac{\partial}{\partial x_i}(\rho\alpha v_i) = 0 \tag{4-1}$$

（2）动量守恒方程

$$\frac{\partial}{\partial t}(\rho\alpha v_i) + \frac{\partial}{\partial x_j}(\rho\alpha v_i v_j) = -\alpha\frac{\partial p}{\partial x_i} + \frac{\partial}{\partial x_j}(\alpha\tau_{ij}) + \rho\alpha g_i + F_i \tag{4-2}$$

式中，α 为连续流体相的体积率；v_i 为流体相在笛卡尔坐标 i 方向上的流速分量；g_i 为坐标 i 方向上的体积力；F_i 为连续相与离散相的相互作用力。

上述连续相流体流动控制方程在湍流情况下，还需要根据第 1 章介绍的概念补充湍流模型，此处不再赘述。

4.2.2 离散相运动

4.2.2.1 颗粒粒径分布

通常情况下，固液两相流中的固相颗粒不会只有一种粒径。在模拟两相流动时，可将颗粒的全部尺寸分成若干个尺寸组合；每个尺寸组由一个特征粒径来表示，颗粒的轨迹依据此特征粒径来计算。常见的颗粒尺寸分布有：均匀分布、随机分布、正态分布和 Rosin - Rammler 分布等。例如对疏浚工程中常见的鹅卵石（图 4 - 2）随机选取 100 个样本，用卡尺测量鹅卵石的三轴尺寸：长（L）、宽（W）、厚（T），并根据式（4 - 3）和式（4 - 4）求出相应的等效直径 d_p 和球形率 ϕ 。d_p 的计算公式为：

$$d_p = (LWT)^{1/3} \tag{4-3}$$

图 4 - 2　疏浚工程中的鹅卵石

ϕ 的定义为：

$$\phi = \frac{(LWT)^{1/3}}{L} \tag{4-4}$$

图 4－3 给出了使用直方图和正态分布曲线表示鹅卵石三轴尺寸的测量数据。

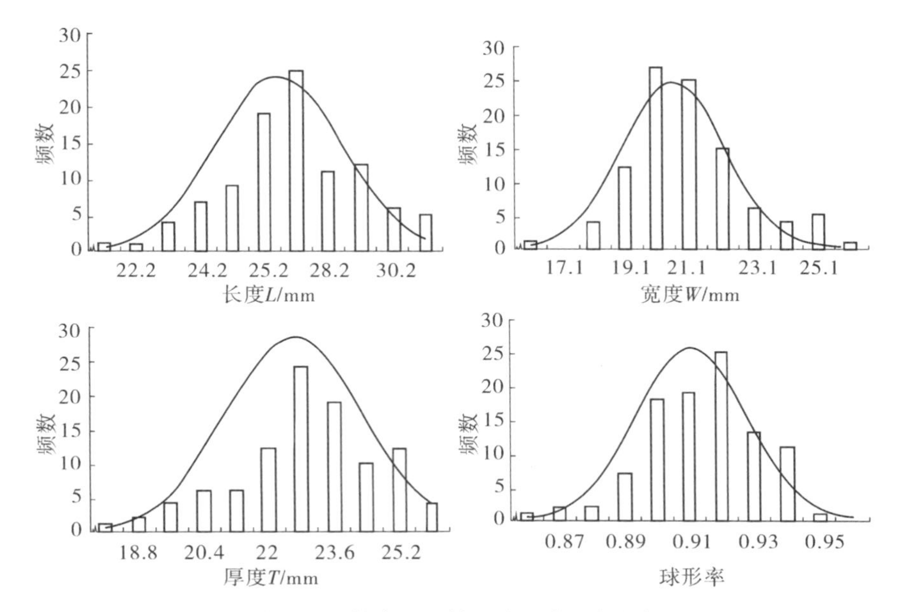

图 4－3 鹅卵石三轴尺寸和球形率分布

4.2.2.2 颗粒运动方程

通过求解拉氏坐标系下的颗粒作用力微分方程得到离散相颗粒（液滴或气泡）的运动轨迹。颗粒的作用力平衡方程在笛卡尔坐标系下的形式（以 x 方向为例）为：

$$\frac{du_p}{dt} = F_D(u - u_p) + \frac{g_x(\rho_p - \rho)}{\rho_p} + F_{xo} \tag{4-5}$$

$$\frac{dx}{dt} = u_p \tag{4-6}$$

式（4－5）右边第一项为颗粒的单位质量阻力，第二项为重力，第三项 F_{xo} 为附加作用力。u、ρ 分别为连续相在 x 方向的速度和密度，u_p、ρ_p 分别为离散相颗粒在 x 方向的速度和密度。

4.2.2.3 质量阻力

对于式（4－5）中的颗粒单位质量阻力，其 F_D 表达式为：

$$F_D = \frac{18\mu}{\rho_p d_p^2}\frac{C_D Re}{24} \tag{4-7}$$

式中，μ 为连续相动力粘度；d_p 为离散相颗粒粒径；Re_p 为相对雷诺数（颗粒雷诺数），其定义为：

$$Re_p = \frac{\rho d_p |u_p - u|}{\mu} \tag{4-8}$$

阻力系数 C_D 可采用式（4－9）表示：

$$C_D = a_1 + \frac{a_2}{Re} + \frac{a_3}{Re^2} \tag{4-9}$$

对于球形颗粒，在一定的雷诺数范围内，式（4－9）中的系数 a_1 、a_2 、a_3 可近似为常数。C_D 也可采用如下的表达式：

$$C_D = \frac{24}{Re}(1 + b_1 Re^{b_2}) + \frac{b_3 Re}{b_4 + Re} \tag{4-10}$$

式中，

$$\begin{aligned} b_1 &= \exp(2.3288 - 6.4581\phi + 2.4486\phi^2) \\ b_2 &= 0.0964 + 0.5565\phi \\ b_3 &= \exp(4.905 - 13.8944\phi + 18.4222\phi^2 - 10.2599\phi^3) \\ b_4 &= \exp(1.4681 + 12.2584\phi - 20.7322\phi^2 + 15.8855\phi^3) \end{aligned} \tag{4-11}$$

式（4－10）是由 Haider－Levenspiel 得到的，其颗粒形状系数 ϕ 的定义为：

$$\phi = \frac{s}{S} \tag{4-12}$$

式中，s 为与实际颗粒同体积的球形颗粒的表面积；S 为实际颗粒的表面积。

对于亚观尺度颗粒（ d_p =1 ～ 10 微米），F_D 可定义为：

$$F_D = \frac{18\mu}{\rho_p d_p^2 C_c} \tag{4-13}$$

系数 C_c 为 Cunningham 对 Stokes 阻力公式的修正，其计算公式为：

$$C_c = 1 + \frac{2l}{d_p}(1.257 + 0.4e^{-1.1d_p/2\lambda}) \tag{4-14}$$

式中，l 为气体分子平均自由程。

4.2.2.4　附加作用力

其他作用力 F_{xo} 包括虚拟质量力、布朗力、Saffman 力及旋转坐标系引起的作用力等。

（1）虚拟质量力（Virtual Mass Force）

虚拟质量力是因颗粒周围流体加速而引起的附加作用力，它的表达式为：

$$F_{vx} = \frac{1}{2}\frac{\rho}{\rho_p}\frac{d}{dt}(u - u_p) \tag{4-15}$$

可见当 $\rho > \rho_p$ 时，虚拟质量力不可忽视。

（2）热泳力（Thermophoretic Force）

对于悬浮在具有温度梯度的流场中的颗粒，受到一个与温度梯度相反的作用力，即热泳力。热泳力 F_{Tx} 的表达式为：

$$F_{Tx} = -D_{T,p}\frac{1}{m_p T}\frac{\partial T}{\partial x} \tag{4-16}$$

式中，$D_{T,p}$ 为热泳力系数。若假定颗粒为球形，流体为理想气体，热泳力系数可采用 Talbot 得到的表达式表示：

$$F_{Tx} = -\frac{6\pi d_p \mu^2 C_s(K + C_t Kn)}{\rho(1 + 3C_m Kn)(1 + 2K + 2C_t Kn)}\frac{1}{m_p T}\frac{\partial T}{\partial x} \tag{4-17}$$

式中，Kn 为 Knudsen 数，$Kn = 2l/d_p$ ；l 为流体平均分子自由程；$K = \lambda/\lambda_p$ ，λ 为基于平动能量的流体导热率 = $(15/4)\mu R$ ，λ_p 为颗粒导热率；$C_S = 1.17$ ，$C_t = 2.18$ ，$C_m = 1.14$ ，m_p 为颗粒质量。

(3) 布朗力 (Brownian Force)

对于亚观粒子，附加作用力可包括布朗力。布朗力的分量谱密度 S_{nij} 由 Li 和 Ahmadi 给出：

$$S_{nij} = S_0\delta_{ij} \tag{4-18}$$

式中，δ_{ij} 为克罗内克尔（符号）δ 函数。

$$S_0 = \frac{216\nu k_B T}{\pi^2 \rho d_p^5 (\rho_p/\rho)^2 C_c} \tag{4-19}$$

式中，T 为气体的绝对温度，ν 为气体的运动粘度，k_B 为 Boltzmann 常数。

布朗力分量幅值为：

$$F_{bi} = \zeta_i \sqrt{\frac{\pi S_0}{\Delta t}} \tag{4-20}$$

式中，ζ_i 为独立高斯概率分布（正态分布）随机数。对每一个时间步 Δt，布朗力分量幅值 F_{bi} 要重新计算。

(4) Saffman 升力

附加作用力中也可考虑由于剪切流动引致的 Saffman 升力。Saffman 给出了该升力的一般表达式：

$$F = \frac{2K\nu^{1/2}\rho d_{ij}}{\rho_p d_p (d_{lk}d_{kl})^{1/4}}(v - v_p) \tag{4-21}$$

式中，$K = 2.594$，d_{ij} 为流体变形速度张量。该升力表达式仅适用于颗粒—流体速度差的颗粒雷诺数小于剪切层（厚度）颗粒雷诺数的平方根（$Re_p < \sqrt{\rho l|u - u_p|/\mu}$）的情形。该条件仅对亚观颗粒才有效，所以只在处理亚观尺寸颗粒的问题时考虑 Saffman 升力。

(5) 旋转坐标系引起的作用力

对于旋转流体机械的流动计算，需要使用到旋转坐标系。若 z 方向为旋转轴，则因旋转坐标系引起作用在颗粒上的 x 方向的附加力为：

$$F_{Rx} = \left(1 - \frac{\rho}{\rho_p}\right)\omega^2 x + 2\omega\left(v_p - \frac{\rho}{\rho_p}v\right) \tag{4-22}$$

式中，v 和 v_p 分别是连续相流体和离散相颗粒在 y 方向的速度。

作用在颗粒上的 y 方向的附加力为：

$$F_{Ry} = \left(1 - \frac{\rho}{\rho_p}\right)\omega^2 y + 2\omega\left(u_p - \frac{\rho}{\rho_p}u\right) \tag{4-23}$$

4.2.2.5 离散相边界条件

(1) 碰撞反弹边界条件：颗粒在碰撞处反弹而发生动量变化，变化量由反弹系数确定，如图 4-4 所示。

法向恢复系数 e_n 确定颗粒在与壁面碰撞后，其垂直于壁面方向的动量变化率（Tabakoff & Wakeman）：

$$e_n = \frac{v_{2,n}}{v_{1,n}} \tag{4-24}$$

式中，v_n 为垂直壁面的法向速度分量，下标 1、2 分别表示碰撞前后的参数。

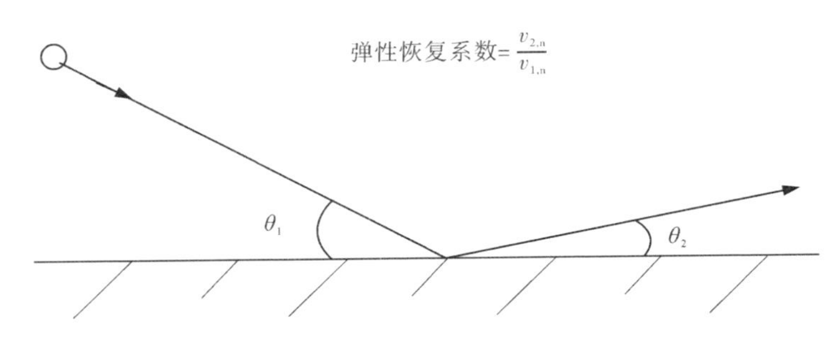

图 4-4　离散相的碰撞反射边界条件

同理，切向恢复系数 e_t 给出颗粒与壁面碰撞后壁面切线方向的动量变化率。$e_n=1$（或 $e_t=1$）表示颗粒在碰撞前后没有动量损失（完全弹性碰撞），而 $e_n=0$（或 $e_t=0$）则表示颗粒在碰撞后损失了所有的动量。

（2）捕集边界条件：颗粒在碰撞处终止。例如，液滴中的挥发性物质在此处被释放到气相中。对于蒸发型颗粒，其全部质量瞬间转化为蒸汽相，如图 4-5 所示。

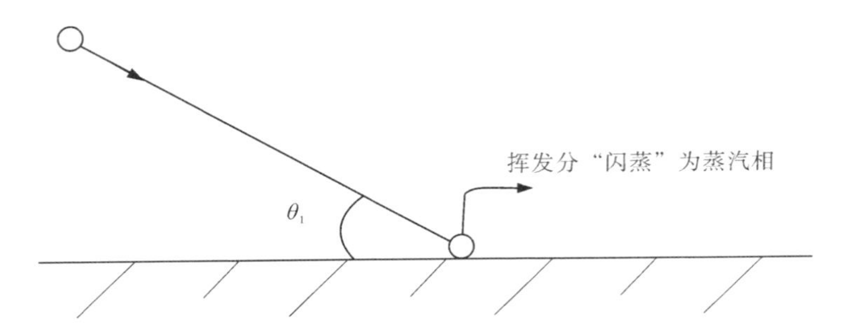

图 4-5　离散相的捕集边界条件

（3）逃逸边界条件：颗粒在碰撞处穿过壁面逃逸而终止了轨道，如图 4-6 所示。该边界条件一般应用于计算域的进、出口断面。

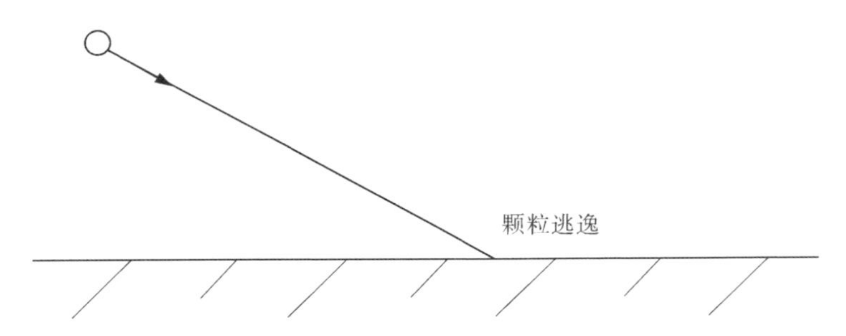

图 4-6　离散相的逃逸边界条件

4.2.3　离散相与连续相的耦合计算

4.2.3.1　一般耦合过程

如图 4-7 所示，当颗粒穿过连续相时，离散相颗粒与连续相发生质量、动量和能量交换。对本章所讨论的固相颗粒仅考虑动量交换 F_x，它是式（4-5）右边第一项与第三项之和。

$$F_x = \sum \left[\frac{18\beta\mu C_D Re}{\rho_p d_p^2 24}(u_p - u) + F_{xo} \right] \dot{m}_p \Delta t \tag{4-25}$$

式中，$\dot{m}_p$ 为颗粒质量流率，Δt 为时间步长。

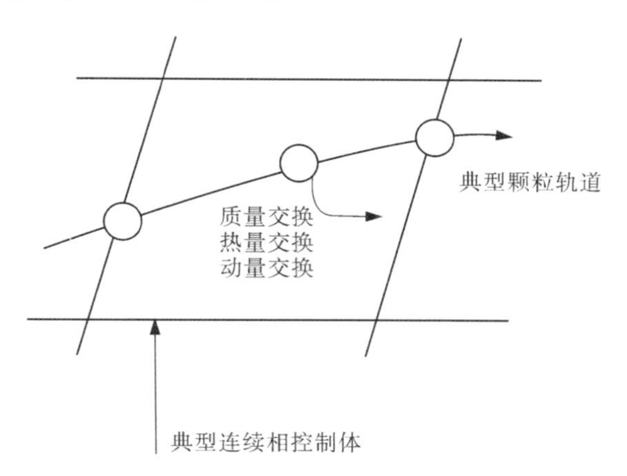

图 4－7　离散相与连续相之间的物理量交换

连续相与离散相的一般耦合计算过程如下：

步骤①：先假定计算域中不存在离散相，求解方程式（4－1）、式（4－2），得到连续相流场；

步骤②：求解方程式（4－5）、式（4－6），得到每个离散相的颗粒轨迹、体积率，从而在计算域中引入离散相；

步骤③：计算式（4－25），得到相间动量交换率并代入方程式（4－1）、式（4－2），重新计算连续相流场；

步骤④：求解方程式（4－5）、式（4－6），得到修正后连续相流场中的颗粒轨迹、体积率；

步骤⑤：重复步骤③和④，直到获得耦合收敛解。上述的一般耦合迭代过程也可用图 4－8 表示。

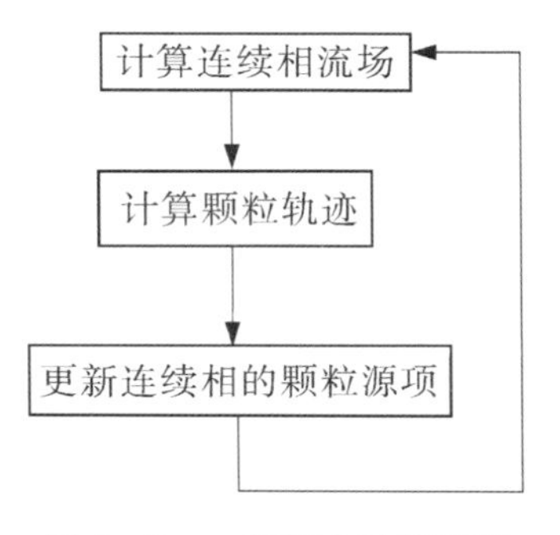

图 4－8　一般耦合计算过程

4.2.3.2　单向耦合和双向耦合

上述的离散相颗粒与连续相流体耦合方法属于一般的耦合或称为“双向耦合”。对于颗粒相较为稀疏、且单颗粒几何尺度远小于流体描述尺度的流动系统，可近似忽略不计颗粒相运动对流场的影响而仅考虑“单向耦合”。对于单向耦合，只需在上述的双向耦合中取消步骤③及以后的步骤便可得到单向耦合的过程。

4.3 DEM－CFD 耦合

DEM－CFD 耦合本质上属于欧拉—拉格朗日方法中的一种。与上述的欧拉—拉格朗日方法所不同的是，DEM－CFD 耦合中的颗粒相使用离散单元法处理。

4.3.1 离散单元法（DEM）概述

离散元法（Discrete Element Method，DEM）是一种模拟颗粒群体力学行为的数值方法，由 Cundall 在 1971 年首次提出，最初是用于研究岩土力学方面的问题，如今已经拓展到与颗粒系统有关的各个领域。离散元法的基本思想是把颗粒相看做有限个离散单元的组合，通过使用动态松弛法、牛顿第二定律和时间步迭代方法计算得到每个刚性元素的位移、速度和加速度，从而得到整个颗粒群体的运动状态。类似于方程式（4－5）和式（4－6），单个颗粒的线性运动和转动由以下方程给出：

$$\boldsymbol{F} = m\ddot{\boldsymbol{r}} \tag{4-26}$$

$$\boldsymbol{M} = J\dot{\boldsymbol{\omega}} \tag{4-27}$$

式中，m 和 J 分别是颗粒的质量和转动惯量，其中对球状颗粒，$J = \frac{2}{5}mR^2$，R 为颗粒半径；$\boldsymbol{r}$ 表示颗粒的位移矢量，$\ddot{r}$ 和 $\dot{\omega}$ 分别为颗粒的线加速度和转动角加速度；$\boldsymbol{M}$ 为转矩；$\boldsymbol{F}$ 为当前时刻颗粒所受合力，合力组成主要有两类：第一类是由颗粒与颗粒或颗粒与边界壁面碰撞产生的接触力，如弹性力和摩擦力等；第二类为附加外力，如重力、磁力和流固耦合力等。

若已知作用于颗粒上的合力，则由方程式（4－26）直接得到颗粒的加速度，再对该方程求积分便得到颗粒的速度与位移。因此，求解颗粒运动的前提条件是需要知道作用于颗粒上的合力。式（4－26）中，关于第二类的力在 4.2.2 节中已做了介绍，下面通过引入接触模型介绍第一类接触力的计算。

4.3.2 单元间接触模型

当搜索发现颗粒与颗粒或颗粒与固体表面出现接触的情况，便可通过单元间的接触模型（Interaction Law）来描述碰撞与反弹这一过程。接触模型是离散元方法的核心，它分为硬球模型和软球模型。

4.3.2.1 硬球模型

硬球模型（Hard Sphere Model，HSM）限制任意一个颗粒在任意时刻最多只能与其他颗粒中的一个发生碰撞。碰撞时不考虑颗粒之间的接触力和颗粒接触时出现的变形，颗粒的碰撞被认为是在瞬间完成，碰撞后的速度、角速度由碰撞前的速度、角速度和颗粒的恢复系数等参数直接由动量守恒定律确定，具体内容见 4.2.2.5 节中的碰撞反弹边界条件。因此硬球模型仅适用于稀疏的、高速运动的颗粒系统。

4.3.2.2 软球模型

软球模型（Soft Sphere Model，SSM）也称为离散单元法（Discrete Element Method 或 Distinct Element Method，DEM）。软球模型可考虑碰撞产生的轻微形变，颗粒的运动是由

牛顿第二定律和颗粒间的应力—应变定律来描述的，该模型允许颗粒的碰撞持续一定的时间，并可求解碰撞力随时间的变化，允许同时有多个颗粒的碰撞。因此软球模型适用于稀疏到稠密、准静态到高速颗粒流动等多种场合。DEM 中的接触力学模型有：Hertz - Mindlin 无滑动接触模型、Hertz - Mindlin 热传导模型、线弹性接触模型、Hertz - Mindlin 粘结接触模型、线性粘附接触模型、运动表面接触模型和摩擦电荷接触模型等。因颗粒—壁面碰撞与颗粒—颗粒碰撞类似，下面仅以两个颗粒碰撞为例给出几种常用的接触力学模型。

（1） Hertz - Mindlin 无滑动接触模型

两颗粒相互接触时，颗粒接触表面分子及原子间的作用力（如范德华力）会对颗粒受力产生影响，称为颗粒间的粘连作用。若不考虑颗粒间粘连力，一般采用无滑动接触模型。如图 4 - 9 所示，假设两个球形颗粒发生碰撞接触，其法向重叠量 δ_n 为：

$$\delta_n = R_1 + R_2 - |\boldsymbol{r}_2 - \boldsymbol{r}_1| \qquad (4-28)$$

式中，R_1 和 R_2 是两个球形颗粒的半径；$\boldsymbol{r}_1$ 和 $\boldsymbol{r}_2$ 是球心位移矢量。

颗粒间的法向接触力 F_n 计算式如下式：

$$F_n = \frac{2}{3}S_n\delta_n \qquad (4-29)$$

式中，S_n 是法向刚度：

$$S_n = 2E^*\sqrt{R^*\delta_n} \qquad (4-30)$$

E^* 是有效弹性模量，R^* 是有效颗粒半径。它们的表达式分别为：

$$E^* = \left(\frac{1-\nu_1^2}{E_1} + \frac{1-\nu_2^2}{E_2}\right)^{-1} \qquad (4-31)$$

$$R^* = \left(\frac{1}{R_1} + \frac{1}{R_2}\right)^{-1} \qquad (4-32)$$

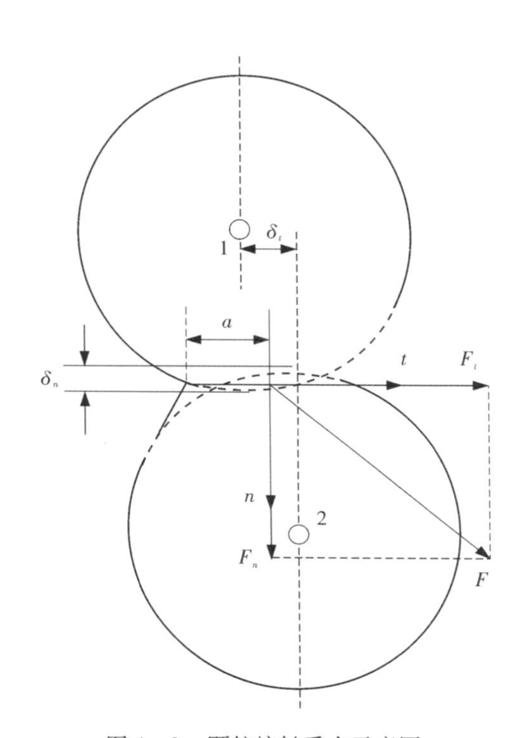

图 4 - 9　颗粒接触受力示意图

式中，E_1 和 E_2 分别是两颗粒的弹性模量；ν_1 和 ν_2 分别为两颗粒的泊松比。

颗粒间切向接触力 F_t 的计算式如式（4 - 33）：

$$F_t = S_t\delta_t \qquad (4-33)$$

式中，δ_t 是切向重叠量；S_t 是切向刚度：

$$S_t = 8G^*\sqrt{\delta_n R^*} \qquad (4-34)$$

G^* 是等效剪切模量，

$$G^* = \left(\frac{1-\nu_1^2}{G_1} + \frac{1-\nu_2^2}{G_2}\right)^{-1} \qquad (4-35)$$

式中，G_1 和 G_2 分别是两颗粒的剪切模量。

（2） Hertz - Mindlin 粘连接触模型

若模拟对象弹性模量较小且不是松散体，此时需要添加颗粒间的粘结作用，使颗粒群通过粘连作用成为一个整体，粘连力同时影响颗粒间的法向和切向力。设两颗粒在某时刻

t_a 粘连，t_a 之前两颗粒的接触模型为 Hertz－Mindlin 无滑动接触模型，t_a 时刻之后，产生法向粘连力 F_n' 和切向粘连力 F_t'，且 F_n' 和 F_t' 随着仿真时步的增加而增加，增量 $\Delta F_n'$ 和 $\Delta F_t'$ 由式（4－36）和式（4－37）给出。

$$\Delta F_n' = v_n S_n A \Delta t \tag{4-36}$$

$$\Delta F_t' = v_t S_t A \Delta t \tag{4-37}$$

式中，A 为接触区域面积；Δt 为仿真时间步长；v_n 为颗粒法向速度；v_t 为颗粒切向速度；其他符号定义与前面一致。

当 F'_n 和 F'_t 超过模型中设定的阈值后，颗粒间粘连作用破坏，粘连力消失。该模型适用于岩石及混凝土结构的仿真模拟。

（3）线弹性（Linear Spring）接触模型

线弹性接触模型（Cundall 和 Strack）是采用并联的线性弹簧和阻尼器模拟颗粒间的法向接触力：

$$F_n = k\delta_n + c\dot{\delta}_n \tag{4-38}$$

式中，δ_n 为法向重叠量，$\dot{\delta}_n$ 为颗粒法向碰撞速度。k 表示弹簧的刚度系数，c 表示阻尼器的阻尼系数，它们的公式分别为：

$$k = \frac{16}{15}\sqrt{R^*}E^*\left(\frac{15m^*\nu^2}{16R^{*1/2}E^*}\right)^{1/5} \tag{4-39}$$

$$c = \sqrt{\frac{4m^*k}{1+(\pi/\ln e)^2}} \tag{4-40}$$

式中，m^* 表示等效质量。

$$m^* = \left(\frac{1}{m_1} + \frac{1}{m_2}\right)^{-1} \tag{4-41}$$

其中，m_1 和 m_2 为两颗粒的质量；e 是碰撞恢复系数；E^* 和 R^* 分别是式（4－31）和式（4－32）定义的等效弹性模量和等效粒子半径。

（4）线性粘连（Linear Cohesion）接触模型

线性粘连接触模型是在 Hertz－Mindlin 接触模型的基础上，通过人为附加颗粒法向力和切向力来模拟颗粒间的粘连作用，即：

$$F_n = k_n A \tag{4-42}$$

$$F_t = k_t A \tag{4-43}$$

式中，F_n 和 F_t 分别是颗粒所受法向力和切向粘连力；k_n 和 k_t 分别是法向和切向粘连能量密度。

4.3.2.3　时间步长设置

在 DEM 仿真计算中，若时间步长选取过大，互相碰撞的颗粒将产生较大的重叠量，导致弹开的作用力过大，使颗粒出现乱飞不稳定的结果；但若时间步长选取过小，又会耗费不必要的计算时间。因此，时间步长的选定需要参照瑞利（Rayleigh）参数，其含义是剪力波穿过一个固相颗粒所需的时间，其计算公式如式（4－44）：

$$t_R = \pi R\left(\frac{\rho}{G}\right)^{1/2} / (0.163\nu + 0.8766) \tag{4-44}$$

式中，R 和 ρ 分别为颗粒的半径和密度；G 和 ν 分别为颗粒的剪切模量和泊松比。具体计算时，一般可选取 t_R 的10%～15%作为时间步长进行试算。

4.3.3　EDEM－Fluent 软件耦合

由于各自方法的局限性，传统的CFD或DEM方法都无法单独准确模拟复杂的固液两相流动（如图4－1所示的半解析颗粒和解析颗粒流系统）。CFD－DEM耦合方法结合了CFD和DEM各自优势，能更准确地描述颗粒的运动及其与流场的相互影响。EDEM软件是基于离散元法由英国DEM－Solutions公司开发的CAE软件，也是第一个与CFD软件（Fluent）实现耦合的DEM软件，目前已成为颗粒系统主要的分析计算工具，在工业中粉末加工、农业中物料清选、水流携带沙粒、沙尘暴以及颗粒沉降等工程和自然领域研究有广泛的应用。

4.3.3.1　时间步长的匹配

在EDEM和Fluent计算中都需要涉及时间步长，具体在EDEM－Fluent耦合计算时，需要按下面的要求匹配它们的时间步长：①Fluent的时间步长应能保证流体计算的迭代收敛；②EDEM的时间步长要满足瑞利时间步长的设定标准式（4－44），且不能大于Fluent的时间步长；③Fluent的时间步长应是EDEM的整数倍。

4.3.3.2　耦合流程

整体流程如图4－10所示。在一个时间步内，先在Fluent中进行流场计算，求解非稳态雷诺平均N－S方程及湍流模型直到迭代收敛，然后启动EDEM开始当前时间步的颗粒计算，并获取Fluent中的流场数据用以计算流体与颗粒间的相互作用力，根据牛顿动力学方程给颗粒定位。当以上步骤在EDEM中完成后，需要将固液两相间作用力反馈回Fluent中，开始下一个时间步的迭代。

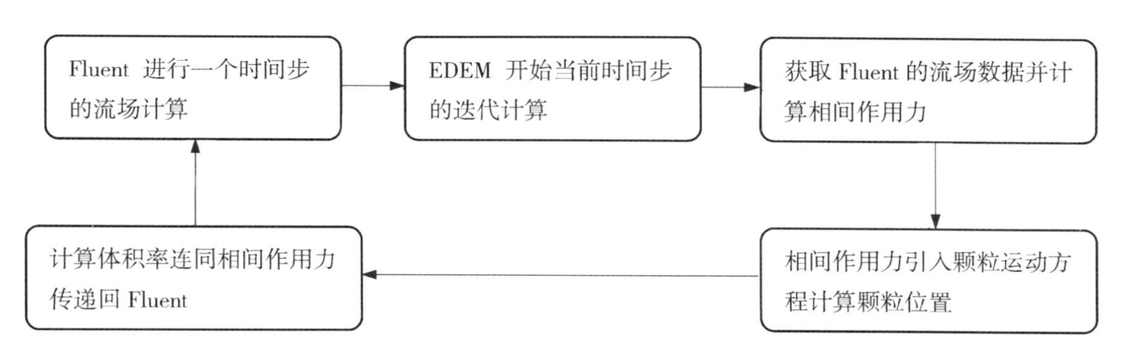

图4－10　EDEM－Fluent耦合求解过程

4.4　固液两相流磨损模型

固相颗粒对流体机械材料的磨损量 E_r 一般可表示为：

$$E_r = C(d_p)f(\alpha)\dot{m}_p\nu_p^n = E\dot{m}_p \tag{4-45}$$

式中，$\dot{m}_p$ 为固相颗粒质量流量；α 是粒子冲击角度；ν_p 为粒子撞击速度；$C(d_p)$ 是颗粒粒径、硬度和形状的函数。对于式（4－45）中的 E，Finnie提出的磨损模型有：

$$E = kf(\alpha)\nu_p^2 \tag{4-46}$$

$$f(\alpha) = \begin{cases} \sin 2\alpha - 3\sin^2\alpha & \alpha \leqslant \alpha_{max} \\ \cos^2\alpha/3 & \alpha \geqslant \alpha_{max} \end{cases} \tag{4-47}$$

式中，α_{max} 是磨损量最大的角度。

Tabakoff 的磨损模型：

$$E = k_1 f(\alpha)\nu_p^2\cos^2\alpha(1 - R_T^2) + k_3(\nu_p\sin\alpha)^4 \tag{4-48}$$

式中

$$f(\alpha) = (1 + k_2 k_{12}\sin(90\alpha/\alpha_{max}))^2$$

$$R_T = 1 - k_4\nu_p\sin\alpha\ ,\ k_2 = \begin{cases} 1.0 & \alpha \leqslant 2\alpha_{max} \\ 0.0 & \alpha > 2\alpha_{max} \end{cases} \tag{4-49}$$

系数（$i=1$, …, 4）都是与材质特性有关的经验系数。Tulsa 大学磨蚀研究中心通过对碳钢和铝的大量磨损测试，得到了包括碰撞速度、碰撞角度、材料的布氏硬度以及颗粒的形状等多参数的磨损模型。该模型是目前使用较为广泛的磨损模型之一。对于碳钢，有：

$$E = Af(\alpha)\nu_p^{1.73}B^{-0.59} \tag{4-50}$$

其中，

$$f(\alpha) = \begin{cases} a\alpha^2 + b\alpha & 0 \leqslant \alpha < 15° \\ X\cos^2\alpha\sin\alpha + Y\sin^2\alpha + Z & 15° \leqslant \alpha < 90° \end{cases} \tag{4-51}$$

A 为经验系数，$A = 1.95 \times 10^{-5}$；B 为钢材的布氏硬度；$X = 3.147 \times 10^{-9}$，$Y = 3.609 \times 10^{-10}$，$Z = 2.532 \times 10^{-9}$。对于湿润表面：$a = -3.84 \times 10^{-8}$，$b = 2.27 \times 10^{-8}$。

4.5 运用 EDEM – Fluent 耦合计算离心泵内固液两相流实例

根据有些文献综述，对于水泵内固液两相流数值模拟，一般的做法是将固体颗粒相视为拟流体，采用“双流体模型”进行计算，并取得了一些研究成果。但由于该方法的颗粒相按连续介质进行处理，从本质上削弱了固相颗粒离散结构的真实性，难以体现颗粒形状大小、相互接触碰撞等特征。

下面以工程中常用的 IS 型离心泵作为研究对象，运用 DEM 离散元法结合 CFD 方法，采用 EDEM – Fluent 软件耦合，模拟计算离心泵内非稳态固液两相流动，探索泵内固相颗粒群运动规律及其对外特性的影响。

4.5.1 计算模型和方法

4.5.1.1 介质参数

选取常温清水作为连续相。根据实际作业中水泵输送的操作参数和介质物性参数，泵入口固相体积率设置为 15%，泵体材料、颗粒物料的有关参数见表 4 – 1 所示，颗粒与颗粒和颗粒与泵体间的相互影响系数见表 4 – 2 所示。为简化计算，设定颗粒为球形，颗粒与颗粒、颗粒与泵体间的碰撞采用 4.3.2.2 节中介绍的 Hertz – Mindlin 无滑动接触模型。

表 4-1　材料属性

材料	泊松比	剪切模量/MPa	密度/（$kg \cdot m^{-3}$）	粒径/mm	泵入口体积率/%
泵体	0.30	70.0	7800		
颗粒	0.40	21.3	1500	1.0 ~ 3.0	15

表 4-2　材料的相互作用

相互作用	材料恢复系数	静摩擦系数	滚动摩擦系数
颗粒—颗粒	0.44	0.27	0.01
颗粒—泵体	0.50	0.15	0.01

4.5.1.2　流动计算域及网格划分

选取常用的 IS 型离心泵作为研究对象，其基本参数为：流量 $Q_1 = 88.5\text{m}^3/\text{h}$，扬程 $H = 14.5\text{m}$，转速 $n = 1450\text{r/m}$，叶轮进口直径 $D_0 = 125\text{mm}$，叶轮出口直径 $D_2 = 200\text{mm}$，出口宽度 $b_2 = 26.5\text{mm}$，叶片数 $Z = 6$，叶片包角 100°。流场计算域由入口管路、叶轮、蜗壳和出口管路组成。应用 Pro/E 构造流体计算域的三维模型，导入 ICEM 软件中进行计算网格划分，得到如图 4-11 所示的六面体结构网格单元，网格单元总数为 1 019 538。采用滑移网格进行水泵非定常计算，设置入口段、泵体与叶轮的交界面为滑移界面，叶轮计算域

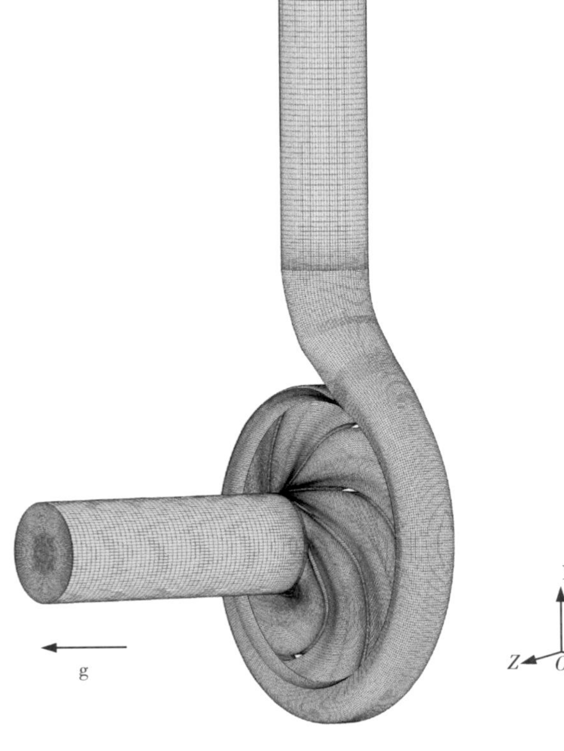

图 4-11　计算域网格单元

设在旋转坐标系，其余计算域设在静止坐标系。重力加速度为9.81m/s²，重力方向与泵进口来流方向相反。

4.5.1.3 非稳态计算方法

在非稳态计算中，假设叶轮转速恒定为常数（$n=1450\text{r/min}$）。初始状态（$t=0$）下泵内流体为静止，计算开始后固相颗粒按体积率 $\alpha=15\%$ 从泵入口恒定释放，粒径 d_p 在1.0～3.0mm范围内随机变化。流体进口边界条件按工况流量值给定，出口边界条件按压力值给定。设置流体计算时间步长 $\Delta t = 60/65nZ$，相当于小于叶轮旋转1°的时间步长。此外，EDEM－Fluent耦合计算中颗粒计算时间步长与流体计算时间步长的选取要符合4.3.3.1节要求的匹配关系。通过监测计算域固相颗粒总体积和水泵扬程 H 的谐波稳定程度判断非稳态计算是否结束。

4.5.2 计算结果及分析

4.5.2.1 固液两相泵特性随时间的变化

图4－12为通过Fluent后处理得到的固液两相泵及清水泵扬程 H 随时间 t 的变化曲线对比，两泵的液相流量相同（$Q_l=88.5\text{m}^3/\text{h}$）。由图4－12可见，在经历了一段过渡时间（约3$T$，$T$为叶轮旋转周期，$T=0.0414\text{s}$）后，输送清水和固液两相的 H 随 t 开始作稳定的谐波变化，流动进入正常工作阶段。在1T内，H出现6次峰值，与叶轮的叶片数相对应。固液泵 H 值随 t 的脉动幅度明显大于清水泵 H 值的脉动幅度，但固液泵的 H 时均值低于清水泵的 H 时均值。图4－13是通过EDEM后处理得到的离心泵计算域内固相颗粒无量纲体积 $V'_p = V_p/(V_l + V_p)$ 随时间的变化曲线，V_p 和 V_l 分别是固体和液体在泵内的体积。由图4－13可见，从初始状态 $t=0$ 到约 $t=0.3\text{s}$ 期间，进入泵内的固相颗粒体积 V_p 随时间 t 单调增加，表明此期间进入泵内的颗粒多于排出泵外的固相颗粒。此后排出泵体的固相

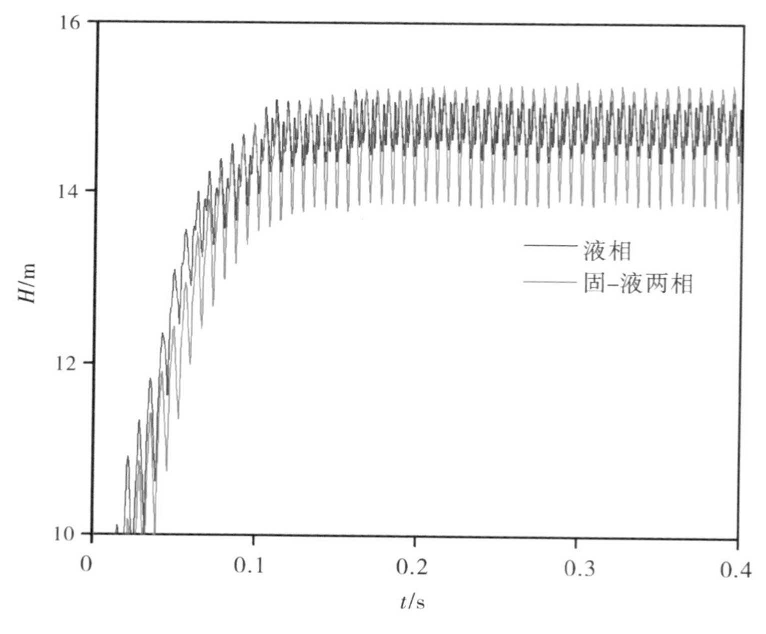

图4－12 泵 H 随时间 t 的变化

颗粒与进入泵体的颗粒大体相当，泵体内的固相颗粒达到稳定状态，体积不再增加。图4－13的意义在于通过模拟计算，可掌握泵内固相颗粒的稳定状况以达到疏导固相、避免颗粒滞留改善泵设计的目的。

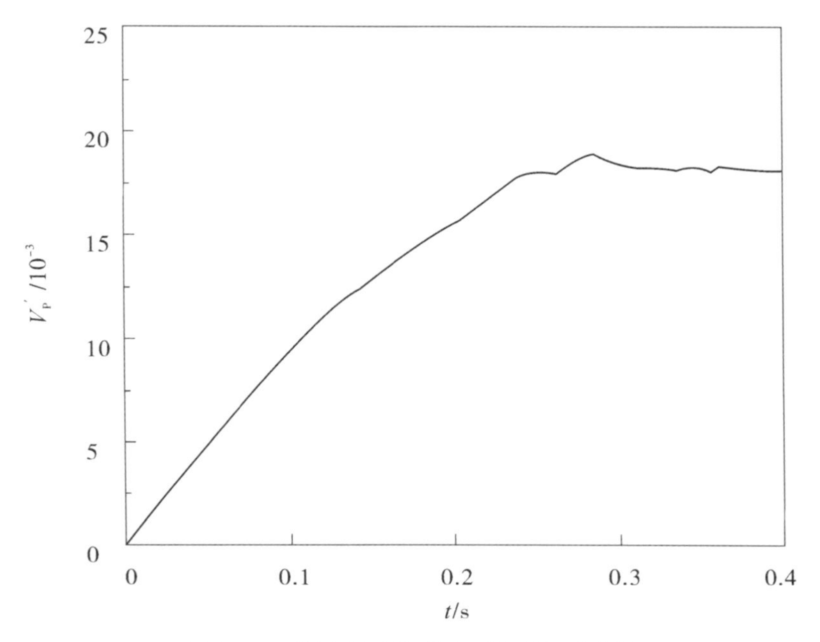

图4－13 泵内颗粒体积 V_p 随时间 t 的变化

4.5.2.2 固相颗粒群轨迹

图4－14为耦合计算得到的离心泵内固相颗粒群随时间的轨迹变化。对照图4－13的颗粒体积曲线，图4－14a～图4－14e对应的是泵内颗粒量增加阶段，图4－14f对应的是泵内颗粒稳定状态。为便于观察颗粒在核心部件叶轮和蜗壳的运动轨迹，图4－14～图4－17中均隐去叶轮进水管和蜗壳排水管部分。由图4－14可以看出：泵叶轮进水段颗粒基本均匀分布（图4－14a），进入叶轮后颗粒大体上沿着叶轮叶片工作面甩向蜗壳（图4－14b）。进入蜗壳后，少数颗粒直接从隔舌“短路”进入蜗壳出口，靠近蜗壳出口的叶轮叶片甩出的固相颗粒也以螺旋状整齐地排出泵外（图4－14c），但绝大部分颗粒还是逐渐形成主流沿着蜗壳外侧壁面向下游排出泵外（图4－14d）。重力的作用使得蜗壳外壁面聚集的固相颗粒群偏向重力方向一侧。

为更清晰地观察叶轮内的颗粒群运动轨迹，图4－15给出了叶轮的局部放大效果，其中暖色颗粒代表有较大粒径，冷色代表较小的粒径。由图4－15可见，叶轮叶片头部无论是工作面还是背面附近都聚集有固相颗粒，随后叶片背面侧的颗粒很快脱离背面靠向邻近的叶片工作面，使得颗粒总体上聚集在叶片工作面一侧，这个结果与相似离心泵的实测结论一致。约在1/3叶片长度的位置，固相颗粒开始脱离叶片工作面但仍基本保持叶片形状整齐地向下游运动。由于本计算采用了较高的泵入口颗粒浓度，颗粒之间的相互作用比较频繁，因此从图4－15中很难看出不同粒径颗粒的轨迹差异。

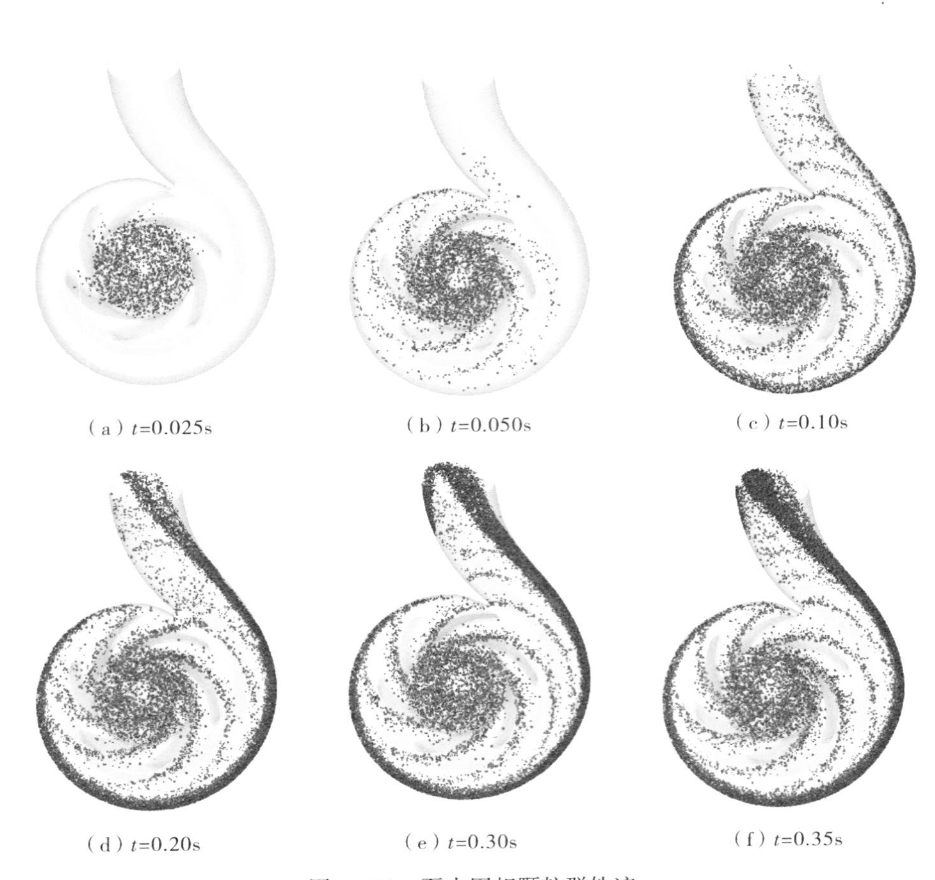

(a) t=0.025s　(b) t=0.050s　(c) t=0.10s

(d) t=0.20s　(e) t=0.30s　(f) t=0.35s

图 4－14　泵内固相颗粒群轨迹

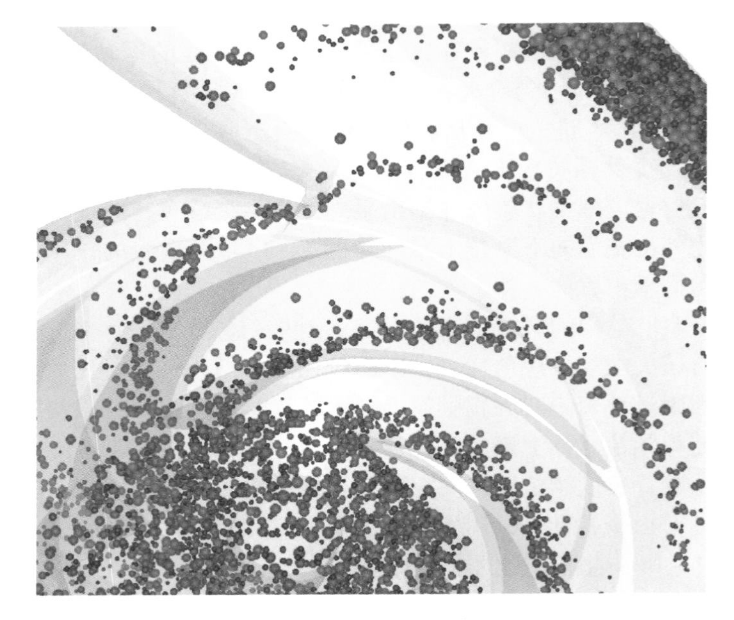

图 4－15　叶轮内固相颗粒的运动轨迹（t＝0.40s）

4.5.2.3　固液两相流速场

图 4－16 是软件后处理得到的水泵计算域内固相和液相的体积平均速度随时间的变化曲线。由此可见，当两相流动趋于稳定后，液相平均速度约为 5.7m/s，而固相的平均速度约为 4.7m/s，即两相之间存在明显的整体滑移速度。

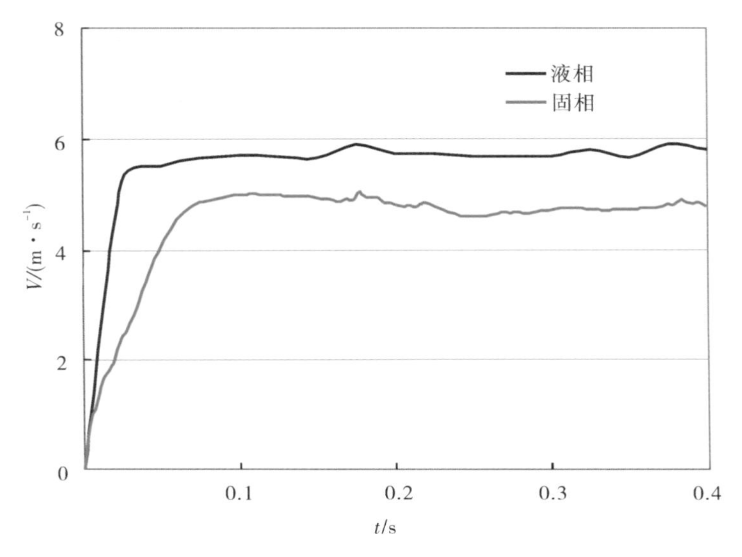

图 4－16　固相和液相的体积平均速度随时间的变化曲线

图 4－17 给出了不同时刻下泵内液相流速场（左侧）和固体颗粒相速度场（右侧）的对比情况。由此可见，对于图中各个时刻下的液相流速场都比较相似。这是由于在 $t=0.025$s 之后，水泵的液相流场已趋近稳定，其平均速度已接近稳定值（图 4－16）。由于叶轮的旋转，最高液相流速在叶轮出口附近（约为 16.4m/s）。固相颗粒在叶轮入口的速度较低（约为 2m/s）。经过叶轮加速后，固相颗粒在叶轮出口速度达到了约 10m/s。根据图 4－16 的信息，$t=0.08$s 后泵内固相的体积平均速度趋近稳定值，因此 $t=0.10$s 和 $t=0.30$s 时刻下的固相速度场显得比较相似。固液两相的最大速度差出现在叶轮进口附近，但蜗壳内两相速度差不是很明显，这是由于在蜗壳过流截面积增大，使得液相速度能大大降低并转化为压力能，而作为分散相的固体颗粒仍继续保持从叶轮出来的惯性。

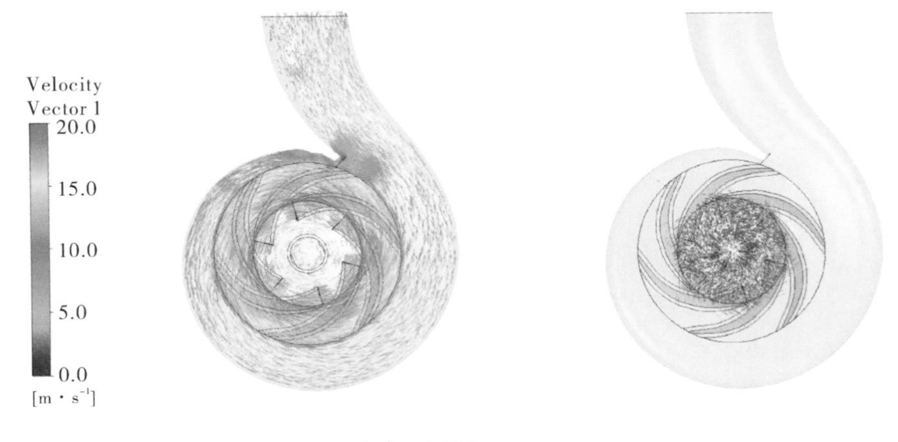

（a）t=0.025s

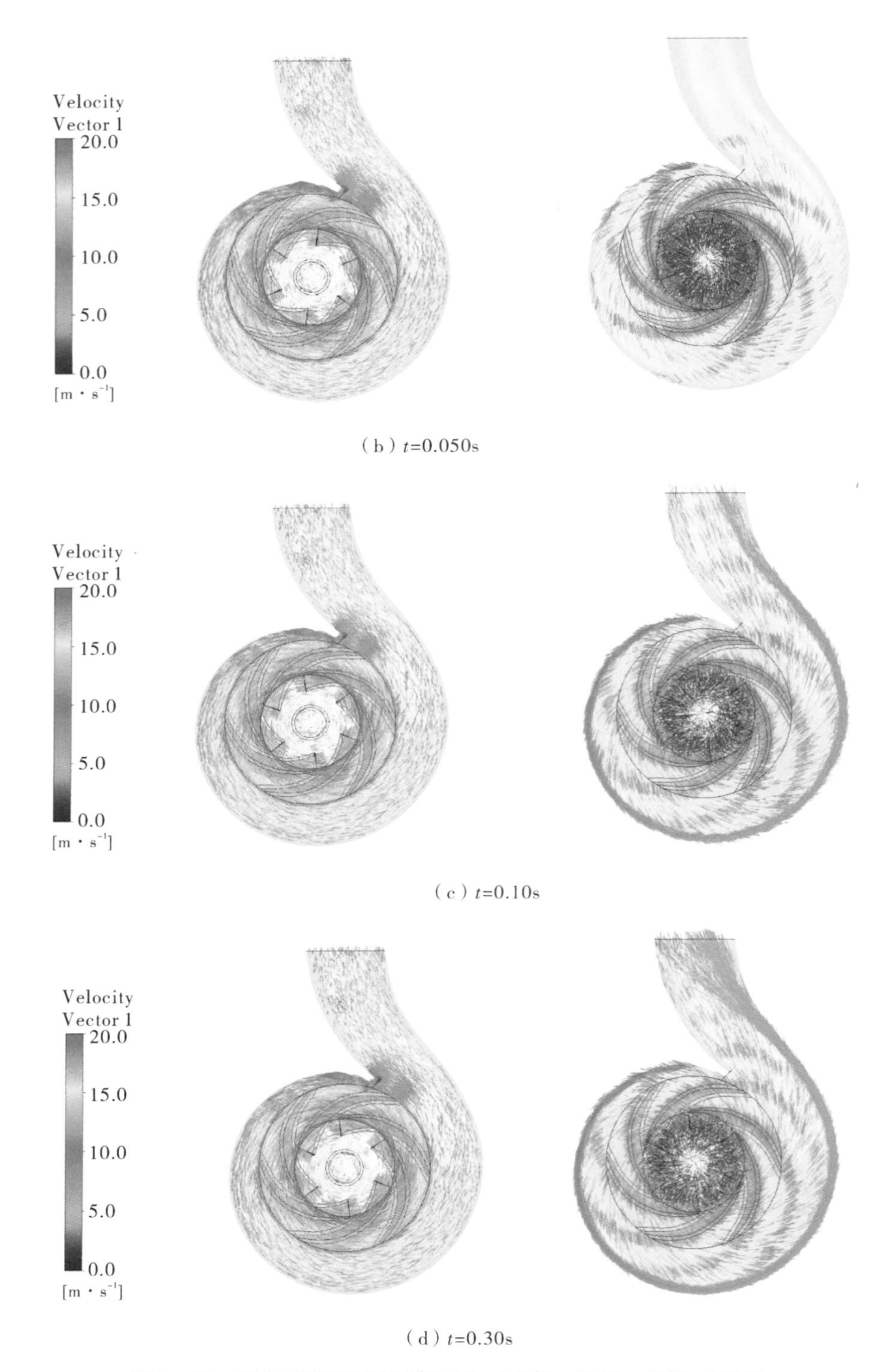

（b）t=0.050s

（c）t=0.10s

（d）t=0.30s

图 4－17　泵内固液两相流速场对比（左侧：液相；右侧：固相）

4.5.2.4　固相体积率分布

图 4－18 为耦合计算得到的稳定状态下（$t=0.35$s）蜗壳内颗粒体积率 α 分布云图。

对照图4－14f可以看出，即使稳定状态下固体颗粒群聚集在蜗壳外侧，但颗粒间隙的存在使得颗粒体积率最高值α_{max}在0.5左右，与“拟流体”的双流体模型计算结果（α_{max}一般都比较高）相比，这个结果比较客观地反映了颗粒具有大小和形状的特征。

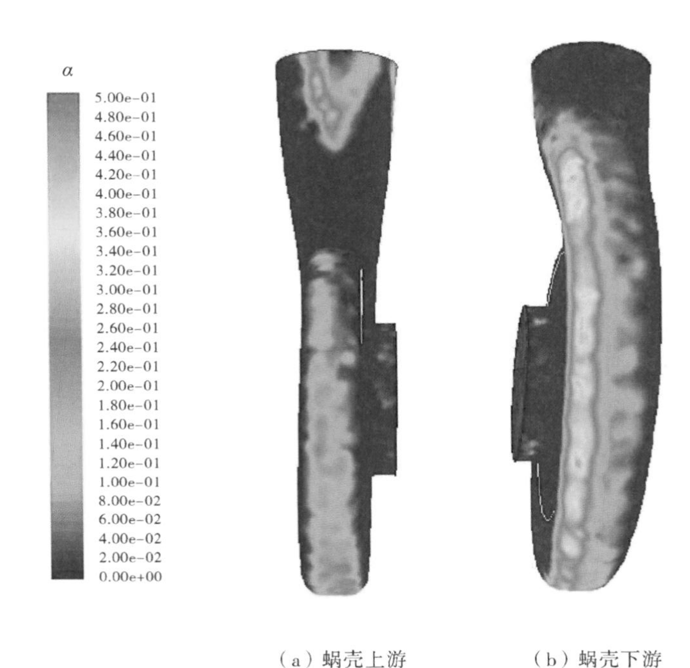

（a）蜗壳上游　　（b）蜗壳下游

图4－18　稳定状态下蜗壳内颗粒体积率分布（$t=0.35$s）

4.6　运用DPM模型计算离心泵固液两相流的磨损实例

4.6.1　计算模型和方法

本例采用4.1.3节中关于固液两相流磨损中常用的计算方法——离散相模型（DPM）结合半经验磨损模型。需要注意的是，该算法还仅适用于稀疏、小颗粒的固液两相流磨损计算，因此本算例也限于该情形的计算讨论。此外，与有些文献普遍采用定常模拟计算不同的是，这里采用了DPM非定常的流动和磨损计算，旨在更真实地反映旋转叶轮对泵内固体颗粒轨迹所产生的影响。

4.6.1.1　介质参数

选取常温清水作为连续相，球形石英沙颗粒作为离散相，固液两相流动介质的有关参数见表4－3。

表4－3　流动介质参数

介质	密度ρ/kg·m^{-3}	粒径d_p/mm	泵入口体积率α/%
水	997		
石英沙	2300	0.05，0.1，0.2	0.5，1，3

4.6.1.2　流动计算域及网格划分

选取4.5节中的IS型离心泵几何模型作为研究对象，水泵操作参数为：流量 Q_l = 194m^3/h，扬程 H =64m，转速 n =2950r/min。流场计算域由入口管路、叶轮、蜗壳和出口管路组成。使用如图4－11所示的流动计算域及网格单元。采用滑移网格进行水泵非定常计算，设置入口段、泵体与叶轮的交界面为滑移界面，叶轮计算域设在旋转坐标系，其余计算域设在静止坐标系。重力加速度为9.81m/s^2，重力方向与泵进口来流方向相反。

4.6.1.3　非稳态计算方法

在非稳态计算中，假设叶轮转速恒定为常数（n =2950r/min）。初始状态（t =0）下泵内流体为静止，计算开始后固相颗粒分别按表4－3给定的体积率和粒径从泵入口恒定释放。流体进口边界条件按工况流量值给定，出口边界条件按压力值给定。设置流体计算时间步长 $\Delta t = 60/65nZ$，相当于小于叶轮旋转1°的时间步长。通过监测计算水泵扬程 H 的谐波稳定程度判断非稳态计算是否结束。

4.6.2　计算结果及分析

4.6.2.1　固相颗粒轨迹

图4－19为固液两相流场相对稳定后泵内固相颗粒的分布情况和速度计算结果（t = 2s，α =3%）。由此可见，在颗粒较小的情况下，颗粒跟随流体的性能（简称跟随性）较好，固液相之间的速度差较小，颗粒相对均匀的分布在叶轮和蜗壳内；反之，在颗粒较大的情况下，颗粒跟随性变弱，固液相之间的速度差增加，在叶轮内颗粒集中在叶片工作面一侧，离开叶轮后颗粒则聚集在蜗壳外侧壁面。

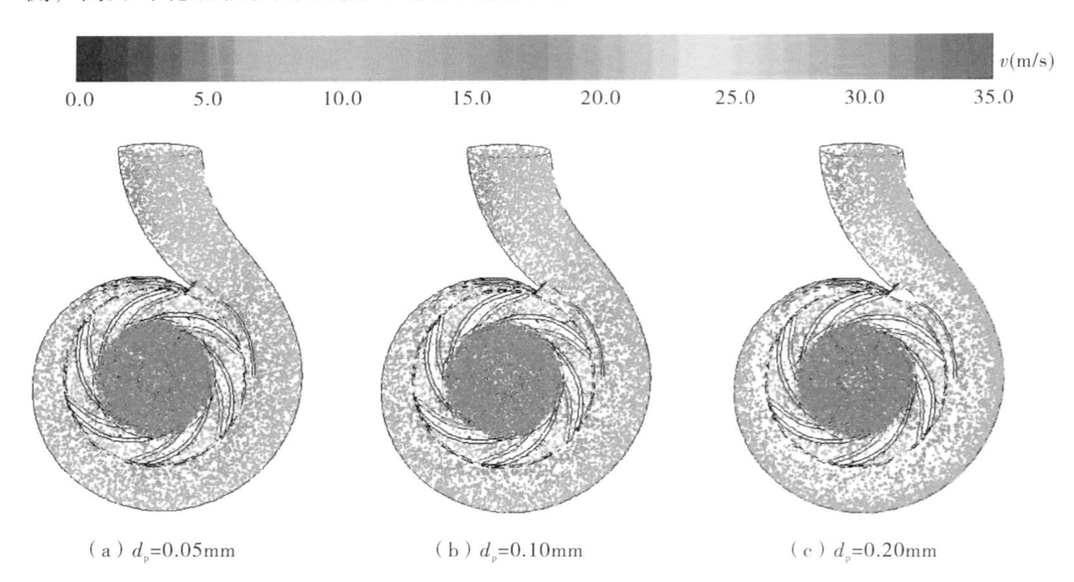

图4－19　固相颗粒轨迹和速度大小（t =2s，α =3%）

4.6.2.2　固相颗粒对水泵的磨损率

图4－20为固液两相流场相对稳定后（t =2s）泵内磨损率的分布情况。由此可见，对于叶轮而言，颗粒的磨损主要出现在叶片进出口和叶片背面与前盖板相交的路径上，颗

粒越小、跟随性越好，颗粒对叶轮的磨损就越均匀（图 4－20a），蜗壳的磨损不明显，泵内的磨损主要体现在叶轮部分。随着颗粒的增大，颗粒逐渐集中在叶片工作面一侧而偏离叶片背面，颗粒对叶轮的磨损逐渐集中在叶片进出口。颗粒离开叶轮后则逐渐聚集在蜗壳外侧壁面，泵内的磨损由以叶轮部分为主逐渐转变为以蜗壳部分为主。

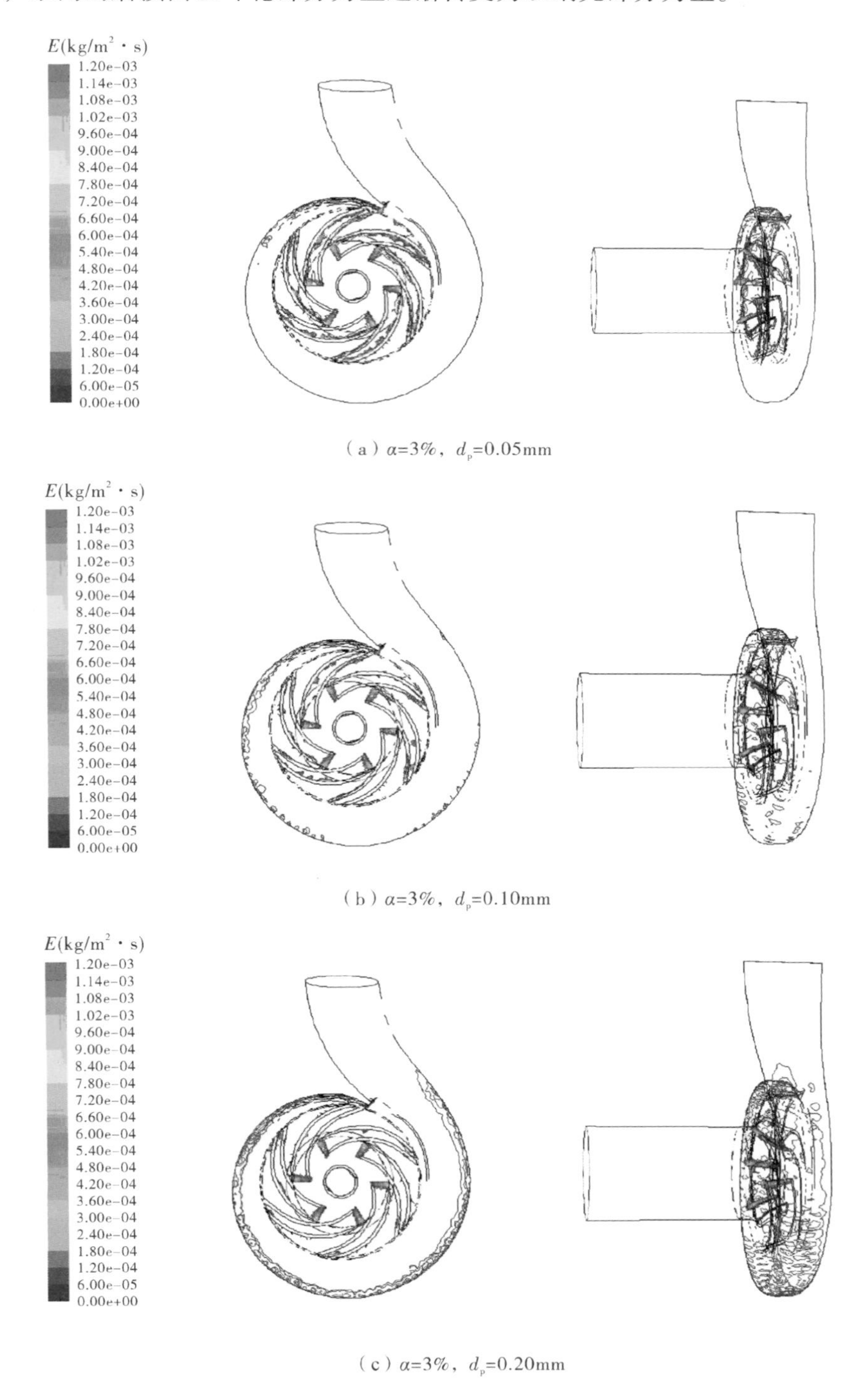

（a）α=3%，d_p=0.05mm

（b）α=3%，d_p=0.10mm

（c）α=3%，d_p=0.20mm

图 4－20　离心泵内磨损率的分布情况（t＝2s）

图 4－21 和图 4－22 分别给出后处理得到的泵内面积平均磨损率（Erosion in Area－

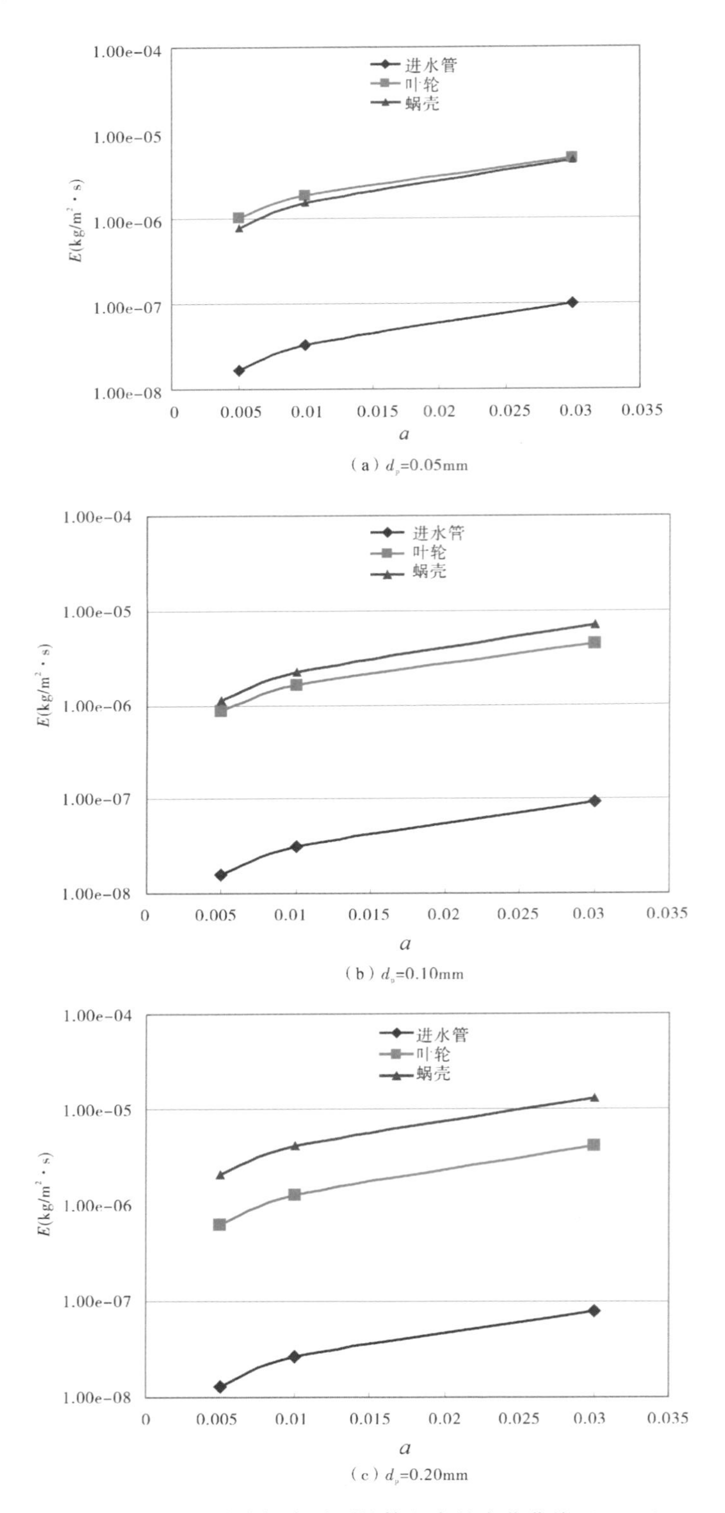

（a）d_p=0.05mm

（b）d_p=0.10mm

（c）d_p=0.20mm

图 4－21　平均磨损率随颗粒体积率的变化曲线（$t=2\mathrm{s}$）

Weighted Average）随泵进口颗粒体积率和颗粒粒径的变化曲线（$t=2s$）。由图4－21可见，无论是进水管、叶轮还是蜗壳，平均磨损率随泵进口颗粒体积率的增大而增加。在叶轮部分（图4－22a），平均磨损率随着颗粒粒径的增大而减少；而在蜗壳部分（图4－22b），平均磨损率随着颗粒粒径的增大而增加，这些结果与图4－20观察到的情况是一致的。但总体上，离心泵的平均磨损率随着颗粒粒径的增大而增加（图4－22c）。

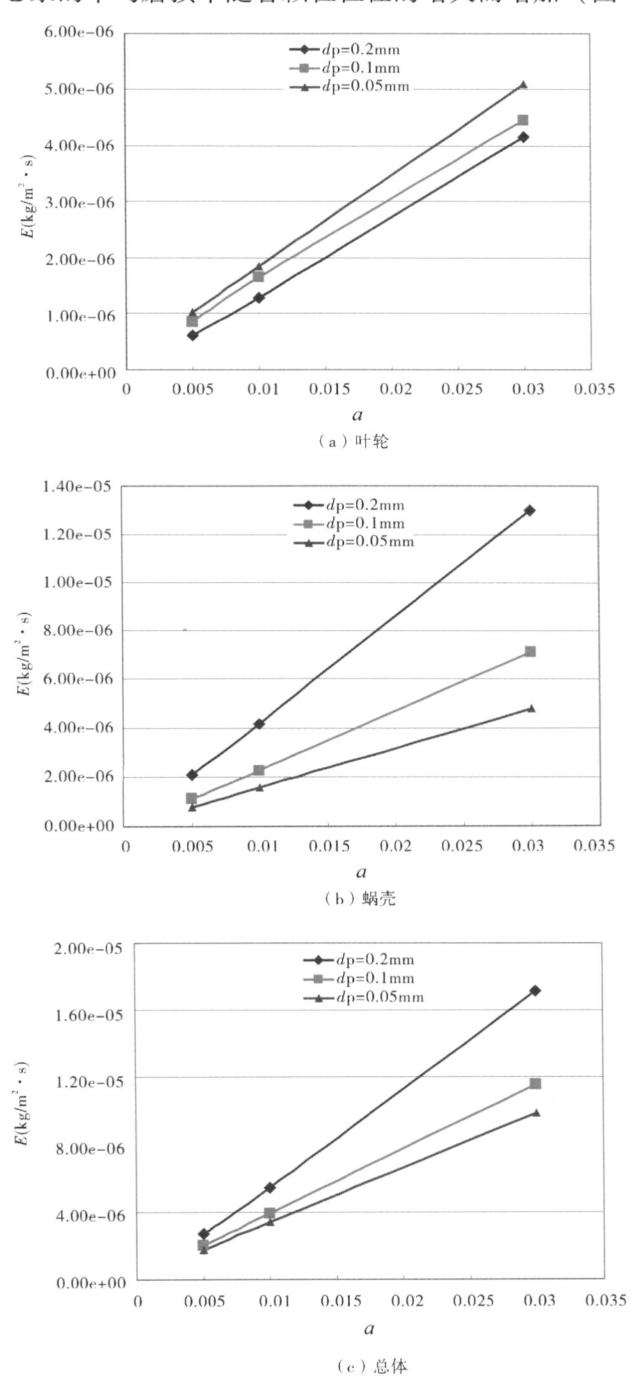

（a）叶轮

（b）蜗壳

（c）总体

图4－22　平均磨损率随颗粒粒径的变化曲线（$t=2s$）

4.7 本章小结

本章主要介绍了以欧拉—拉格朗日方法为基础的固液两相流模型及其两相流泵磨损的模拟计算方法，给出了离散相粒径分布、运动方程、作用在颗粒上的阻力和附加作用力、离散相边界条件、离散相与连续相的耦合计算，引入离散单元法 DEM 和 CFD 耦合方法。作为实例，本章给出了运用 DEM - CFD 耦合（EDEM - Fluent 软件耦合）的离心泵内固液两相流仿真实例，得到了固液两相泵特性随时间的变化，稠密固相颗粒群轨迹、固液两相流速场和固相体积率分布。在固相颗粒对离心泵材料的磨损仿真实例中，运用离散相模型（DPM）结合半经验磨损模型进行非稳态计算，计算得到了稀疏小颗粒的固相颗粒在离心泵内的运动轨迹及其对水泵的磨损率，得到了颗粒浓度、颗粒粒径对水泵各部分元件磨损率的影响规律。

5　多相介质的分离和混合

在第3章和第4章关于多相流动理论和计算方法的基础上，本章进一步探讨多相介质的分离和混合数值仿真问题，其中多相介质分离属于静态的离心沉降问题，而多相介质混合则属于机械搅拌问题。

5.1　多相介质分离

5.1.1　概述

分离技术广泛应用于石油化工、能源、煤矿、医药、食品等行业。分离的对象一般是多相或多组分物质，包括悬浮液、乳浊液、固体颗粒等多种混合物介质。悬浮液是由液体和悬浮于其中的固体颗粒组成的系统，液相为主相（或称为连续相），固体颗粒为副相（或称为离散相）。乳浊液主要是指液—液相组成的非均匀混合物，主液体相为连续相，其他液体相为副液相（或称为离散相、非连续相）。例如在油水混合物中形成水包油时，水为主液相，油为离散相。当乳浊液两相浓度发生变化时，主液相与副液相可以相互转换。分离的目的是根据不同要求对上述的分离对象进行定向分离，例如在选矿、制药、制糖、食品工艺中去除液相、留下需要的固相，而在造酒、制药、榨油等工艺中则是去除固相、获得有用的液相。

分离方法主要有物理方法、化学方法和电学方法（电解与电离），其中物理方法包括机械分离方法（离心沉降过滤）和比重沉淀方法。物理方法的分离原理是在场外力的作用下，混合物中各相由于质量不同产生“相重差”，从而得到分离。这里所讨论的分离指的就是利用机械能将混合介质分离的过程，研究的对象是流体介质或以流体介质为主的分离机械设备，包括动态的旋转分离机和静态的水力旋流器。由于旋转分离机内的多相介质流动仿真问题与第3章、第4章所讨论的内容基本相似，因此本章仅讨论静态水力旋流器内多相介质分离的仿真问题。

5.1.2　水力旋流器工作原理

水力旋流器是利用两相体系中的密度差和离心力实现混合物分离和分级的一种设备。与其他离心分离设备和重力沉降分离设备相比，水力旋流器具有占地少、处理量大、分离效率高、分离速度快、无运动部件等优点，被广泛地应用于国民经济的各部门和行业。下面以固液水力旋流器为例说明水力旋流器的工作原理。如图5-1所示，料浆在压力输送下，经给料管进入水力旋流器圆筒做旋转运动，固体颗粒在液流的携带下也做高速旋转。在运动过程中，体积大、密度大的固体颗粒由于受到的离心力大，逐步向器壁迁移，而细小的颗粒则逐渐向轴线附近迁移。运动稳定后，大粒径、高密度的固体颗粒占据了外层较大半径的轨道，密度和粒径中等的颗粒占据中间层的轨道，而粒径小、密度小的颗粒则占据最内层的轨道。同时，在强大的离心力的作用下，水力旋流器轴线附近会形成负压，外部空气会从底部出口和顶部出口进入，形成空气柱。在空气柱的带动下，占据内层轨道的细小颗粒会随着空气柱上升，从顶部出口（溢流口）排出，形成溢流；外层轨道颗粒则从底部出口（底流口）排出，形成底流。

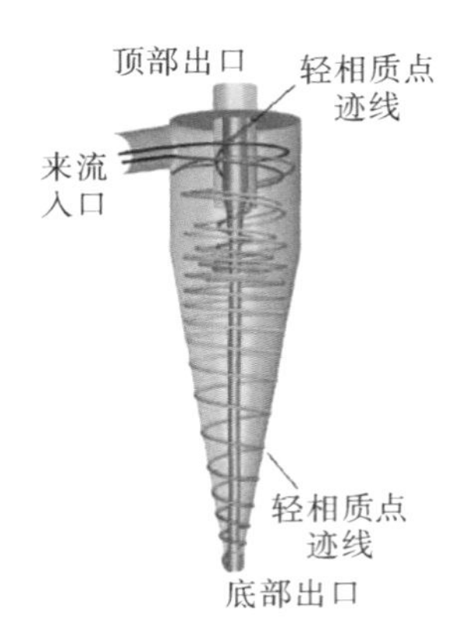

图 5－1　水力旋流器的工作原理

基于以上原理，根据行业的不同，水力旋流器的应用场合也不同，其内部结构也各异。但是，其功能不外乎有以下几点：①分离：实现固、液混合物中固体颗粒的分离，从底流产物得到粗颗粒产物或从溢流中得到精细颗粒产物；②分级：按固体颗粒粒径分级，得到不同粒径的固体产物；浓缩和提纯，从底流产物中的高浓度的产品或作为下一步提纯的预处理；③澄清：实现尾矿、污水中杂质的分离等。

5.1.3　分离性能参数

在实际生产中，如何评价水力旋流器的分离效果及设计的合理性，就牵涉到水力旋流器分离性能的评价指标问题。一般来讲，水力旋流器的分离性能评价指标（或性能参数）主要有以下几项。

5.1.3.1　分离效率

分离效率是衡量水力旋流器性能的最重要指标，它反映了一定结构的水力旋流器对特定固体颗粒的分离能力。对于水力旋流器而言，被分离的固体颗粒从底流口排出。因此，分离效率定义为底流口分离出的固体颗粒质量流量占入口固体颗粒质量流量的百分数比，即：

$$\eta = \frac{\dot{m}_{su}}{\dot{m}_{si}} \tag{5-1}$$

其中，η 为分离效率；$\dot{m}_{si}$ 为入口颗粒的质量流量，单位 kg/s；$\dot{m}_{su}$ 为底流口颗粒的质量流量，单位 kg/s。

式（5－1）是分离效率的直观表示。但是，水力旋流器作为离心分离设备，当旋流速度很小时，它已经不具备分离能力，而只起到三通的作用，分离效率为零。根据式（5－1）计算出来的分离效率却不等于零，这是不符合实际情况的。所以，在计算分离效率时，就必须考虑旋流器的这种分流作用。为此，在水力旋流器的分离效率计算和讨论中，引入了 Kesall 修正效率的公式。

$$\eta_c = \frac{\eta - n}{1 - n} \tag{5-2}$$

其中，n 是分流比，表示底流排出混合物的体积流量与进口体积流量比，计算公式如下：

$$n = \frac{Q_u}{Q_i} \quad (5-3)$$

式中，Q_i 为入口混合物的体积流量；Q_u 为底流口混合物的体积流量。

5.1.3.2 级效率

根据水力旋流器的工作原理可知，水力旋流器的分离效率除了与其结构参数、操作条件、物料密度与粘度等因素有关外，还和固体颗粒的粒度有关。由于实际中的固体颗粒都不是单一粒径，而是具有一定粒度分布性质的不同粒度的混合物，因此，单纯用分离效率或修正分离效率表示水力旋流器的分离能力，不能体现出水力旋流器对不同粒度的颗粒的分离能力，为此引出（分）级效率的概念。

对于水力旋流器，假定进口料液中的固相为单一粒径的颗粒，测定其分离效率，颗粒的粒度发生变化时，分离效率也发生变化。分离效率随固相颗粒粒径变化的曲线就叫做级效率曲线。与分离效率对应的是级效率曲线；与修正分离效率对应的是修正级效率曲线。

5.1.3.3 分离粒度

分离粒度是评价水力旋流器的性能重要指标之一。在正常的操作条件下，水力旋流器能够分离的固体颗粒愈小，其分离能力就愈强。对于分离工艺来说，这也是越希望得到的。为了简捷地表示旋流器的分离能力的大小，通常使用分割尺寸来描述。

分割尺寸表示的是级效率曲线上某一特定分级效率点所对应的粒径。通常人们采用级效率曲线或修正级曲线上分离效率为50%时所对应的离散相颗粒的粒度，分割尺寸简记为 d_{50}，称为分离粒度。与级效率和修正级效率的关系类似，修正级效率为50%对应的粒度称为修正分离粒度，记为 d_{50c}。

5.1.3.4 压降

水力旋流器将压力能转变为固、液两相的动能，形成高速旋流从而实现固液分离。在工作过程中，能量损失是不可避免的。根据能量损失形式，有流体与水力旋流器壁由于粘性力作用而造成的摩擦损失；有入口处面积突然扩大造成的射流阻力损失；有入口直线运动突变为旋流运动造成的局部阻力损失；有水力旋流器内部湍流动能耗散损失等。

压降的高低反映了水力旋流器对能量消耗的大小，因此压降也是水力旋流器性能的一个重要衡量指标。水力旋流器的压降指进口处压力与出口处的压力差。忽略重力的影响，可知流体通过水力旋流器后的能量损失为：

$$\Delta E = E_i - E_o - E_u = \left(\frac{1}{2}\rho v_i^2 + p_i\right)Q_i - \left(\frac{1}{2}\rho v_o^2 + p_o\right)Q_o - \left(\frac{1}{2}\rho v_u^2 + p_u\right)Q_u \quad (5-4)$$

其中，E_i、E_o、E_u 分别为进口、溢流、底流口的总能量；Q_i 为生产能力，单位 m^3/s；Q_o、Q_u 分别为底流和溢流流量，单位 m^3/s；p_i、p_o、p_u 分别为进口、溢流口和底流口处的静压，Pa；v_i、v_o、v_u 分别为进口、溢流口和底流口处的流速，单位 m/s；ρ 为流体密度，单位 kg/m^3。

5.1.4 水力旋流器的数值仿真研究现状

随着CFD技术的迅速发展，水力旋流器的研究从之前理论和实验研究为主也开始转向计算机数值模拟，CFD数值仿真模拟已经成为水力旋流器流场研究和性能预测的重要手段。

水力旋流器内部流动非常复杂，表现在强烈旋流下湍流应力为各向异性。Boyson 等首先用 CFD 技术手段采用将 k－ε 模型和代数应力方程相结合的具有湍动各相异性的代数应力模型（ASM）对旋流器进行了二维的模拟。

近年来，研究人员分别采用 k－ε 模型、RNG－k－ε 模型和 RSM 模型对旋流分离器进行了大量的 CFD 模拟研究，并与 LDV 流场测量结果对比，发现 k－ε 模型、RNG－k－ε 模型等各向同性的湍流模型精度较差，不适用于强旋流动，而各向异性的雷诺应力输运模型的精度较好。研究人员还从旋流器中心剖面压强和密度分布中找到空气柱形状，发现只有 RSM 模型能模拟得到较完整的空气柱形状。也有研究者在考虑旋流器内部空气柱和外界环境压力的影响下，采用雷诺应力湍流模型、VOF 模型、混合多相流模型以及拉格朗日颗粒追踪模型和 DPM 模型，对旋流器内液固两相流场进行了模拟计算。还有学者采用大涡模拟方法对旋流器内部流场进行了数值计算。总之，在水力旋流器的模拟仿真中采用各向异性的湍流模型已基本成为主流。

作者使用多相流的双流体模型结合各向异性的雷诺应力湍流模型，模拟计算水力旋流器内液液、固液分离过程并预测分离效率，展示了两相介质由开始的均相来流如何在旋流器内逐渐分离、聚合、迁移的过程，在 5.3 中将给出固液分离算例的计算方法和结果分析。

5.2 多相介质的搅拌混合

搅拌混合操作是工业反应过程的重要环节，它的原理涉及搅拌介质的动量传递、传热、传质及化学反应等多种过程，被广泛应用于化工、冶金、医药、食品和饲料等领域。搅拌混合使用的搅拌器是向搅拌介质输入机械能量的流体机械。搅拌能量和多相介质流场一直是搅拌过程所研究的主要课题。

5.2.1 搅拌叶片的种类和功能

在对物料的搅拌操作中，人们希望实现多种搅拌目的，因此了解各种搅拌器的特点、选择适宜的叶轮形式、设计出符合流动状态特性的搅拌器是非常重要的。为了区分搅拌桨叶排液的流向特点，根据主要排液方向，按圆柱坐标把典型桨叶分成径向流叶轮和轴向流叶轮。

图 5－2 给出了几种常见的搅拌器叶轮。径向旋桨式叶轮、平叶桨式叶轮、直叶圆盘涡轮式叶轮和弯曲叶涡轮式叶轮在无挡板搅拌槽中除了使介质产生与叶轮一起回转的周向流外，还形成强有力的径向流，故称这些叶轮为径向流叶轮。径向流叶轮搅拌器旋转时，物料由轴向吸入再径向排出，叶轮功率消耗大，搅拌速度较快，剪切力强。轴向旋桨式叶轮（也称推进式叶轮）除了产生周向流动外，还产生较强的轴向流动，是典型的轴向流叶轮。螺带式和螺杆式叶轮使高粘度物料产生轴向流动，也属轴向流叶轮形式。与径向流叶轮相比，轴向流叶轮单位功率产生的流量大，剪切速率小。

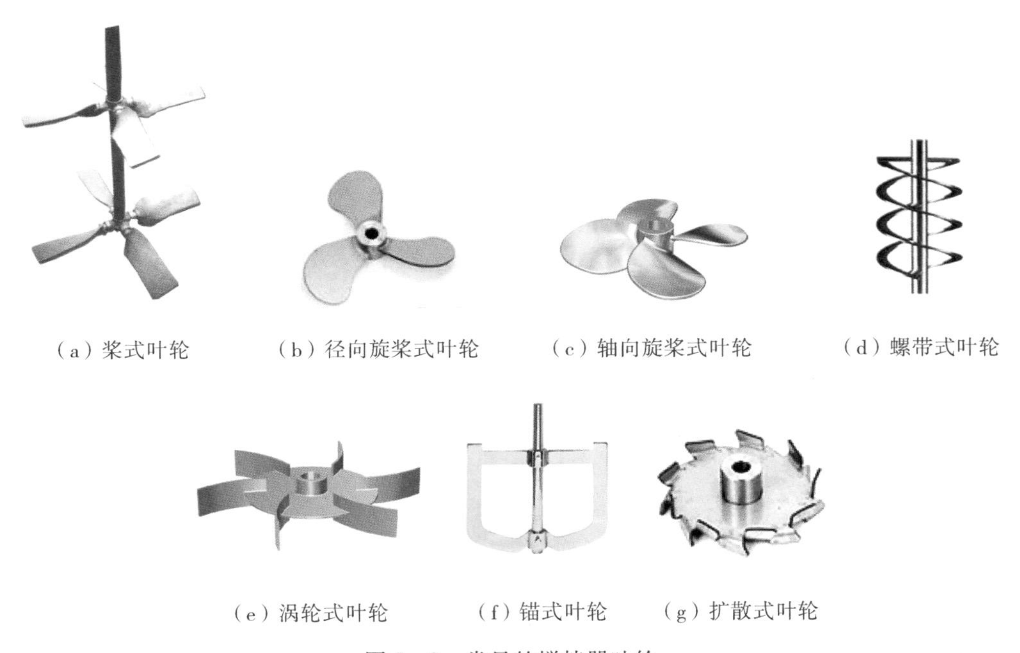

(a) 桨式叶轮　(b) 径向旋桨式叶轮　(c) 轴向旋桨式叶轮　(d) 螺带式叶轮

(e) 涡轮式叶轮　(f) 锚式叶轮　(g) 扩散式叶轮

图 5-2　常见的搅拌器叶轮

5.2.2　混合性能评价指标

在实际生产中，混合性能评价指标主要有以下几项评定。

5.2.2.1　混合效率

混合效率通常采用测定混合时间及所需搅拌功率的方法。通过测定或计算一定功率输入条件下混合时间的长短，或指定时间内达到指定的混合程度所消耗功率的多少来实现。若根据混合时间来评定，则混合效率定义为：

$$T' = \omega \cdot T \tag{5-5}$$

式中，T' 为无量纲的混合时间；ω 为搅拌转速；T 为完全混合时间。

5.2.2.2　混合能

通常采用在一定时间内达到完全混合时单位体积流体所消耗能量的多少即单位体积混合能来衡量混合效率，其无量纲混合能 C 表达式为：

$$C = \frac{W_V T}{\mu} \tag{5-6}$$

式中，W_V 为单位体积混合能，单位 J/m^3；μ 为粘度，单位 Pa · s。由于通常是在相同流体、相同混合时间前提下评价不同搅拌器的混合性能，所以 C 常用作比较混合效率的指标，称为混合效率，数值越小说明混合效率越高。

搅拌混合技术的核心任务是要了解对于某类混合需要怎样的流场，使用怎样的叶轮以及用怎样的操作方式以最小的能耗达到预期的混合效果。评价一种搅拌设备的混合效果时，可以使用很多测试手段测量搅拌能耗、传热能力、混合速率和混合效率等，但最基本的评价手段在于考察搅拌混合设备内的流场。

5.2.3 多相介质搅拌混合数值仿真研究现状

采用 CFD 方法对搅拌反应器内的多相介质性能进行研究，模拟和预测不同几何尺寸和操作条件的搅拌槽中的流动和混合特性，是流体混合技术的发展趋势。一些学者对搅拌槽内的气液流动进行模拟，给出不依赖实验数据的模型，对搅拌槽内的气液两相流动采用多参考系处理叶轮和挡板之间的相对运动，用湍流双流体模型计算流体流动。结果表明此模型能较好地描述流体速度、气液分散和搅拌槽内的气泡尺寸。对于液液两相介质搅拌问题，作者以油和水两种液体作为模拟实例，应用双流体模型对搅拌器中两相介质的混合过程进行了模拟计算，在 5.4 中将给出该算例的计算方法和结果分析。

CFD 最重要的应用还是对流场的分析，可以了解在不同搅拌桨的形式、尺寸、搅拌介质等条件下，流场对混合、悬浮和分散等过程的影响。流动和能耗等参数的计算可视化，使用户可以直观地了解搅拌槽内的混合情况、帮助用户发现搅拌系统中存在的问题、指导用户改进搅拌器的设计、消除搅拌死区、确定加料口位置等。例如有些学者将混凝土搅拌筒中搅拌介质（石子与泥浆）的流固多相处理成密度不同的双流体介质，完成了搅拌筒在各种设计参数条件下多相流场的数值模拟。从而为混凝土搅拌筒的设计提供了量化和可视化的依据。

5.3 水力旋流器固液两相分离模拟实例

下面给出一个在软件 Ansys - CFX 中使用双流体模型模拟计算水力旋流器内固液两相流的算例。

5.3.1 旋流器的操作工况及介质参数

本例的水力旋流器主要用于油田油水混合物的砂粒分离，其有关参数如表 5 - 1 所示。

表 5 - 1 水力旋流器的工况及介质参数

工作介质	处理量	液相密度	砂粒密度	来流砂粒体积率	分离粒度
油水砂	$Q/\ m^3 \cdot h^{-1}$	$\rho_l\ /kg \cdot m^{-3}$	$\rho_s\ /kg \cdot m^{-3}$	α	$d_p\ /\mu m$
	2 ～ 2.5	1000	2645	0.1% ～ 10%	$d_{50c} \leqslant 50$（清水）

5.3.2 计算模型

水力旋流器的结构参数主要包括圆柱段直径及长度、入口结构形式及截面参数、溢流管结构及参数、底流口直径、圆锥段角度等结构和尺寸。本算例的水力旋流器入口为矩形截面、渐缩型切向结构。为便于计算后处理，在水力旋流器中，以柱段顶面为起点$y=0$，分别取 y_1、y_2、y_3、y_4、y_5五个垂直于轴线的横截面，如图 5 - 2 所示。

5.3.3 几何建模及网格划分

利用 Pro/E 软件对旋流器内部流动域进行实体建模，然后使用软件 ICEM 对所建立的三维模型进行网格划分。为保证计算精度，采用结构网格划分得到如图 5 - 3 所示的六面

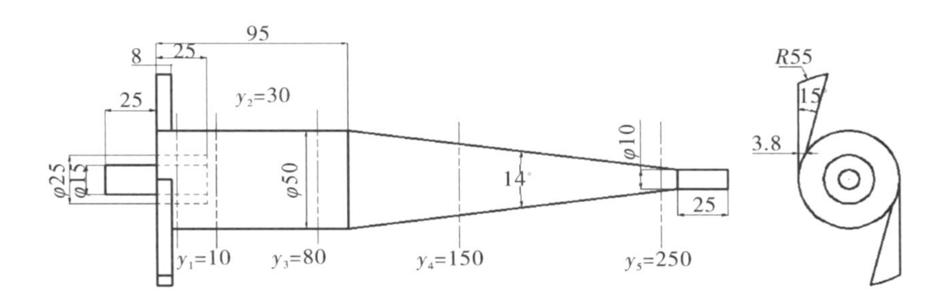

图 5－2　水力旋流器结构

体结构化网格。图 5－4 是软件 ICEM 对网格质量检查的结果。

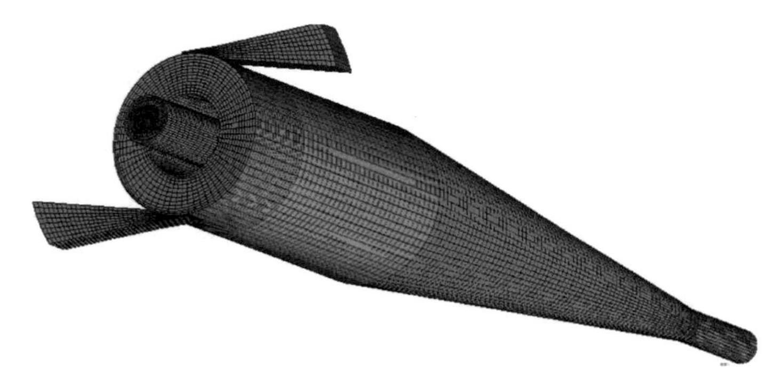

图 5－3　水力旋流器计算域的结构化网格

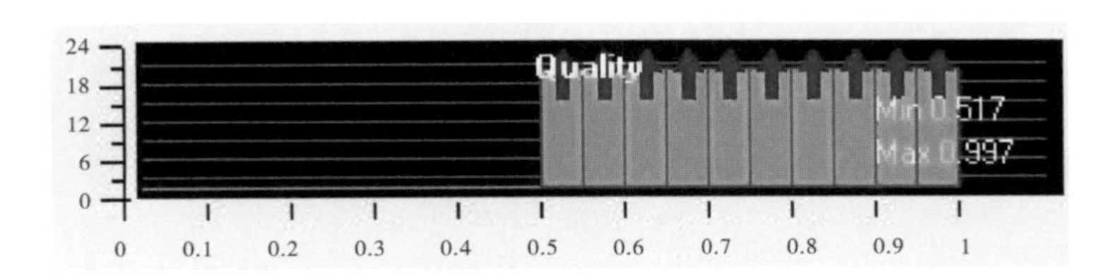

图 5－4　计算网格质量检查结果

5.3.4　计算域及边界条件

5.3.4.1　计算域

在模拟计算中，需要分别对固、液相进行设置。固、液两相的物性参数可以自己创建，也可以直接调用软件数据库中的材料，根据需要修改部分参数即可，通过修改固相粒径来模拟不同粒度的固相颗粒。

在两相模型设置中，将水设置为连续流体相，固体颗粒设置为离散固相。设置流体连续相的湍流模型为 SSG RSM 模型，这是改进后的雷诺应力湍流模型，设置离散颗粒相的湍流模型为离散相零方程模型（Dispersed phase zero equation model）。近壁处的流动使用标准的壁面函数。

5.3.4.2　边界条件

边界条件为：①进口：将进料口设置为质量入口，分别赋予固、液两相的质量流量值及其体积分数。②出口：将出口边界设置为压力出口边界，压力为0（表压）。③壁面条件：将壁面设置为无滑移流动，壁面粗糙度按旋流器内表面的加工情况设置。

5.3.4.3　求解器设置

在求解器设置中主要设置求解的差分格式、计算的迭代步数、时间步长、收敛精度等。本算例的差分格式选择混合差分格式，并指定混合因子为0.5。混合差分格式是介于二阶迎风格式和高精度格式之间的一种差分格式，当混合因子为0时为迎风格式；混合因子为1时，则为高精度格式，计算残差收敛指标设置为10^{-4}。

5.3.5　计算结果及分析

5.3.5.1　流场分布

按照以往的实验观测，水力旋流器内部存在近壁面的外旋流和溢流管附近的内旋流。本算例也计算得到了内旋流和外旋流两种流型。图5-5和图5-6以液相粘度10mPa·s、固体颗粒体积分数10%、粒径75μm为例（如无特别说明，以下均以此工况讨论），给出了水力旋流器内三维和轴截面流线分布。

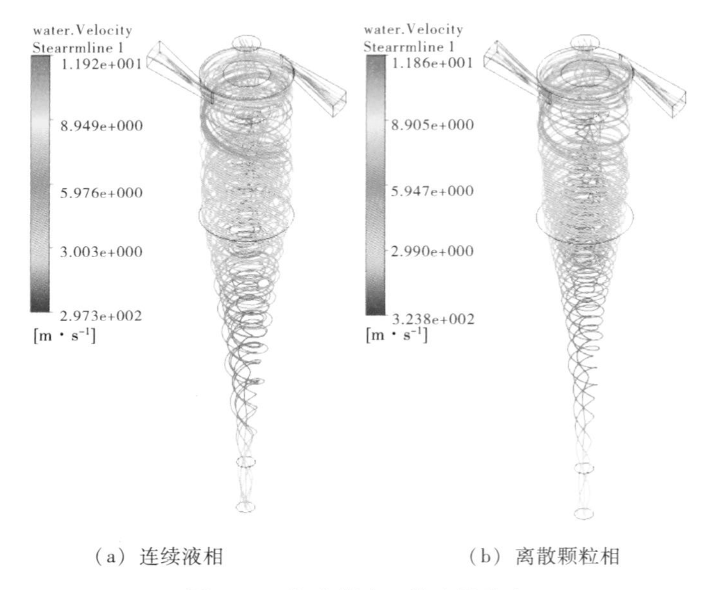

（a）连续液相　　（b）离散颗粒相

图5-5　旋流器内三维流线分布

由图5-5可以明显看到水力旋流器内的双螺旋流动，即近壁面的外螺旋流动和溢流管附近的内螺旋流动。图5-5是对固液两相进口处的若干个质点进行了轨迹跟踪，从图可以看出，从进口处出发的质点流线并没有全部从两个出口流出，这说明从进入水力旋流器的流体有一部分并没有流出水力旋流器，而是在其内部做循环流动。循环流的存在延长了流体和固体颗粒在水力旋流器停留时间，部分流体甚至在水力旋流器内部一直循环消耗能量，但是分离效率较低或完全没有分离效率（死循环流动）。因此，从水力旋流器结构设计的角度讲，应设法减小循环流区域或消除循环流的产生。此外，尽管水力旋流器的几何结构是中心对称的，但图5-6所显示的旋流器中轴两侧的旋涡分布和尺度并不完全对称。

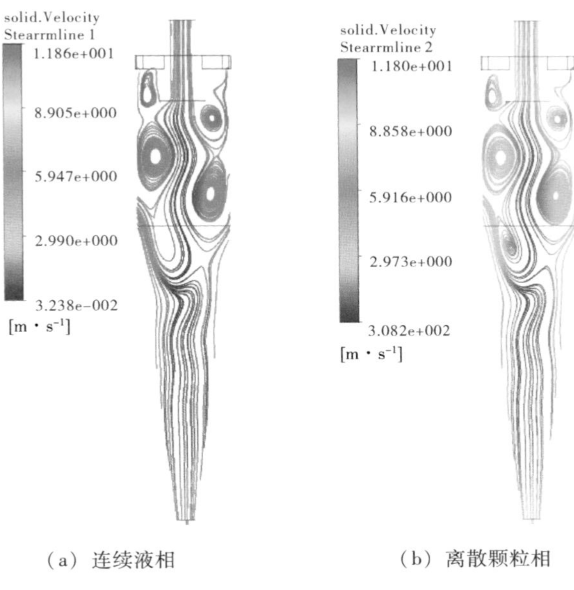

（a）连续液相　　　　（b）离散颗粒相

图 5-6　轴截面上的流线分布

图 5-7 为水力旋流器内各个轴向横截面上液相的速度矢量分布，轴向起点为柱段的顶面 $y=0$，由图可以看出，水力旋流器各个横截面的上速度矢量方向分布一致。表明水力旋流器内部的外旋流和内旋流的转向一致。从不同轴向位置横截面上的速度矢量对比发现，离进料口越远的截面上速度值越小。这是由于粘性阻力和湍流耗散等因素，流体在水力旋流器内部运动过程中的动能不断损失和转化的结果。图 5-7 还表明，内旋流的速度在数值上要小于外旋流。

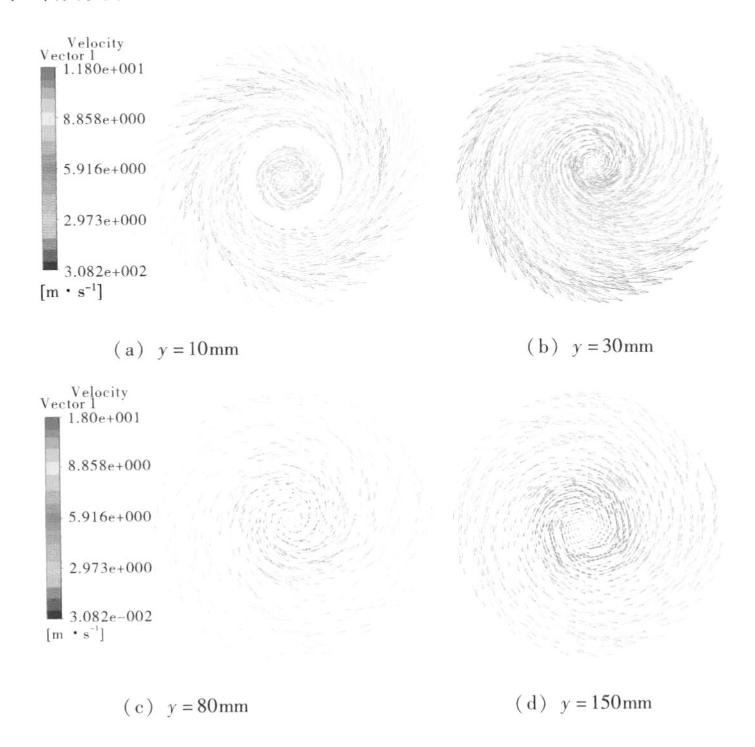

（a）$y=10$mm　　　　（b）$y=30$mm

（c）$y=80$mm　　　　（d）$y=150$mm

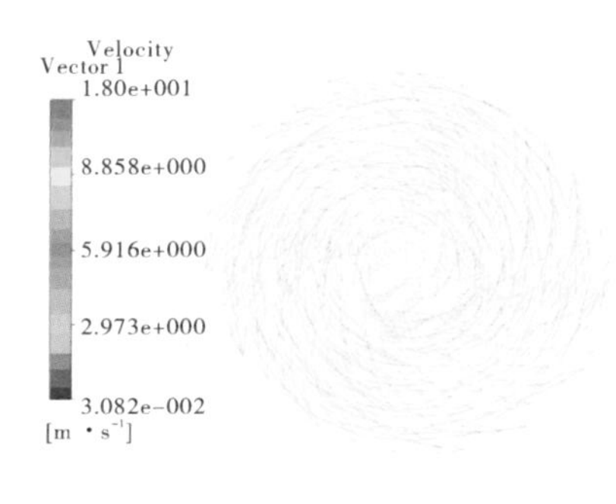

(e) $y=250$mm

图 5-7　旋流器内轴向横截面上液相速度矢量

图 5-8 是以来流固相体积率 $\alpha=10\%$、颗粒粒径 $d_p=75\mu m$ 为例，给出了不同液相粘度下水力旋流器轴截面上的液相流线分布。从流线分布来看，低粘度下旋涡的数量较多，固液两相在水力旋流器内部的旋涡之间穿梭，在水力旋流器内停留的时间较长，这样固液两相有充分的时间完成分离过程。随着液相粘度的增加，水力旋流器内旋涡的数量明显减少，且尺度增大，流线分布简单，大部分流体进入旋流器以后直接进入溢流管或从底流口排出，在水力旋流器内部的停留时间减少，没有足够的时间完成分离过程。由此可见，液相粘度的增加抑制了水力旋流器内部涡的形成，减少了流动介质在水力旋流器内的停留时间，造成分离效率下降。

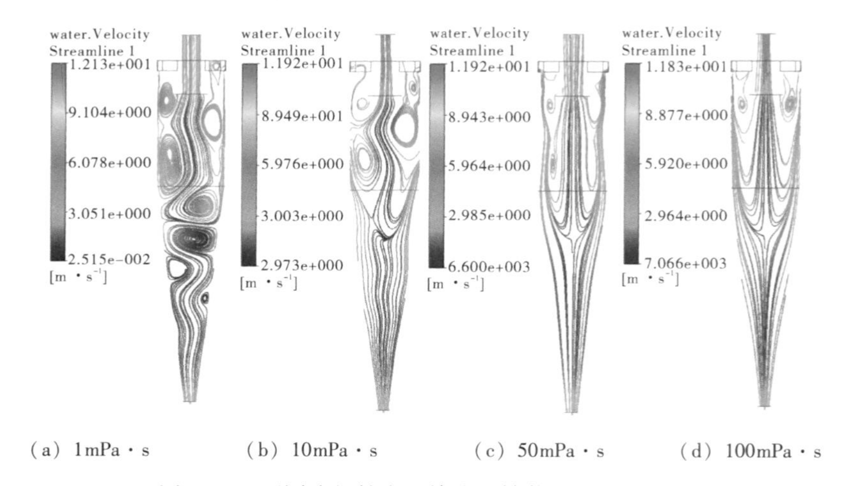

(a) 1mPa·s　(b) 10mPa·s　(c) 50mPa·s　(d) 100mPa·s

图 5-8　不同液相粘度下旋流器轴截面液相流线图

5.3.5.2　压力分布

图 5-9 是水力旋流器内的静压分布云图。由图可以看出，水力旋流器内部的静压分布具有对称性。其分布规律是：旋流器内的静压逐渐增大。同时，从旋流器顶部至锥段部分，静压值也逐渐降低。在进口处，料液在一定的静压作用下，以一定的速度进入水力旋流器，此时流体的能量最大。在运动过程中不断转化为流体的动能以维持流体在水力旋流器内运动，同时由于流体与器壁的粘性摩擦力、料液内部湍流的能量耗散等原因，造成压能的不断损失。因此，水力旋流器从柱段到锥段静压值逐渐降低。

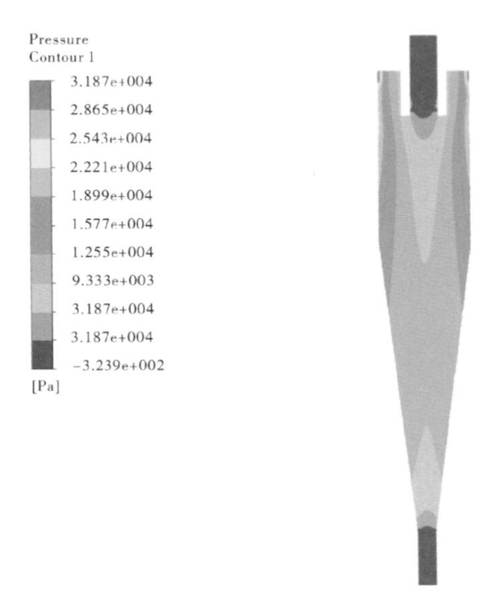

图5-9 水力旋流器内的静压分布云图

5.3.5.3 两相分布

根据理论分析，在水力旋流器工作过程中，粒度和密度较大的固体颗粒在靠近壁面的外层轨道上运动，而粒径小、密度小的固体颗粒则在内层轨道上运动，在空气柱和负压的作用下向轴心聚集，从溢流口排出水力旋流器。因此，在水力旋流器内，靠近壁面区域固相浓度较高，靠近轴线区域颗粒的浓度较低。图5-10为水力旋流器内固、液相的体积率分布云图，其中暖色代表固相颗粒浓度高的区域，冷色代表液相浓度高的区域。从图5-10可以看出，水力旋流器内固相浓度的分布与理论分析的结果一致。固体颗粒集中在

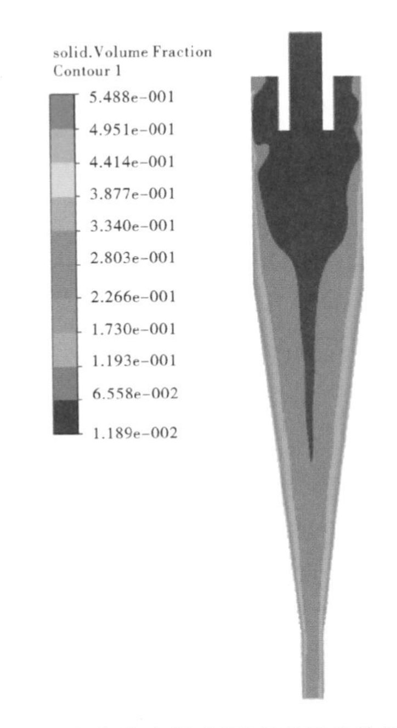

图5-10 水力旋流器内固液两相的体积率分布

水力旋流器壁面附近的区域内，同时，固相颗粒又主要集中在锥段部分。因此，可以认为水力旋流器的两相分离主要在锥段完成。

5.3.6 水力旋流器分离性能实验验证

实验平台主要由动力、流量工况调节、计量和物料存储等部分组成。图 5－11 是实验平台的流程及平面布局图。

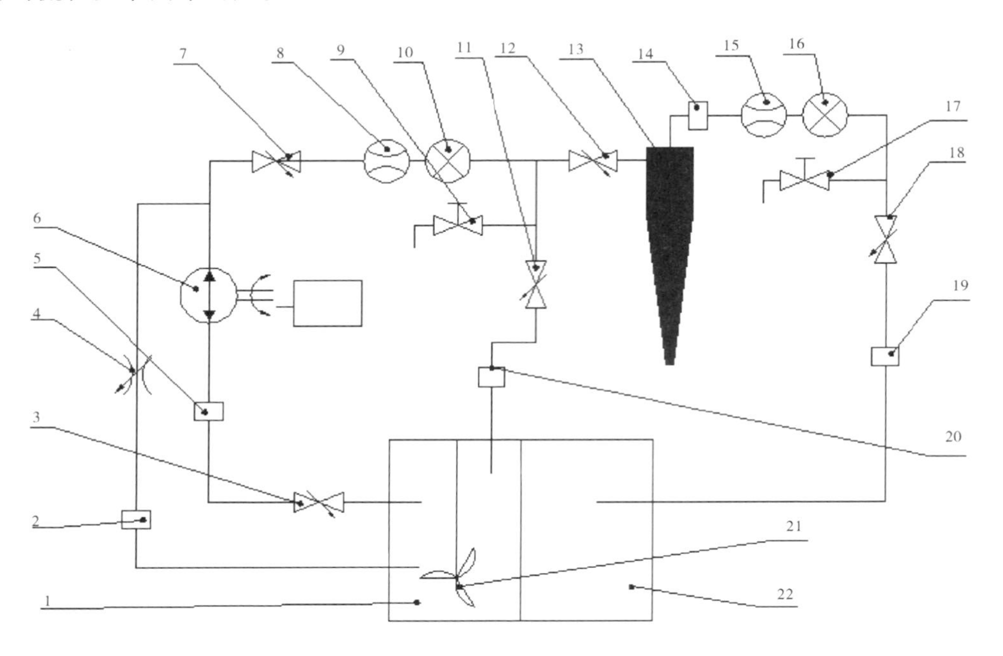

图 5－11　实验系统的平面布局图

1—进料罐　2、5、14、19、20—连接卡箍　3、7、11、12、18—闸阀　4—节流阀　6—螺杆泵　8、15—流量计　9、17—取样阀　10、16—压力表　12—水力旋流器　21—搅拌器　22—溢流罐

5.3.6.1　水—固体颗粒混合物实验步骤

（1）固液混合介质配置

取一定质量的清水加入进料罐中，并记录其质量。用电子秤称取一定质量和粒度的雪花白颗粒。通过质量和体积浓度的换算关系，得到固体颗粒的体积浓度，本实验配制的混合物的固体质量浓度为 0.3%。加入固体颗粒之后，启动进料罐中的搅拌器，使固液两相充分混合，必要时需辅以人工搅拌。

（2）记录压力和流量

固液混合物搅拌均匀后，启动螺杆泵，开启图 5－11 中的阀门 3、7、12、18 联通管路系统。通过流量计 8、15 来观察管路和溢流的流量，并通过旁路节流阀 4 来调节管路中的流量。流量稳定后，记录水力旋流器的进口、溢流口的压力和流量。

（3）溢流口取样

关闭水力旋流器溢流管上的阀门 18，开启取样阀 17，对溢流口物料进行取样。为保证精度、减少误差，在同一实验条件下，对溢流口进行五次取样，记录取样时间。对所取样品进行编号并保存。取样完毕后，开启阀门 18，关闭取样阀 17。

(4) 进料口取样

关闭水力旋流器进料口处阀门12，开启取样阀9，对进料口处物料进行取样。同样，需进行五次取样并记录取样时间，然后编号并保存。取样完毕后，开启进料口处阀门12，关闭取样阀9，排放进料罐中的剩余物料。

(5) 管路清洗

对进料罐和管路进行清洗，尽可能排出管路中的残余物料，以便进行后续实验。

(6) 样本的质量和体积测量

对进料口和溢流口取得的多个样本进行质量和体积测量，并记录数据。

(7) 称量固体颗粒质量

在样本中的固相充分沉降后，倒出其中的流体并放到烘干箱中烘干。对烘干后的雪花白颗粒进行称量，分别得到各个样本中的固体颗粒质量。

(8) 数据处理

对记录的数据进行处理计算，按照式（5－1）～式（5－3）等公式得到该粒度下的分离效率、修正效率、分流比及进出口压差。最后计算该粒度下的平均修正效率和平均进出口压差。

(9) 绘制级效率曲线和压降曲线

分别用不同粒度的固体颗粒进行分离实验，得到水力旋流器对不同粒度颗粒的修正分离效率和压差，利用得到的数据绘制级效率曲线和压差曲线。

5.3.6.2　粘性流体—固体颗粒混合物实验步骤

粘性流体的分离性能实验步骤与清水实验步骤相似。不同之处在固液混合物分离性能实验前，需按照实验要求配制不同粘度的流体。

粘性流体的配制方法：将原油和清水按照一定的体积比充分混合，通过不断调整原油和水的体积比例来获得所需粘度的液相，混合后液相粘度值通过粘度计读取。

5.3.6.3　固相分离级效率对比

通过对实验数据进行处理和计算，得到了不同粘度液相下固液水力旋流器的分离效率和压差值，并绘制水力旋流器的级效率曲线图和压差曲线图。

图5－12是不同粘度液相下，水力旋流器固相级效率的模拟计算曲线和实测曲线（来

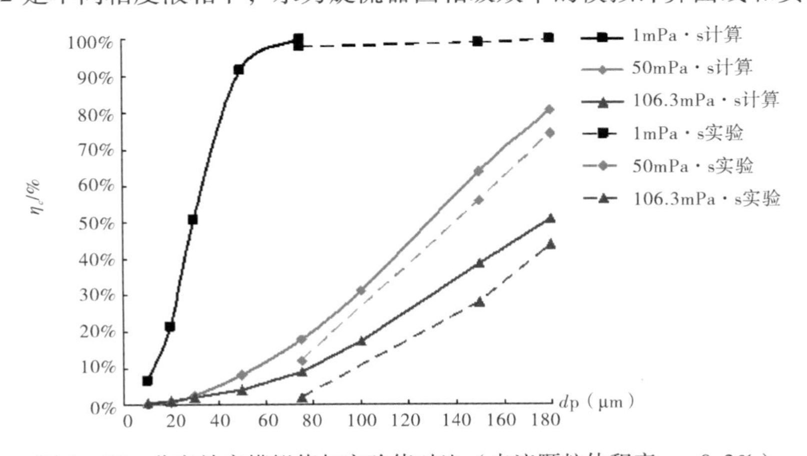

图5－12　分离效率模拟值与实验值对比（来流颗粒体积率 $\alpha=0.3\%$）

流颗粒体积率 $\alpha=0.3\%$）。从曲线可以看出，在不同粘度液相下，水力旋流器固相级效率的计算曲线与实测曲线基本一致，但计算值略高于实验结果，表明所采用的模拟计算方法是可行的。

5.4　两相介质混合过程的仿真实例

本例应用流动软件 Ansys - Fluent 模拟计算搅拌器中两相介质的混合过程，模拟计算选择欧拉双流体模型及 k - ε 湍流模型。

5.4.1　计算模型与前处理

5.4.1.1　搅拌器及其参数

图 5 - 13 是本算例研究的双层桨组合的搅拌器，搅拌槽上层安装一个四宽桨叶轮，下层为一个三窄桨叶轮。搅拌器的主要设计参数见图 5 - 14 及表 5 - 2 所示。

表 5 - 2　组合式搅拌器主要几何参数

零件	几何参数		单位	数值	
搅拌槽	直径 D		m	1	
	介质高度 H		m	1	
旋转轴	直径 D_s		m	0.06	
	转速 n		r/min	100	
叶轮	类型			窄桨	宽桨
	桨片角 β	进口	deg	45	45
		出口	m	20	15
	桨片宽度 B	进口	m	0.08	0.08
		出口	m	0.06	0.12
	桨缘直径 D_t		m	0.4	0.3
	到槽底距离 H_b		m	0.25	0.65
	桨根直径 D_h			0.12	0.12
	桨片厚度 δ			0.008	0.01
	桨片数			3	4

图 5 - 13　搅拌器外观图

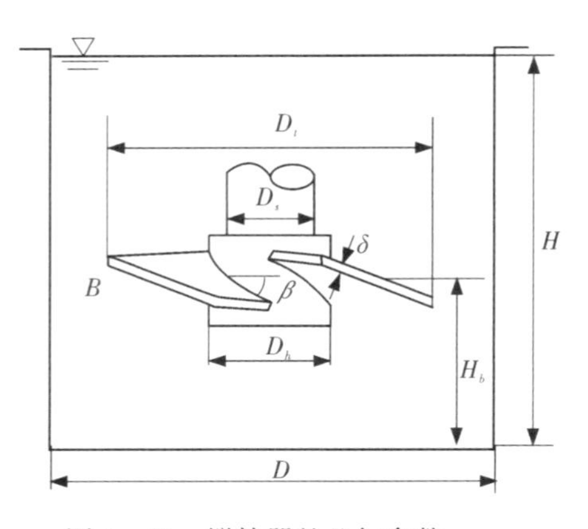

图 5 - 14　搅拌器的几何参数

5.4.1.2　两相介质的物性参数

选取油和水两种液体作为例子，计算使用的物性及操作参数如表 5－3 所示。

表 5－3　搅拌介质物性及操作参数

参数		单位	水	油
自由面	操作压力	Pa	101325	
	温度	K	300	
介质	体积率	%	70	30
	密度	kg/m^3	998	830
	粘度	kg/（m·s）	1.003×10^{-3}	3.32×10^{-3}
	比热	j/（kg·K）	4182	2050
	热传导系数	W/（m·K）	0.6	0.135

5.4.1.3　计算区域、网格的生成及边界条件处理

使用前处理程序 Gambit 生成计算几何体、划分非结构性网格，共计 664 050 个网格单元和 127 503 节点（图 5－15）。上下两层叶轮的网格采用局部加密（共 460 623 单元和85 230节点），以便较好地捕捉桨叶附近的流动。搅拌槽自由液面选取自由边界条件。壁面边界采用无滑移固壁条件，并使用标准壁面函数法确定固壁附近流动。

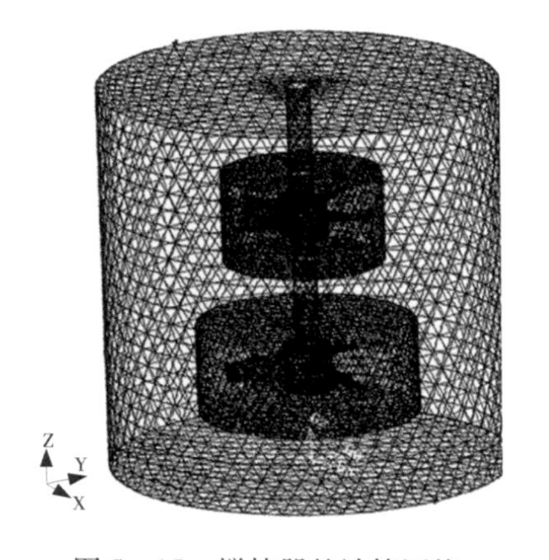

图 5－15　搅拌器的计算网格

5.4.1.4　非定常模拟计算

叶轮计算域设在旋转参考系，其余计算域设在静止参考系，静止计算域与旋转叶轮计算域的交界面设为滑移界面。设置计算时间步长 $\Delta t = 1/nZ$，其中 n 是叶轮转速，Z 是叶轮叶片数。该时间步长相当于叶轮旋转 1 度所需要的时间。初始条件按表 5－3 的相体积率设置，轻相液体在搅拌槽的上层，重相液体在下层。

5.4.2　计算结果及其分析

5.4.2.1　流速场

研究重点是搅拌槽内两相流动随搅拌时间的变化过程。其中无因次时间采用了文献中的定义：

$$t^* = t/T \qquad (5-7)$$

式中，T 为旋转轴的周期。

搅拌槽轴截面两相速度场随搅拌时间变化见图 5－16。从图 5－16 可以看到，在搅拌的开始阶段（$t^*=10$），轻相液体无论是流场分布或是流动范围与重相液体有较大的区别。随着搅拌时间的增加，宽桨叶轮不断地抽吸上层的轻相液体向下流动使两相介质混合；窄桨叶轮把上层抽吸来的轻相液体驱散到搅拌槽四周（$t^*=50$）。$t^*=200$ 以后，轻相液体

流场分布、流动范围与重相液体基本趋向一致，说明此时两相介质已基本被搅拌均匀。图5－17给出 $z=0.5\mathrm{m}$ 平面上流动状况，搅拌开始阶段（$t^*=10$），两相液体的流动范围局限在搅拌轴中心区域。随着搅拌时间的增加，两相液体流动半径逐渐扩大，两相液体流场分布、流动范围基本趋向一致。$t^*=200$ 时，流动类似刚体转动，切向流速 v_u 除了靠近固壁的区域外基本上与槽半径 r 呈线性关系（图5－18）。

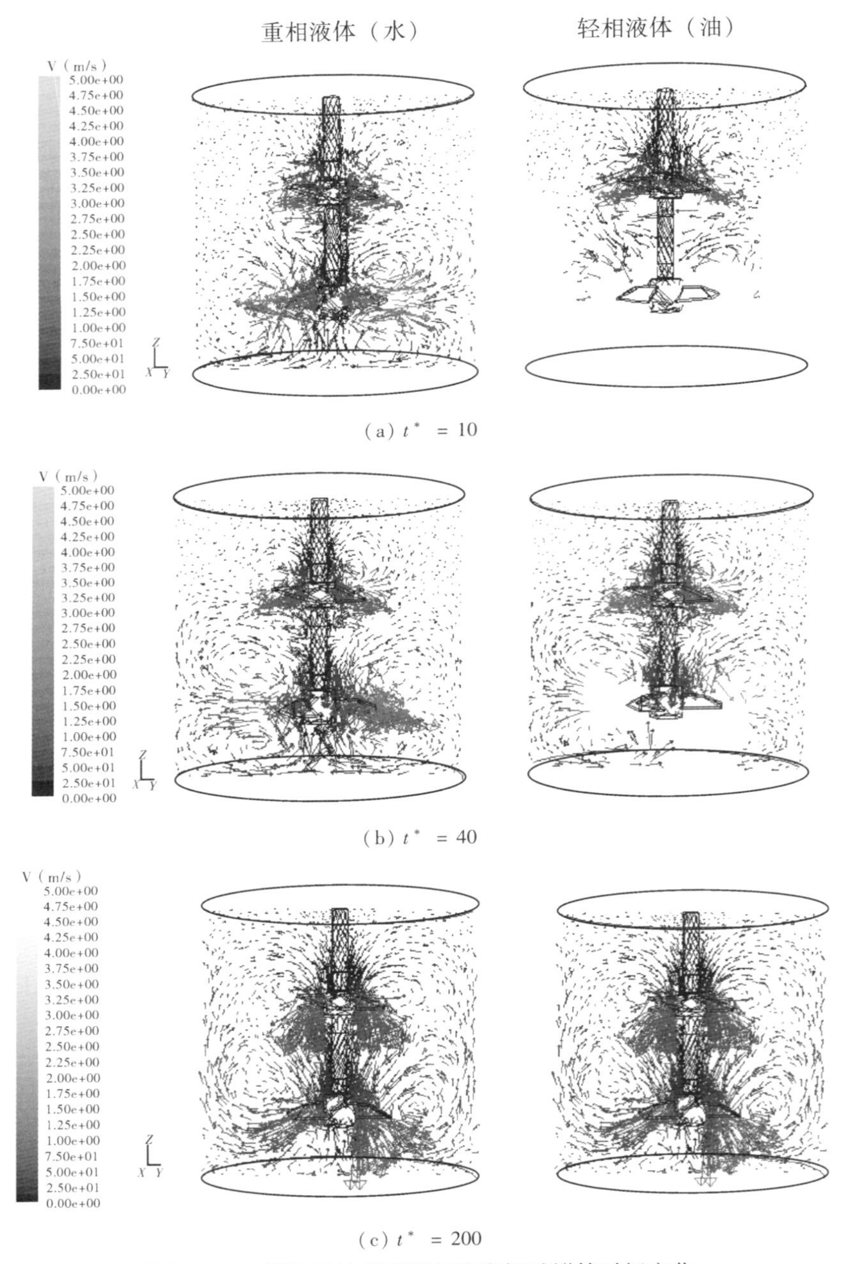

(a) $t^*=10$

(b) $t^*=40$

(c) $t^*=200$

图5－16 搅拌槽轴截面两相速度场随搅拌时间变化

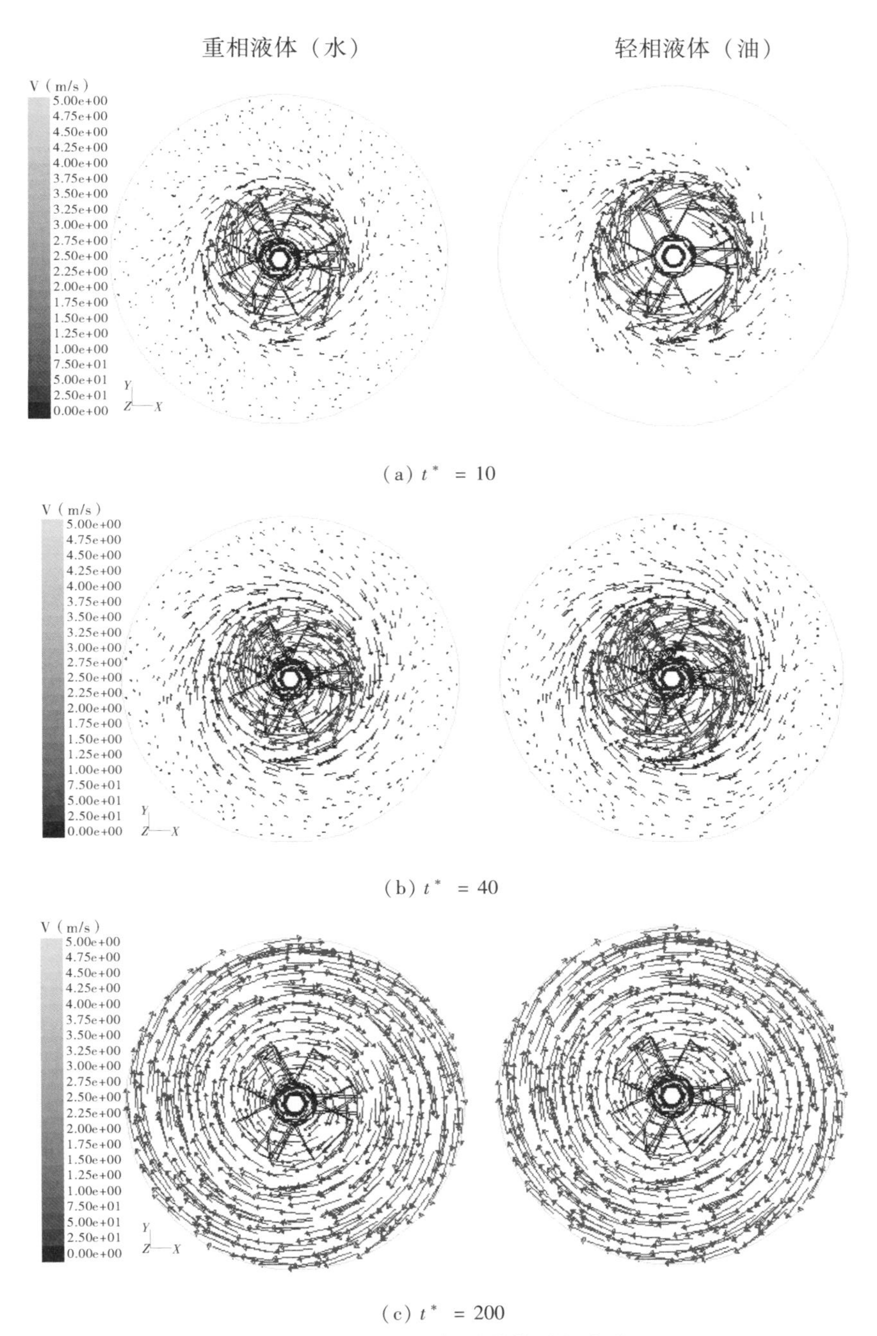

图 5－17　轴向平面上两相速度场随搅拌时间变化（z = 0.5 m）

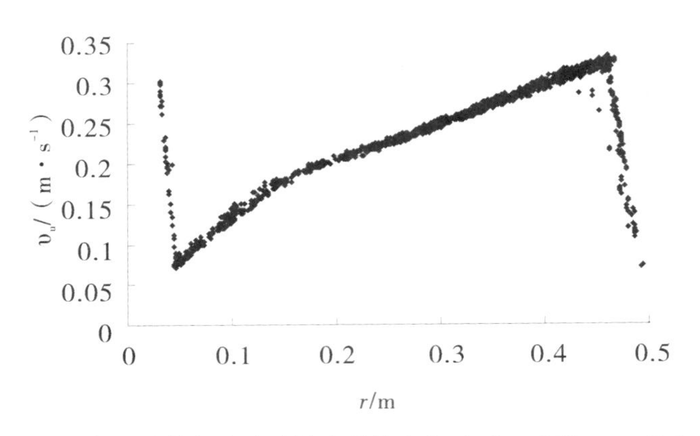

图 5－18　轻相液体切向流速随半径的变化（t^* = 200，z = 0.5 m）

5.4.2.2　压力分布

图 5－19 显示搅拌基本趋近稳态后（t^* =200）搅拌槽内轴截面的静压分布。由此可见，搅拌叶轮施加的机械能提高了桨叶末端周围的流体能量，随着能量的径向扩散及动能转化为位能，静压值随槽半径增加而有所增大。同时，叶轮的转动也使搅拌轴中心产生低压区。

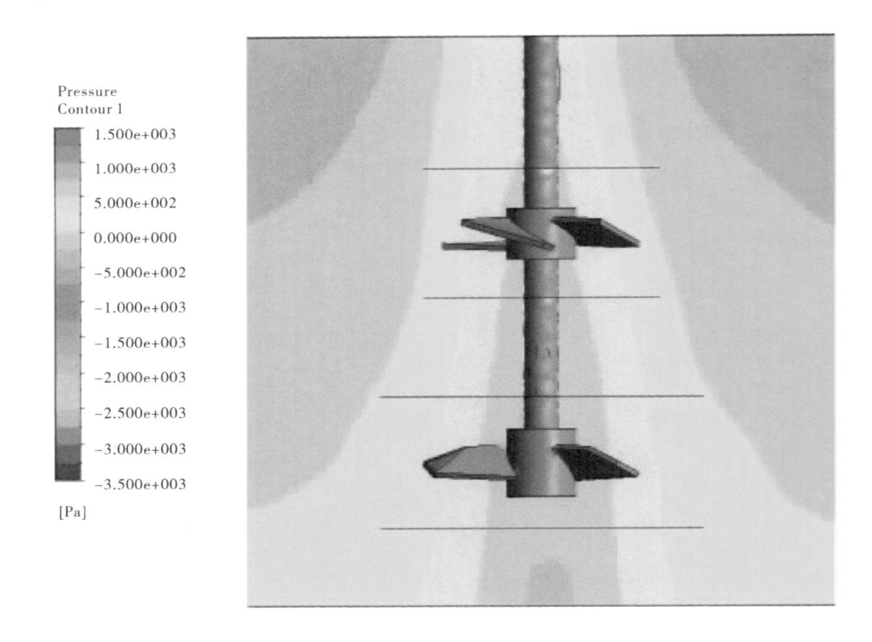

图 5－19　搅拌槽轴截面静压分布（t^* =200）

5.4.2.3　两相分布

图 5－20 显示了槽轴截面上的两相介质体积率分布随时间的变化过程。由图可见，搅拌过程由轻相液体位于上层，重相液体位于下层的初始状态（t^* =0），逐渐搅拌到两相介质准均匀状态（t^* =200）。在此过程中，重相液体因离心力的作用一般集中在容器边壁；轻相液体在上层宽桨叶轮的作用下首先向搅拌轴中心聚集，然后沿着搅拌轴向下移动，到达容器底部后在下层窄桨叶轮的作用下扩散到搅拌槽四周。

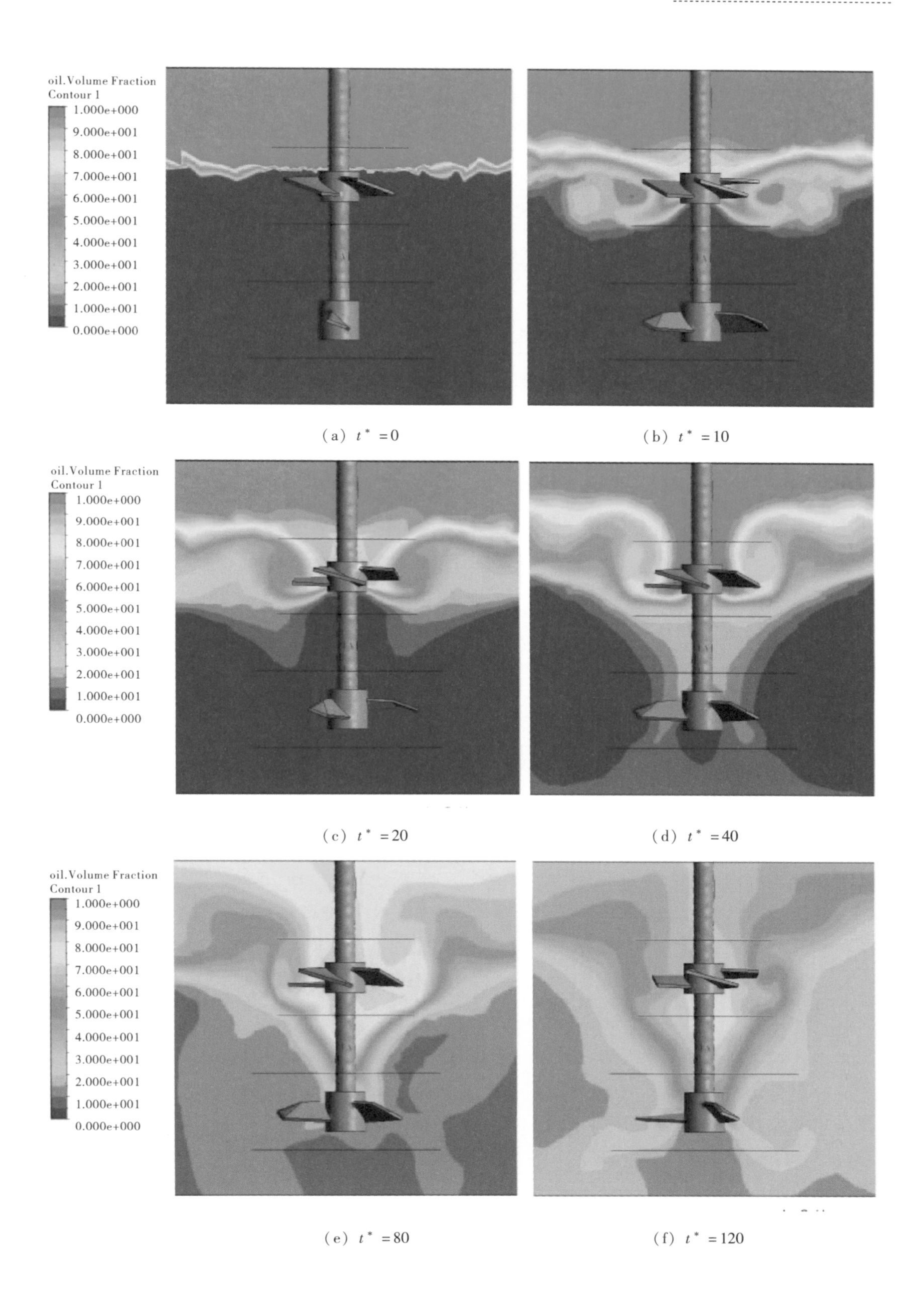

(a) $t^*=0$　(b) $t^*=10$

(c) $t^*=20$　(d) $t^*=40$

(e) $t^*=80$　(f) $t^*=120$

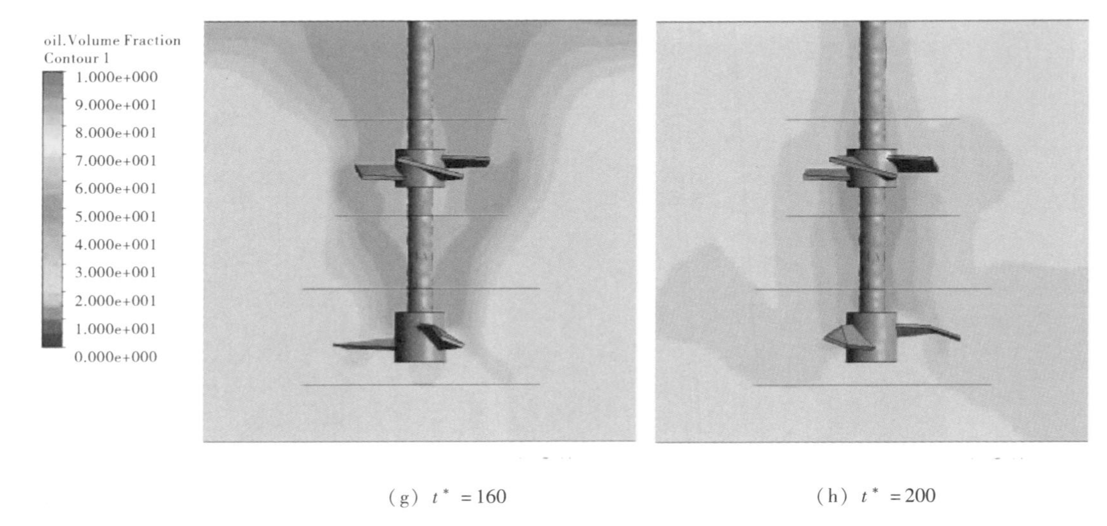

(g) $t^*=160$　　(h) $t^*=200$

图 5－20　搅拌槽轴截面上的两相体积率分布随时间的变化

5.4.2.4　搅拌功耗

图 5－21 显示搅拌基本趋近稳态后（$t^*=200$）上下两层搅拌叶轮的扭矩 M 和轴功率 N 分布情况。由图可见，无论是扭矩或是轴功率，下层叶轮的数值是上层叶轮的 2 倍以上。因此选取高效的下层叶轮对于提高整个搅拌装置的效率十分重要。

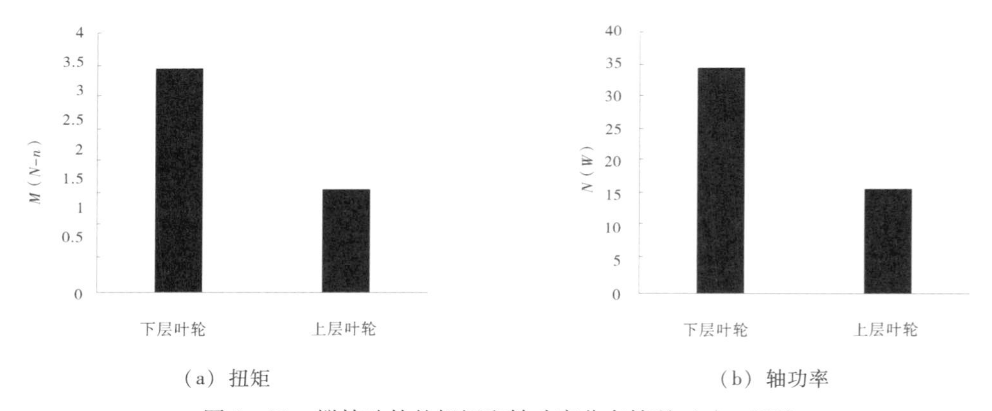

(a) 扭矩　　(b) 轴功率

图 5－21　搅拌叶轮的扭矩和轴功率分布情况（$t^*=200$）

5.5　本章小结

本章在第 3 章和第 4 章关于多相流动理论和计算方法的基础上，进一步探讨多相介质的分离和混合仿真问题，其中分离问题主要研究的是静态的离心沉降问题，而混合问题则主要是机械搅拌问题。本章分别介绍了水力旋流分离器的工作原理和混合搅拌器的种类和功能，给出了分离效率、级效率、分离粒度及压降等常用的分离性能参数和多相介质混合性能评价指标。介绍了国内外关于多相介质分离和搅拌混合问题的数值仿真研究现状，最后给出了静态水力旋流器固液两相分离模拟实例和油水两相介质搅拌混合过程的仿真实例。实例内容包括了计算模型选择、计算域建模、网格划分、边界条件和初始条件设置、求解器设置及计算结果分析。对水力旋流器分离仿真结果还进行了分离性能实验验证。

6　流固耦合分析

6.1　概述

在流体流动载荷作用下固体会产生变形和动力学响应，而结构的变形和动力学响应又会反过来影响流场，从而改变流体载荷的分布和大小，这种相互作用问题称为“流固耦合”（Fluid Structure Interaction，FSI）。

CFD 数值计算仅能仿真流体机械的内部流场以及流体性能的预测，但无法判断机械设备的刚度、强度以及运动过程中的安全性和可靠性等问题。因此考虑流场分析的流体机械结构特性研究显得尤为重要。受各种条件的限制，以往的流体机械内流场研究与结构特性研究是各自独立进行，未能考虑流场与结构间的相互作用和影响，未能实现流场与结构场的数据共享，结构（流场）分析时所需的流动载荷（流动边界）是经过适当简化的，这样可能导致流体机械分析结果与实际情况不符。在传统的设计中，对轴流泵叶轮的结构分析，只能通过简化受力情况来进行静力学和动力学分析，因此通常是采用比较保守的设计方法，造成材料的浪费以及成本偏高。随着计算机技术以及流固耦合技术的发展，借助多种物理场协同仿真平台，从而使流体机械的流固耦合研究成为现实，使得流体机械的设计朝着协同互动、精准化、高效化、低成本化、人性化和直观化的方向发展。

6.1.1　流固耦合计算的处理方法

流体—结构耦合系统中，两个不同性质的物理场在耦合界面上相互作用、彼此影响。从求解方法来看，可将流固耦合问题分为直接求解（强耦合）和交替迭代求解（弱耦合）的方法。强耦合法是通过改写流体、结构控制方程的形式，构造出统一的求解方程并直接求解来实现。该方法概念清晰，适用于场间相互重叠与渗透、二者难以明显分开的情况下。但需要在时间和空间上同步求解大型的非线性代数方程，且流体和结构的网格一致，因此该方法对计算机资源要求较高，目前仍处在学术研究阶段。

弱耦合方法数值模拟过程中，流体和结构的控制方程分别单独求解，耦合作用不同步，二者在时间和空间上交替迭代，因此也称交替迭代求解方法。具体过程如下：先假定一个初始的耦合边界，求解流体控制方程，得到耦合边界上的流场压力作为流体施加的载荷，求解固体结构的动力学控制方程，得到固体结构及耦合界面的位移和变形，以此时的位移和变形作为下一个时间步长的边界重新求解流体控制方程，如此交替迭代，直至收敛。弱耦合方法适用于场间不相互重叠与渗透、耦合作用仅发生在两相交界面上的情况，其耦合作用是通过界面力或者多相流的相间作用力等起作用。弱耦合法又分为单向耦合与双向耦合。单向耦合只是把流场压力传给固体，忽略了固体变形对流场的影响。所以适用于结构变形很小、对流体影响可以忽略，或者主要是进行结构分析的场合。考虑到强耦合方法对计算机的性能要求较高，而叶轮在实际工作中产生的变形量很小，因此采用弱耦合中的单向耦合方法是目前流体机械流固耦合大多数研究和应用所采用的方法。只需把在 CFD 软件（例如 CFX）中求解得到的叶片上的压力分布作为面载荷施加到叶片表面，将这部分流体压力视为静载荷，在结构分析软件（例如 Ansys）中做静力学分析，从而完成流体机械结构的特性研究，如图 6 - 1 所示。

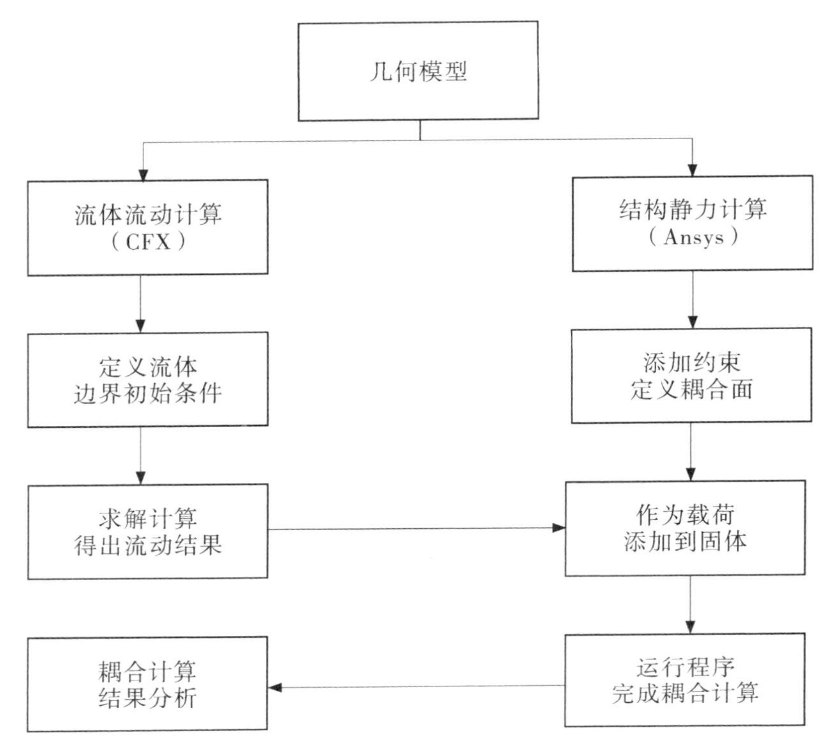

图 6 - 1　单向流固耦合流程

6.1.2　流体机械流固耦合研究现状

流固耦合分析是流体力学与固体力学交叉形成的一个力学分支，它是研究变形固体在流场作用下的各种行为以及固体变形对流场影响的一门科学。其研究历史可追溯到 20 世纪中期，人们对流固耦合现象的早期认识源于机翼及叶片的气动弹性问题。目前流固耦合技术正不断地深入到工程中各个领域，包括水轮机、汽轮发电机组的叶片振动、飞机机翼和航空发动机叶片的振动问题、生物学和医学中的微型泵、人工心脏等。

对于流体机械，流固耦合技术开始主要应用在水轮机转轮的动力学特性分析中。近年来，国外有学者利用 CFD 软件和有限元软件针对单叶片无堵塞离心泵分别采用单向耦合和双向耦合的计算方法对其进行了分析，并对这两种耦合方式下的计算结果与试验数据进行了分析与对比；同时利用流固耦合的方法对多级离心泵的噪声问题进行了研究。在国内方面，一些研究人员对叶片式离心泵的叶轮部件结构进行了静力学分析，得到了叶轮的应力集中点。还有学者采用流固耦合方法完成了冲压焊接离心泵叶轮的有限元计算；求解离心泵和轴流泵内流场和叶轮结构响应，研究流固耦合作用对离心泵、轴流泵内流场的影响，得知在流固耦合作用下，叶片压力面与吸力面的压差比未考虑流固耦合作用时有所减小，考虑流固耦合后的流场更加接近于真实流场。

作者近年来采用单向流固耦合方法分别应用于液环泵转子静力学性能计算和离心泵全流场的流固耦合计算，在 6.4 和 6.5 节中将分别给出这些算例的计算方法和结果分析。

6.1.3 结构力学特性分析的内容

（1）静力学分析

静力学分析是结构有限元分析的基础，也是结构有限元分析中的主要内容。静力学分析的主要任务是求解结构在静力载荷作用下的应力、应变和位移等，从而确定零部件受到外力作用后的应力、应变以及变形的大小和分布。静力计算不考虑阻尼和惯性的影响，例如，结构受到随时间变化载荷作用的情况。通过静力分析，设计人员可以校核结构的强度和刚度是否满足设计要求。

静力学分析包括线性分析和非线性分析。线性分析主要是解决结构变形属于线性变形的情况，而非线性分析主要是针对塑性、应力刚化、大变形、大应变、超弹性、接触面以及蠕动的问题。流体机械通常采用金属材料，其变形满足线性变形条件，因此对流体机械的分析属于线性静力分析。

工程应用中，静力学分析所使用的固定不变的载荷和响应常常是一种假设，即假定载荷和结构响应随时间的变化非常缓慢。一般情况下，静力分析所施加的载荷主要包括：①外部施加的作用力和压力。如作用在各零部件的力、力矩以及流体压力等。②位移载荷。如零部件在工作过程中所受的限制位移的约束。③稳态的惯性力。如旋转零部件产生的离心力和各零部件的重力。④温度载荷。如环境温度以及介质温度及其变化。

本章所讨论的流体机械流固耦合问题，是假设流体机械的流场是定常的，作用在机械内部的各种力和载荷不随时间变化，因此流体机械的力学分析可以简化为静力分析。

（2）模态分析

模态分析是计算结构的固有频率和模态。流体机械叶轮在正常运行中，叶轮随着轴转动，若其工作的旋转频率与结构的固有频率和模态重合或相近，便会引起共振。另外，叶轮在运行过程中，常常受到各种因素引起的稳定的和非稳定的流体激振力以及变化的离心力作用。若激振频率与叶轮在流体中的固有频率接近或者相同时也可能引发共振，叶轮在共振条件下极易发生破坏，因此在设计过程中，必须进行模态分析。

（3）其他分析

在实际运行中，流体机械例如水泵一般要经历启动、停机以及在非设计工况下运行。在这些情况下，叶轮会受到各种因素的流体激振力的作用，使得水泵产生振动，长时间的振动容易引起结构的疲劳破坏。因此在必要时，流体机械的研究中还会涉及如下一些内容的分析。①谐波分析：用于确定结构在随时间变化的载荷作用下的响应。②瞬态分析：用于计算结构在随时间任意变换的载荷作用下的响应，并且可考虑静力分析中的非线性性质。③谱分析：用于计算由于响应谱或随机振动引起的应力和应变。④曲屈分析：用于计算曲屈载荷和确定曲屈模态。

6.2 基于流固耦合结构静力分析

6.2.1 弹性力学的基本关系式

图 6－2 为空间结构弹性体应力状态图，受力后，其内部各点将沿 x、y、z 方向产生位移 u 、v 和 w ，位移为各点坐标的函数。

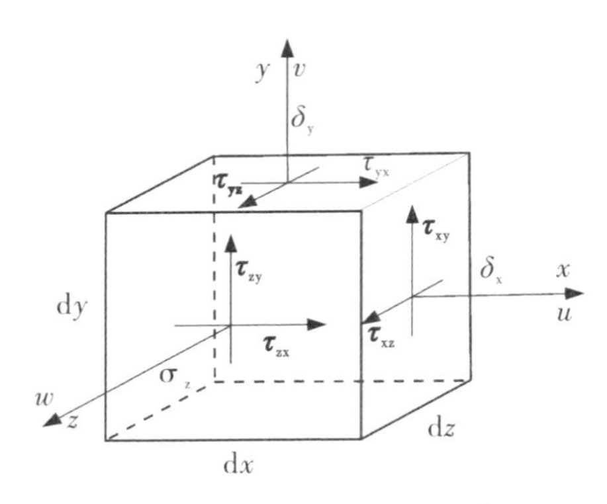

图 6－2　空间结构应力状态

流体机械结构的静力分析属空间三维问题，涉及的基本变量包括位移向量 $\boldsymbol{u}$ 、应变向量 $\boldsymbol{\varepsilon}$ 和应力向量 $\boldsymbol{\sigma}$ ，写成阵列形式有：

$$
\begin{aligned}
\boldsymbol{u} &= \quad u, v, w \quad ^{\mathrm{T}} \\
\boldsymbol{\varepsilon} &= \quad \varepsilon_x, \varepsilon_y, \varepsilon_z, \gamma_{xy}, \gamma_{yz}, \gamma_{zx} \quad ^{\mathrm{T}} \\
\boldsymbol{\sigma} &= \quad \sigma_x, \sigma_y, \sigma_z, \tau_{xy}, \tau_{yz}, \tau_{zx} \quad ^{\mathrm{T}}
\end{aligned}
\tag{6-1}
$$

针对三维问题，弹性力学基本方程为如下形式：

①平衡方程。

沿 x、y、z 三个方向上弹性体内任一点的平衡方程为：

$$
\begin{cases}
\dfrac{\partial \sigma_x}{\partial x} + \dfrac{\partial \tau_{yx}}{\partial y} + \dfrac{\partial \tau_{zx}}{\partial z} + X = 0 \\
\dfrac{\partial \tau_{xy}}{\partial x} + \dfrac{\partial \sigma_y}{\partial y} + \dfrac{\partial \tau_{zy}}{\partial z} + Y = 0 \\
\dfrac{\partial \tau_{xz}}{\partial x} + \dfrac{\partial \tau_{yz}}{\partial y} + \dfrac{\partial \sigma_z}{\partial z} + Z = 0
\end{cases}
\tag{6-2}
$$

式中，σ_x、σ_y、σ_z 为 x、y、z 方向的正应力；τ_{xy}、τ_{yz}、τ_{zx} 为 x、y、z 三个方向的剪应力；X 、Y 、Z 为单位体积在 x、y、z 方向的体积力。

采用矩阵表达平衡方程形式为：

$$
\boldsymbol{A} \quad \boldsymbol{\sigma} + \boldsymbol{R} = 0 \tag{6-3}
$$

$$
\boldsymbol{A} = \begin{bmatrix}
\dfrac{\partial}{\partial x} & 0 & 0 & \dfrac{\partial}{\partial y} & 0 & \dfrac{\partial}{\partial z} \\
0 & \dfrac{\partial}{\partial y} & 0 & \dfrac{\partial}{\partial x} & \dfrac{\partial}{\partial z} & 0 \\
0 & 0 & \dfrac{\partial}{\partial z} & 0 & \dfrac{\partial}{\partial y} & \dfrac{\partial}{\partial x}
\end{bmatrix}
\tag{6-4}
$$

式中，$\boldsymbol{A}$ 是微分算子；$\boldsymbol{R} = \quad X, Y, Z \quad ^{\mathrm{T}}$为体积力向量。

②几何方程。

对于小位移和小变形情形，应变以及位移向量间的关系为：

$$\begin{cases} \varepsilon_x = \dfrac{\partial u}{\partial x}, & \varepsilon_y = \dfrac{\partial v}{\partial y}, & \varepsilon_z = \dfrac{\partial w}{\partial z} \\ \gamma_{xy} = \gamma_{yx} = \dfrac{\partial u}{\partial y} + \dfrac{\partial v}{\partial x}, & \gamma_{yz} = \gamma_{zy} = \dfrac{\partial v}{\partial z} + \dfrac{\partial w}{\partial y}, & \gamma_{zx} = \gamma_{xz} = \dfrac{\partial w}{\partial x} + \dfrac{\partial u}{\partial z} \end{cases} \tag{6-5}$$

③物理方程。

弹性关系为应力与应变之间的转换，对于各个方向性能相同的弹性材料，采用应变表示应力的矩阵形式如下：

$$\{\boldsymbol{\sigma}\} = [\boldsymbol{D}]\{\boldsymbol{\varepsilon}\} \tag{6-6}$$

式中弹性矩阵 $[\boldsymbol{D}]$ 如下：

$$\boldsymbol{D} = \frac{E(1-\nu)}{(1+\nu)(1-2\nu)} \begin{bmatrix} 1 & \frac{\nu}{1-\nu} & \frac{\nu}{1-\nu} & 0 & 0 & 0 \\ \frac{\nu}{1-\nu} & 1 & \frac{\nu}{1-\nu} & 0 & 0 & 0 \\ \frac{\nu}{1-\nu} & \frac{\nu}{1-\nu} & 1 & 0 & 0 & 0 \\ 0 & 0 & 0 & \frac{1-2\nu}{2(1-\nu)} & 0 & 0 \\ 0 & 0 & 0 & 0 & \frac{1-2\nu}{2(1-\nu)} & 0 \\ 0 & 0 & 0 & 0 & 0 & \frac{1-2\nu}{2(1-\nu)} \end{bmatrix} \tag{6-7}$$

其中，ν 为泊松比；E 为弹性模量。弹性矩阵的数值大小取决于材料的弹性模量和泊松比。

④力学边界条件。

力学边界条件为边界上弹性体单位面积上作用的面积力，根据平衡条件：

$$T_x = \bar{T}_x,\ T_y = \bar{T}_y,\ T_z = \bar{T}_z \tag{6-8}$$

边界的外法线为 $\boldsymbol{n}$，其方向余弦为 $(n_x,\ n_y,\ n_z)$，则边界上弹性体的内力表示为如下形式：

$$\begin{cases} T_x = n_x\sigma_x + n_y\tau_{yx} + n_z\tau_{zx} \\ T_y = n_x\tau_{xy} + n_y\sigma_y + n_z\tau_{zy} \\ T_z = n_x\tau_{xz} + n_y\tau_{yz} + n_z\sigma_z \end{cases} \tag{6-9}$$

⑤几何边界。

几何边界弹性体上已知的位移，表达形式如下式：

$$u = \bar{u},\ v = \bar{v},\ w = \bar{w} \tag{6-10}$$

6.2.2 静力分析有限元方程

结构分析包括结构静力学分析和结构动力学分析，结构静力学分析的任务是求解在稳定载荷作用下对结构的位移和应力。由有限元基本理论可知结构分析通用方程为：

$$[\boldsymbol{M}]\{\ddot{\boldsymbol{u}}\} + [\boldsymbol{C}]\{\dot{\boldsymbol{u}}\} + [\boldsymbol{K}]\{\boldsymbol{u}\} = \{\boldsymbol{F}(t)\} \tag{6-11}$$

式中，$[\boldsymbol{M}]$、$[\boldsymbol{C}]$、$[\boldsymbol{K}]$ 分别为结构质量矩阵、阻尼矩阵和刚度矩阵；$\{\ddot{\boldsymbol{u}}\}$、$\{\dot{\boldsymbol{u}}\}$、$\{\boldsymbol{u}\}$ 分别为结构各节点的加速度向量、速度向量和位移向量；$\{\boldsymbol{F}(t)\}$ 为结构外荷载向量。

假定流体机械处在稳定工作状态，则作用在机械内部的各种力和载荷不随时间变化，若不考虑惯性和阻尼特性，则有静态分析的等效方程：

$$[\boldsymbol{K}]\{\boldsymbol{u}\}=\{\boldsymbol{F}\} \tag{6-12}$$

式中，总刚度矩阵 $[\boldsymbol{K}]=\sum_{e}^{n}[\boldsymbol{K}_e]$；$n$ 为单元数；$[\boldsymbol{K}_e]$ 为单元刚度矩阵；$\{\boldsymbol{F}\}$ 为等效结点载荷列阵。静力平衡问题的有限元分析，主要是依据离散模型的数据，形成有限元方程的系数矩阵［$\boldsymbol{K}$］和载荷列阵 $\{\boldsymbol{F}\}$，并引入位移边界条件求解有限元方程式（6－12），得出各节点位移矢量 $\{\boldsymbol{u}\}$，代入式（6－5）和式（6－6），得到各节点相应的应变向量 $\boldsymbol{\varepsilon}$ 和应力向量 $\boldsymbol{\sigma}$。

常用的结构强度理论有四类：最大拉应力理论（第一强度理论）、最大伸长线应变理论（第二强度理论）、最大剪应力理论（第三强度理论）、形状改变比能理论（第四强度理论）。不同的强度理论假定不同的主要因素（例如最大主应力、最大主应变或最大剪应力等）使材料受到某种程度的破坏。目前普遍采用第四强度理论计算等效应力：

$$\sigma_{\varepsilon}=\sqrt{\frac{1}{2}[(\sigma_1-\sigma_1)^2+(\sigma_2-\sigma_3)^2+(\sigma_3-\sigma_1)^2]} \tag{6-13}$$

其中，σ_1、σ_2、σ_3 分别代表单元体的三个主应力，此条件又称为米塞斯（Mises）屈服条件。

6.3 模态分析

结构的固有频率和固有振型是承受载荷的重要参数，直接反映系统的振动特性。流体机械转子结构受荷载（如旋转离心力、流体压力及重力等）作用易产生结构振动，当外界频率与转子结构自振频率接近或相同时，结构将产生共振，发生破坏，严重影响到机组的安全运行。因此，根据结构本身特有的刚度特性，通过模态分析去研究它的振动特性，避免结构在使用过程中产生共振而造成不必要的损失。

6.3.1 模态分析基础

作为动力学分析的基础，模态分析是用来确定结构振动特性的一项技术。工程中对结构进行模态分析，主要用于确定机械结构的振动特性，即结构的固有频率和振型，结构的模态与其本身的材料属性、承受荷载、支撑条件等有关。由结构的振动特性预先判断结构发生共振的可能性及其振动形态，从而避免可能引发的共振破坏，同时也可作为其他更详细的动力学分析（例如谐响应分析、瞬态动力学分析、谱分析）的基础。

在动力学问题中，自由度为 n 的线性结构系统的运动微分方程为式（6－11）。动力分析的第一步通常是计算忽略阻尼情况下的固有频率和振型。结构的固有频率是结构体在受到干扰时易于发生振动的频率，固有频率还可称为特征频率、共振频率或主频率。结构体在特定频率下的变形命名为主振动模态，也可称为振型。每一振型和特定的固有频率相关，这些结果反映结构动力特征，决定结构怎样对动力载荷做出响应。

为此，在结构系统的运动微分方程式（6－11）中忽略阻尼作用，$[\boldsymbol{C}]=\boldsymbol{0}$，并取系统外荷载为零，$\{\boldsymbol{F}(t)\}=\boldsymbol{0}$，即系统为无阻尼自由振动系统，其运动微分方程可写为：

$$[\boldsymbol{M}]\{\ddot{\boldsymbol{u}}\}+[\boldsymbol{K}]\{\boldsymbol{u}\}=\{\boldsymbol{0}\} \tag{6-14}$$

设式（6－14）的特解为简谐函数形式：

$$\{\boldsymbol{u}\}=\{\boldsymbol{\phi}\}\sin(\omega t+\alpha) \tag{6-15}$$

其中，$\{\boldsymbol{\phi}\}$ 为特征向量或整型，ω 为圆频率，α 为相位角。将式（6－15）代入式（6－14），得到方程组：

$$([\boldsymbol{K}]-\omega^2[\boldsymbol{M}])\{\boldsymbol{\phi}\}=\{\boldsymbol{0}\} \tag{6-16}$$

在式（6－16）中，$[\boldsymbol{K}]-\omega^2[\boldsymbol{M}]$ 为系统的特征矩阵，由于自由振动中各点的振幅不全为零，因此必须满足：

$$\det([\boldsymbol{K}]-\omega^2[\boldsymbol{M}])=\begin{vmatrix} k_{11}-\omega^2 m_{11} & k_{12}-\omega^2 m_{12} & \cdots & k_{1n}-\omega^2 m_{1n} \\ k_{21}-\omega^2 m_{21} & k_{22}-\omega^2 m_{22} & \cdots & k_{2n}-\omega^2 m_{2n} \\ \vdots & \vdots & & \vdots \\ k_{n1}-\omega^2 m_{n1} & k_{n2}-\omega^2 m_{n2} & \cdots & k_{nn}-\omega^2 m_{nn} \end{vmatrix}=0 \tag{6-17}$$

将式（6－17）展开，可得出 ω^2 的 n 次代数方程式：

$$\omega^{2n}+a_1\omega^{2(n-1)}+\cdots+a_{n-1}\omega^2+a_n=0 \tag{6-18}$$

式（6－18）为结构系统的特征方程。因此，求解系统的固有频率便是求解特征方程式（6－18）的特征值 ω_i。将 ω_i 代回式（6－16），可得到与之对应的特征向量 $\{\phi\}_i$，特征向量 $\{\phi\}_i$ 描述了结构系统在第 i 阶固有频率 ω_i 下的固有振型。

第 i 个特征值与第 i 个固有频率间的关系如下式：

$$f_i=\omega_i/2\pi \tag{6-19}$$

其中，f_i 为第 i 个固有频率，Hz。

当一个线弹性结构在自由或强迫振动下振动时，它在任意时刻的振动形状是所有模态的线性组合。

$$\{\boldsymbol{u}\}=\sum_i\{\boldsymbol{\phi}_i\}\xi_i \tag{6-20}$$

其中，$\{\boldsymbol{u}\}$ 为位移向量，$\{\boldsymbol{\phi}_i\}$ 为第 i 阶振型，ξ_i 为第 i 阶模态位移。

6.3.2 模态分析求解方法

模态分析中，求解结构系统特征方程的特征值问题是结构动态性能研究中一个重要的问题。求解方法主要有向量迭代法、矩阵变换法以及 Jacobi 方法等。通常，引起结构系统共振的一般是较低的频率特征。因此，对于流体机械这类的复杂结构系统来说，往往只计算其最低几阶特征对，而没有必要计算出其离散动力学模型的全部特征对。

目前，Ansys 软件提供的模态的提取方法主要有子空间迭代法（Subspace）、兰佐斯法法（Lanczos）、Power Dynamics 法、缩减法（Reduced）、不对称法（Unsymmetric）、阻尼法（Damped）等，它们的提取方法和适用范围见表 6－1，其中兰佐斯法（Lanczos）是实际工程中应用最为广泛的方法。

表 6-1 Ansys 软件常用的模态提取方法

模态提取法	适用范围
Lanczos 法	默认的提取方法，用于提取大规模的多阶模态，适合于由壳体单元与实体单元组成的模型，速度快，但计算中占用的内存多，用于提取大模型的少数阶模态
子空间法	适用于较好的实体及壳单元组成的模型，用于提取大模型的少数阶模态
Power Dynamics 法	适用于多自由度模型的特征值快速求解，对于网格较粗的模型只能得到频率近似值，用于提取小到中等模型的多阶模态
缩减法	选取合适主自由度时可获取大模型的少数阶模态，此时频率计算的精度取决于主自由度的选取

6.3.3 临界转速

由于机械制造的误差，转子各微段的质心一般对回转轴线有微小偏离。转子旋转时，由上述偏离造成的离心力会使转子产生横向振动。

转子的临界转速一般通过求解其振动频率得到。转子的固有频率除了与转子结构（本身和支承结构）参数有关外，它还随转子涡动转速和转子自转转速的变化而变化。在不平衡力驱动下，转子一般作正向同步涡动，当转子涡动频率等于转子振动频率时，转子出现共振，相应振动频率下的转速就称为该转子的临界转速。为确保机器在工作转速范围内不致发生共振，临界转速应适当偏离工作转速 10% 以上。

固有频率可以通过以下公式近似转换为相应的临界转速值：

$$n = 60f \tag{6-21}$$

式中，f 振动频率，单位 Hz；n 转速，单位 r/min。

为进一步研究转子系统在工作状态下的动力特性，有些文献还分别在“干态”和“湿态”两种情况下对转子部件的受力、变形及固有频率进行对比分析，其中“湿态”是正常有流体作用力的情形，而“干态”则是假设无流体作用力（如重力、流体对转子的作用力）的情形。

6.4 液环泵转子静力学性能的计算实例

本节的算例是采用上述流固耦合方法模拟计算液环真空泵转子的静力学性能，所研究的液环泵模型及其气液两相流场计算见 3.5 节。流场采用了 Fluent 软件进行计算，本节的静力学计算采用 Ansys 软件结构模块计算。

液环真空泵的转子（由叶轮和泵轴组成）是泵传递扭矩的关键零件之一，其性能直接关系到泵是否能正常工作。传统的设计和分析方法一般都是先通过转子传递的最大扭矩，计算出转子的最小直径；然后计算作用在转子上的载荷，转子不同断面上的扭矩、轴向力和弯矩，利用解析法或图解法确定转子不同位置的支反力，最后利用传统的计算公式进行强度校核，确定安全系数。如果安全系数小于许用安全系数，还要进行疲劳强度计算。此过程计算繁杂，计算量大，重复性强，而且可能因为计算误差，造成转子强度不够而引发轴裂、轴断事故。因此有必要研究一种准确、快捷的强度分析方法，本算例采用流固耦合方法，通过 Ansys 软件计算出转子的位移、应力和应变，从而分析和校核液环泵转子的力学性能。

6.4.1　液环真空泵转子模型

研究的液环泵模型见 3.5 节，是一种常规单级、单作用，径向吸、排气类液环泵。建模后的整个转子模型如图 6－3 所示，转子材料为铁素体的球墨铸铁（QT450－10），它的特点是韧性和塑性较高且有一定的抗温度急变性和耐蚀性，其材料属性见表 6－2。该泵在实际使用中的转速在 372 r/min$\leqslant n \leqslant$630 r/min 之间。因此，本算例分别选择 n＝372 r/min 和 n＝630 r/min 进行分析和校核。

表 6－2　转子材料属性

转子材料参数		单位	数值
铁素体型球墨铸铁（QT450－10）	弹性模量	Pa	2.06e＋11
	泊松比	无量纲	0.3
	密度	kg/m^3	7.8e＋3

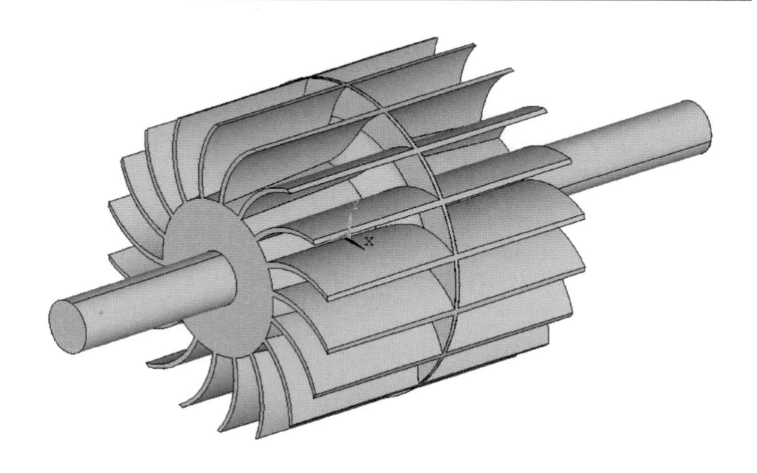

图 6－3　液环泵转子模型

6.4.2　网格划分和边界条件设置

采用 20 节点的三维单元体进行网格划分。叶片的网格尺寸为 10mm，轴的网格尺寸为 20mm；单个叶片划分完成后总结点数为 234 558 个，单元数为 123 912 个。如图 6－4 所示。

在整机中，液环泵转子的长轴一端接电机，短轴一端接机械密封；长轴由一个圆柱滚子轴承承受径向载荷，短轴由两个圆锥滚子轴承组合承受径向和轴向载荷。

采用弱耦合法中的单向耦合方法，把 3.5 节中气液两相计算得到的液环泵流场时均压力施加到流固耦合界面，转子边界条件设置如图 6－5 所示。

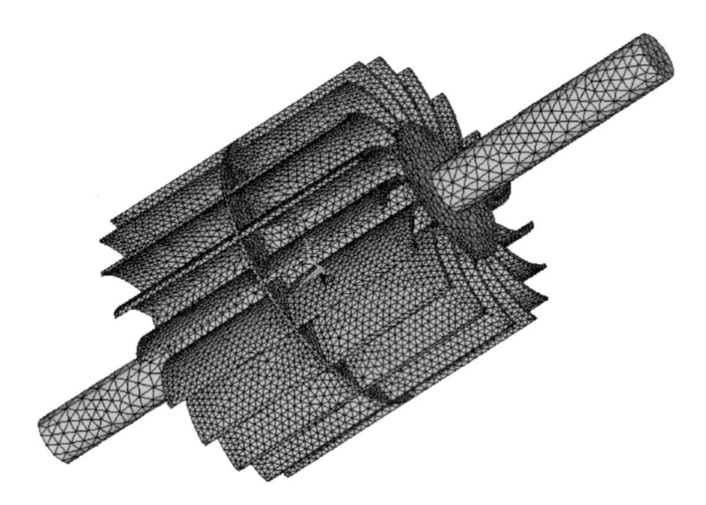

图 6-4　液环泵转子网格划分

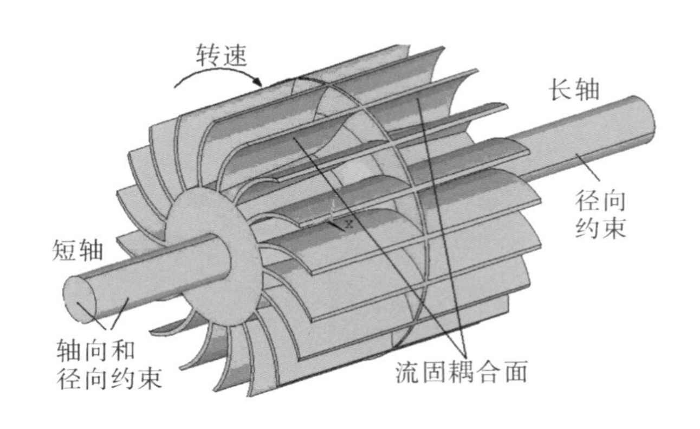

图 6-5　转子边界条件设置

6.4.3　计算结果及其分析

强度通常是指材料在外力作用下抵抗产生弹性变形、塑性变形和断裂的能力。条件屈服强度 $\sigma_{0.2}$、抗拉强度 σ_b、变形率 δ 是常用于测定材料强度的三项性能指标。材料在承受拉伸载荷时，当载荷不增加而仍继续发生明显塑性变形的现象叫做屈服。产生屈服时的应力称为屈服点或物理屈服强度，用 σ_s 表示。工程上有许多材料没有明显的屈服点，通常把材料产生的残余塑性变形为 0.2% 时的应力值作为屈服强度，称为条件屈服极限或条件屈服强度，用 $\sigma_{0.2}$ 表示。材料在断裂前所达到的最大应力值，称为抗拉强度或强度极限，用 σ_b 表示。变形率是变形量与原尺寸的百分比，用 δ 表示。

由图 6-6 液环泵转子的位移变形图可知，转子的变形分布不均匀，两根轴变形较小，叶片变形较大，且越接近叶片末端变形越大；叶片变形主要出现在圆周方向，且和叶轮转动方向相反。叶片中间由于有隔板的保护，相对变形量比轴向两侧的叶片要小。另外，随着液环泵转速的提高，叶轮的位移变形值增加。转速为 $n=372\mathrm{r/min}$ 时，最大变形量为 0.348mm，变形率为 $\delta=9.8\times10^{-4}$；转速为 $n=630\mathrm{r/min}$ 时，最大变形量为 1.01mm，变

形率为 $\delta = 2.8 \times 10^{-3}$，见表 6－3。

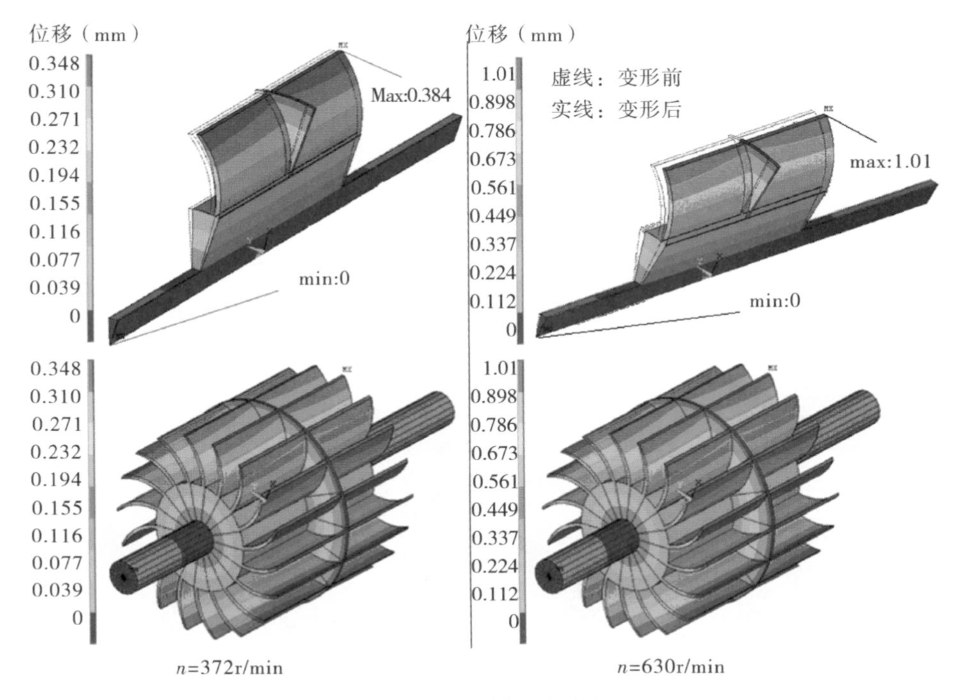

图 6－6　液环泵转子位移变形图

分析和校核液环泵转子强度的关键是要校核它的最大应力、应变值是否在允许范围之内。由图 6－7、图 6－8 可知，转子最大的应力和应变量发生在整根轴的中间部位和叶片

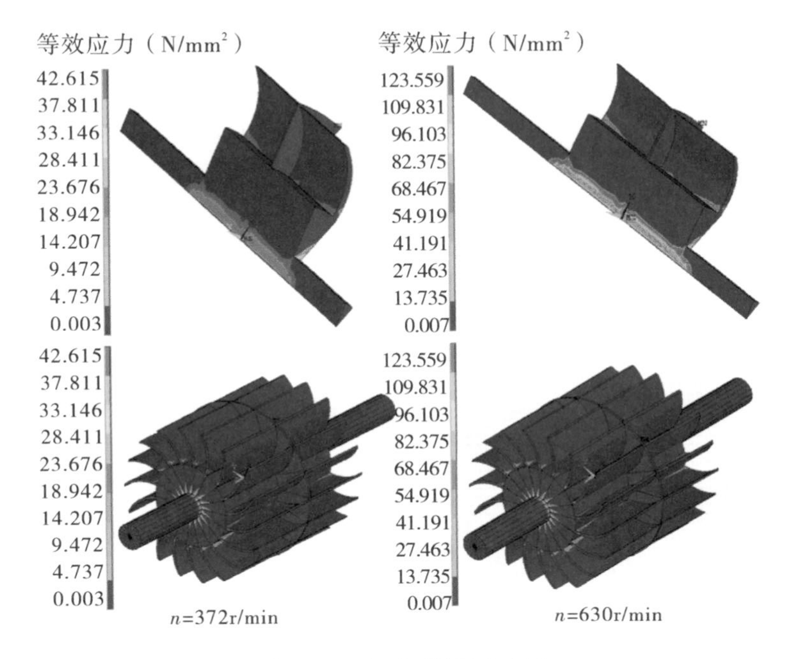

图 6－7　液环泵转子应力图

根部，这是因为该处的形状发生了突变，叶片的变形受到了轮毂的约束，轮毂的变形又受到了轴的约束。而且随着转速的增加，转子的应力和应变值也会相应增加。转速为 $n=372\text{r/min}$ 时，最大应力值为43MPa，应变为 2.08×10^{-4}；转速为 $n=630\text{r/min}$ 时，最大应力值为124MPa，应变为 6.02×10^{-4}，如表6－3所示。

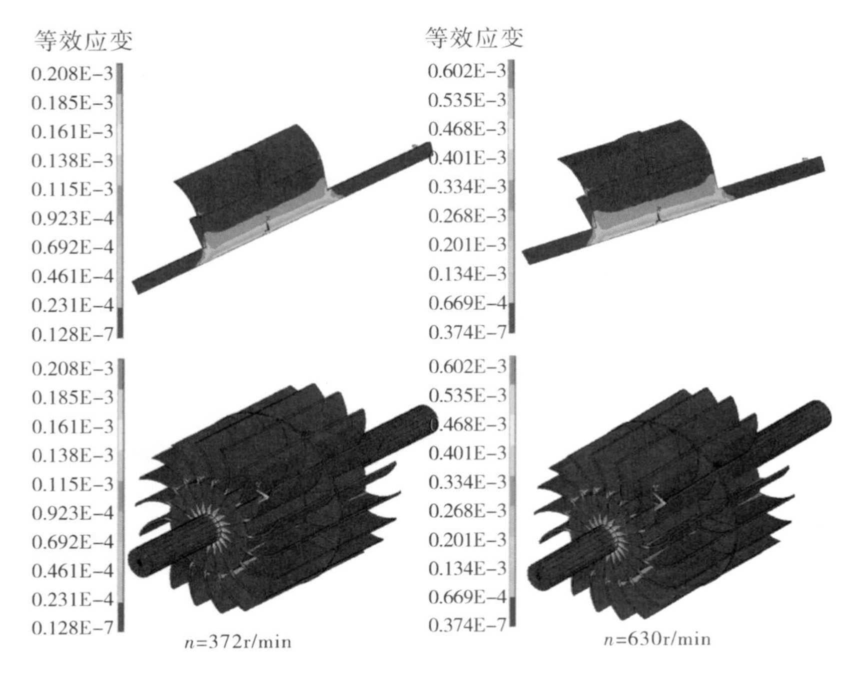

图6－8　液环泵转子应变图

转子材料力学性能校核情况见表6－3。由表6－3可见，该液环泵的转子符合力学性能要求。但需要看到叶片随着叶轮的转动始终处于交变状态，故应注意交变载荷作用下的疲劳破坏。疲劳破坏是机械零件失效的主要原因之一，而且疲劳破坏前没有明显的变形。因此对于轴、轴承、叶片等承受交变载荷的零件需要选择疲劳强度较好的材料。

表6－3　转子力学性能校核

QT450－10 性能指标	条件屈服强度 $\sigma_{0.2}$		屈服极限 σ_b	变形率 δ
	≤205（MPa）		≤450（MPa）	≤%
转速/（r·min^{-1}）	最大应力（MPa）	最大应变	变形量（mm）	变形率（%）
372	$43<\sigma_{0.2}=205$	2.08×10^{-4}	0.348	0.1%＜10%
630	$124<\sigma_{0.2}=205$	6.02×10^{-4}	1.01	0.28%＜10%

6.5　基于离心泵全流场的流固耦合分析实例

转子系统是离心泵的核心部分，其可靠性和稳定性对整个机组的安全正常运行有重要的影响，目前对泵转子的静、动力学分析已成为水泵设计与研究的一个重要方面。近年来国内外不少学者尝试采用流固耦合的方法对泵转子系统进行力学性能分析，取得了许多有价值的成果。但也普遍存在以下问题：一是往往局限于泵叶轮等单个零件的力学分析，未能考虑整个转子系统；二是施加到固体结构的流场载荷仅限于叶轮和蜗壳内流场，未能考虑叶轮前后腔的流场载荷；三是对转子的约束条件过多，缺乏统一标准或与实际情况有较大偏差。

根据上述情况，本算例运用 Ansys Workbench 软件，对离心泵包括叶轮、螺母和泵轴等转子系统进行流固耦合分析。在流固耦合计算中，施加到固体结构的流场载荷不仅有叶轮和蜗壳内流场，同时还考虑叶轮前后腔的流场载荷；对转子系统力学分析仅对轴承与轴接触处采用轴向和径向约束较符合实际的约束条件。此外，为了解泵转子系统的固有频率和临界转速等问题，本算例还对转子系统进行模态分析，得到其固有频率和振型，并将计算得到的临界转速与常规的临界转速计算结果进行对比分析。由于水泵结构变形对流场影响很小，本算例对水泵采用弱耦合的单向流固耦合分析。

6.5.1　计算模型

选取 IS100－65－200 型单级单吸离心泵作为研究对象。泵设计参数为：转速 $n=1480\mathrm{r/min}$，流量 $Q=50\mathrm{m^3/h}$，扬程 $H=12.6\mathrm{m}$。工作介质为水，密度 $\rho=998.2\mathrm{kg/m^3}$，动力粘度 $\mu=1.003\times10^{-3}\mathrm{Pa\cdot s}$。流动计算域由进水管、叶轮、叶轮前后腔、蜗壳及出水管组成，叶轮的叶片数 $Z=6$。固体结构计算域包括叶轮、螺母和轴等转子部分。应用 Pro/E 建立三维计算模型，得到如图 6－9 所示的离心泵流体和固体计算域。本算例利用 Ansys Workbench 多物理场求解器所提供的流固耦合技术，对离心泵进行流固耦合分析。这种多物理场耦合求解方式的独特之处在于耦合过程中的数据交换是内部自动建立的，无需第三方软件。同时，在流固耦合分析中，流体域和结构域的网格划分可以采取不同的方式单独划分，通过定义流体域和结构域的流固交界面来实现流体分析和结构分析的耦合计算。

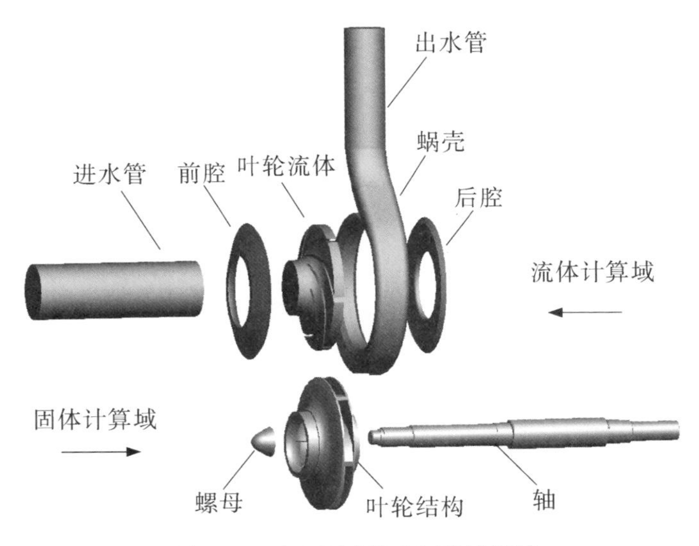

图 6－9　离心泵流体和固体计算域

对流体计算域进行网格划分，得到如图 6－10a 所示的网格单元。流体域网格总数为 1 316 579，进水段、叶轮、前腔、后腔、蜗壳和出口段计算域的网格数分别为 106 560、352 384、110 878、40 912、498 785 和 207 060。

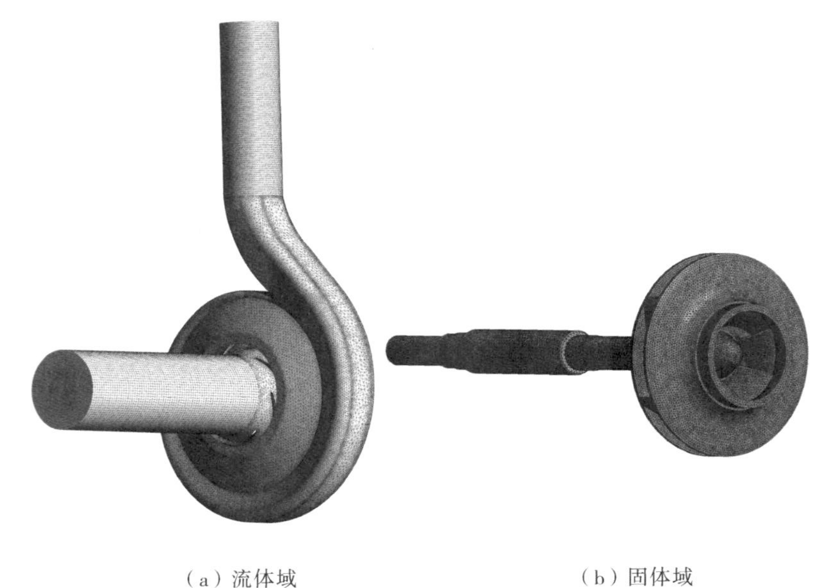

（a）流体域　　　　　　（b）固体域

图6－10　计算域网格

6.5.2　离心泵全流场计算

将流体域网格导入流体计算软件 Ansys－CFX 中，在多参考系下进行泵流场计算，叶轮计算域设在旋转坐标系，其余计算域设在静止坐标系，动静交界面属性设置为“Frozen Rotor”。采用 RANS 流动控制方程和 SST k－ω 湍流模型模拟计算泵内湍流运动。水泵进口边界为压力设置，出口边界按设计点质量流量设置；采用无滑移固壁条件，并使用标准壁面函数确定固壁附近流动。通过设置计算残差和监测水泵扬程 H 等参数的稳定程度判断计算收敛情况，最后得到如图6－11 和图6－12 所示的设计工况下离心泵全流场的流速、压

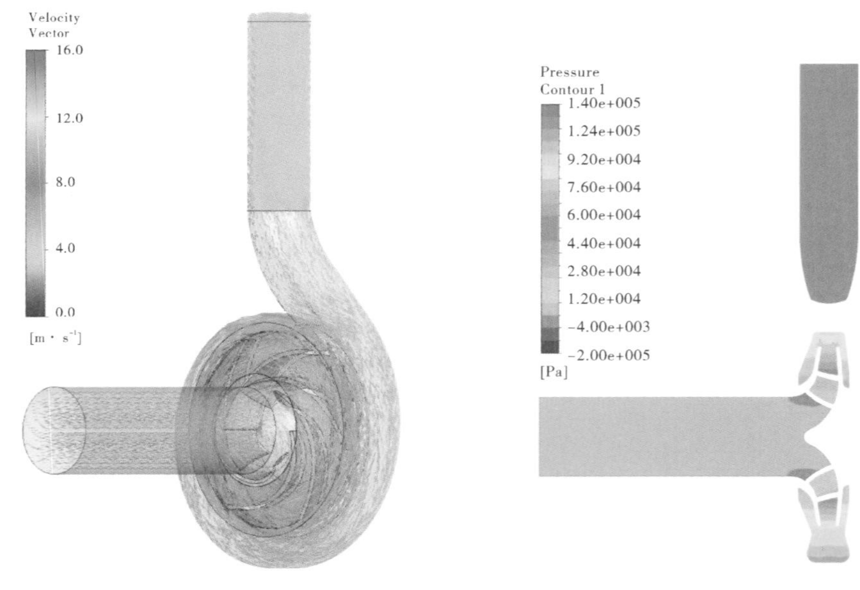

图6－11　流速矢量图　　　　图6－12　中心截面静压分布云图

力等计算结果，该结果将作为流场载荷施加到固体结构进行下一步的力学计算。

6.5.3　转子系统有限元计算

6.5.3.1　转子结构材料和计算网格

离心泵转子系统简化为叶轮、泵轴和螺母三部分，结构简图如图 6－13。计算的泵转子材料为结构钢，其物性参数见表 6－4。将离心泵转子实体导入 Ansys Workbench 中进行实体和边界定义，选择 Automatic 网格划分方式得到如图 6－10b 所示的转子系统有限元网格单元，单元数为 416 799，节点数为 90 914。

表 6－4　转子材料物性参数

密度/（$kg\cdot m^{-3}$）	泊松比	弹性模量/GPa	屈服极限/MPa	拉伸强度/MPa
7850	0.3	200	250	460

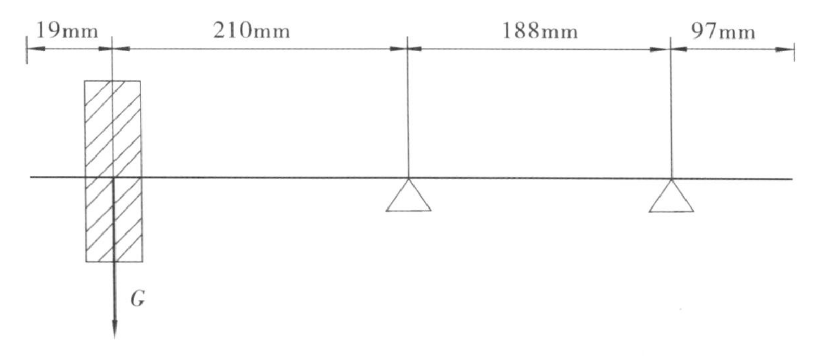

图 6－13　离心泵转子系统的结构简图

6.5.3.2　载荷及约束条件

载荷条件有转子旋转所产生的离心力、自身重力以及流体对转子的内外压力。离心力载荷通过对叶轮施加旋转角速度来实现；流场压力载荷从 6.5.2 节中流场计算得到，通过流固耦合界面传递施加到固体结构。

对于约束条件，整个转子系统通过两个滚动轴承进行刚性支撑，能起到支撑轴向力和径向力作用，因此在计算软件中采用圆柱（Cylindrical）方法仅对轴与轴承接触部位进行轴向和径向约束。转子结构的受力和约束如图 6－14 所示。

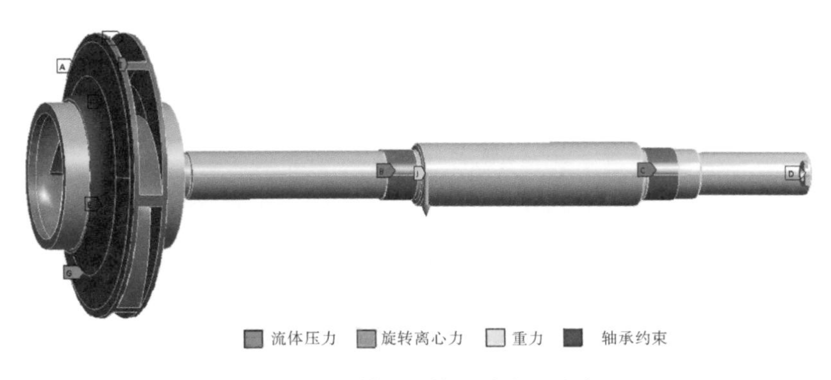

图 6－14　转子系统的受力和约束

6.5.4 计算结果与分析

6.5.4.1 应力分布

图 6 - 15 为转子系统在设计工况下的等效应力分布，从图中可以看出转子系统的最大应力位于与轴接触的叶轮轮毂圆柱面上，最大等效应力值为 11.59MPa。此外，叶轮叶片与前后盖板连接的位置也是应力较集中的地方。对轴而言，与叶轮连接的轴圆柱面和靠近叶轮一侧的轴承支撑位置也有较大应力出现。

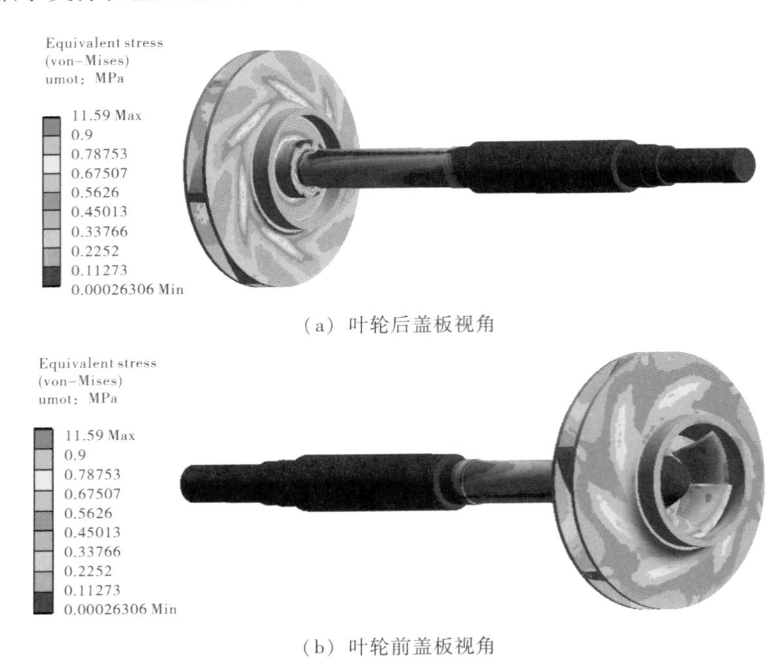

（a）叶轮后盖板视角

（b）叶轮前盖板视角

图 6 - 15 设计工况下转子的等效应力分布

6.5.4.2 变形分布

图 6 - 16 为转子系统在设计工况下的变形分布。从图中可以看出，转子系统的最大总变形位置出现在叶轮的外缘处，最大总变形量约为 0.244mm，叶轮变形主要表现为沿径向的拉伸变形，变形量随半径增大而增大，轴的变形相对较小。因此在离心泵转子设计和操作时需要考虑叶轮出口的变形量。

（a）叶轮后盖板视角

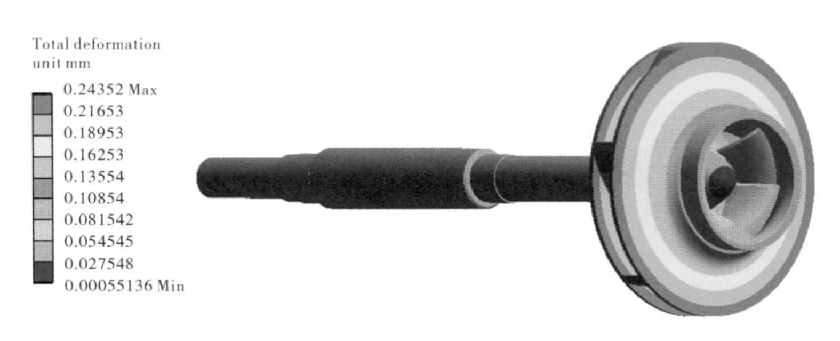

（b）叶轮前盖板视角

图 6－16　设计工况下转子的变形分布

6.5.4.3　转子的力学性能校核

转子设计的一个主要条件是其力学性能参数应在允许范围之内。所研究的泵转子系统的力学性能校核情况见表 6－5。由表可见，有限元计算得到的离心泵转子系统符合力学性能要求。

表 6－5　转子系统的力学性能校核

参数	屈服强度 σ_s /MPa	强度极限 σ_b /MPa
性能指标	205	450
计算值	11.59	—

6.5.4.4　转子的模态分析

根据 6.3.2 节中介绍的情况，在计算软件中采用精度高、运算速度快的 Lanczos 法进行模态提取。表 6－6 为计算得到的离心泵前 6 阶固有频率和最大振幅，其固有振型如图 6－17所示。结合表 6－6 和图 6－17 可以发现，叶轮的 1 阶振型变形量呈轴中心对称分布且叶轮的变形随半径增大而增大；2 阶和 3 阶振型都为弯曲振动，最大变形发生在叶轮轮毂处和叶轮外缘；4 阶和 5 阶振型为弯曲和扭转的复合振动；叶轮的 6 阶振型的变形较小，但轴产生了较严重的扭转变形且变形量呈轴中心对称分布。

表 6－6　离心泵的前 6 阶固有频率和最大振幅

阶数	固有频率/Hz	最大振幅/mm
1	96.05	25.51
2	156.65	19.25
3	156.94	19.25
4	921.02	30.27
5	921.76	29.94
6	1378	28.14

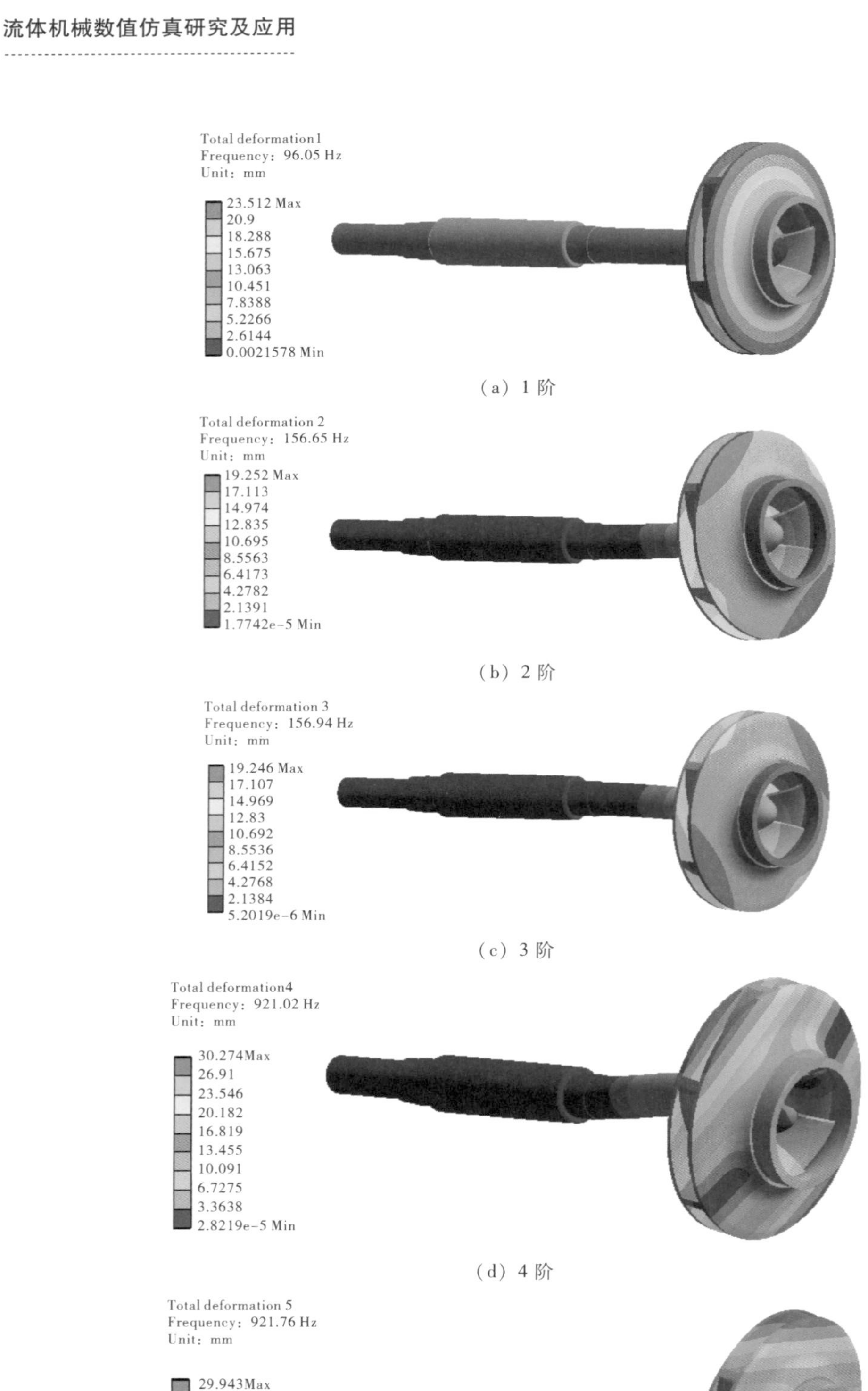

(a) 1 阶

(b) 2 阶

(c) 3 阶

(d) 4 阶

(e) 5 阶

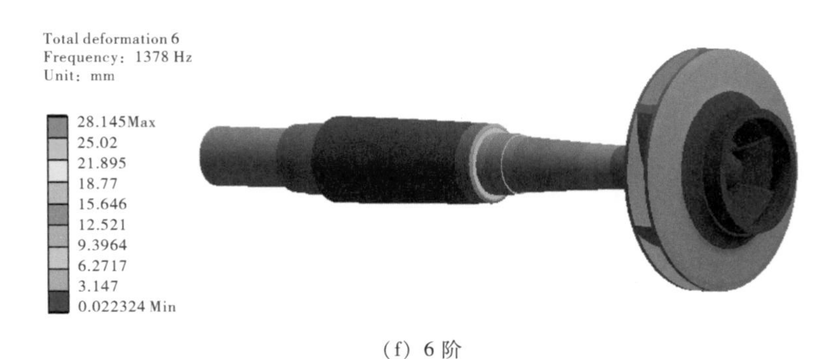

(f) 6 阶

图 6－17　转子的前 6 阶振型图

6.5.4.5　转子的临界转速

当转子在临界转速下运转时，会出现较剧烈的振动，导致轴和轴承的磨损并可能引发事故。下面采用流固耦合与传统的叠加法分别计算该离心泵转子的第一临界转速。对于流固耦合，由表 6－7 的第 1 阶固有频率值直接代入公式（6－21）计算，得到转子第一临界转速。对于叠加法，按照图 6－13 的离心泵转子载荷结构图计算得到第一临界转速值。两种方法计算得到的转子一阶固有频率和临界转速结果见表 6－7。由表 6－7 可以看出，对于本算例研究的离心泵转子系统，采用流固耦合计算得到的临界转速和固有频率值要低于叠加法所得到的结果，因此在实际操作中，比较安全稳妥的办法是选取两种方法计算的较小值作为第一临界转速值。

表 6－7　转子一阶固有频率和临界转速

参数	叠加法	流固耦合
一阶固有频率（Hz）	127.14	96.05
一阶临界转速（r/min）	7628.35	5762.88

6.6　本章小结

本章首先介绍了国内外关于流体机械流固耦合的研究现状和流固耦合计算的一般方法，介绍了结构力学特性分析的内容：结构静力分析、模态分析和模态分析求解方法、转子的临界转速。最后给出两个流体机械的流固耦合算例：液环泵转子静力学性能的计算及离心泵全流场的流固耦合计算。这两个算例是按照众多文献的做法，采用了弱耦合的单向流固耦合方法。内容包括流场和结构计算域模型的建立、转子系统有限元计算、转子结构材料和计算网格、载荷及约束条件和计算结果与分析，包括应力应变分布、变形分布、力学性能校核、转子的模态分析（转子固有频率和振型）及转子的临界转速等内容。

7 变转速问题的模拟计算

7.1 概述

前面各章所讨论的是流体机械在稳定转速下的计算方法和结果，即转速、管路负载等都基本不变或缓慢变化的工作过程。但在许多场合，水泵、水轮机或水力透平等流体机械的转速在瞬间发生突变，在此过程中机械的流动性能参数也随时间迅速地变化。例如水泵（透平）的启动及停机时，泵（透平）与系统处于一种非稳定工作状态；近年来人们利用风能和太阳能泵系统直接供水、灌溉和排涝，由于风能和太阳能的随机特性使得泵系统实际是在变转速状态下工作。

水泵变转速的瞬态效应在某些动力装置上有很重要的应用，例如发射武器的涡轮泵就是利用泵在快速启动过程中产生的瞬间冲击水压将武器发射出管。航天的液体火箭发动机瞬态特性（如启动、关机过程等）在很大程度上取决于涡轮泵的瞬态特性。受历史条件的限制，以往人们常用恒定转速下的流体机械特性曲线来估算非稳定状态下的特性参数，这在频率较低、工作参数变化较小的情况下是可行的，但在转速变化较大时则误差较大。这是因为机械在瞬态操作条件下，流动参数将在短时间内发生剧烈的变化。例如水泵在启动过程中，转速、流量、压力等物理参数急剧上升，雷诺数从启动前的零值迅速上升达到几百万，流态从层流急剧变化至湍流，流体的湍流强度迅速增加，切应力等也将发生剧烈的变化。此时泵内部流动属于典型的急变流，即为变化非常剧烈的非定常流动。尽管在瞬态操作过程中仍然存在动静干涉效应以及可能存在旋转失速，但此时这两点已不再是参数发生剧烈变化的主要因素。

7.2 流体机械变转速特性的研究现状

7.2.1 瞬态特性研究

20 世纪 80 年代，Tsukamoto 等人对一台单级低比转速小型蜗壳式离心泵在快速启动和停机过程中的瞬态特性进行了系统的实验研究。随后运用奇点法数值计算了加速度下的扬程和流量，并将数值预测结果与瞬态外特性实验结果进行了对比。为排除转速影响，引入了无量纲流量和无量纲扬程两个系数进行分析描述。发现在启动初始阶段，无量纲扬程系数要远高于基于准稳态假设的计算值。Lefebvre 等人对一台高比转速离心泵在三种启动加速度情形下进行了启动与停机实验。结果显示启动过程中的瞬态效应非常明显：在启动初期，无量纲压力系数远高于基于准稳态假设的预测值。Dazin 等人提出了采用角动量方程和能量方程来预测在瞬态操作条件下叶轮内部扭矩、功率和扬程的方法。指出瞬态操作过程中的瞬态效应除了与旋转加速度大小和流动加速度大小有关外，还与内部的流场演化结构有关。Elaoud 等人建立一种数学模型来分析离心泵的启动时间对圆管内水流的影响，并用特征线法对数学模型进行了求解。研究发现在启动过程中，在较低加速度情况下，管道内压升效应更加明显；在较高加速度情形下，转速更快地达到稳定工况点。Grover 等人重点对启动过程离心泵叶轮的转动惯量和流体的流动惯性对启动性能的影响进行了理论计算研究。结果显示当转动部件的转动惯量与流动惯性比值较小时，启动过程中压力和泵转速只会部分地比稳定值高；流体的流动惯性不会对泵转速的上升速率产生显著影响，而转动部件的转动惯性则对此有显著作用。但两者均对流量的上升速率有重要影响。

国内方面，对水力机械在操作过程中瞬态性能的研究最早可追溯到段昌国和常近时提出的叶片式水力机械的广义基本方程式。该广义方程式在稳定转速状态下，可简化为常见的欧拉方程。随后，常近时又将该广义积分方程具体表达为水力机械几何参数和流动参数的表达式。在叶片泵的变转速瞬态性能研究方面，浙江大学的王乐勤及其团队通过实验测试、模拟仿真和理论分析等手段，对水泵的瞬态操作过程问题开展了一系列的研究工作。不少学者对水轮机、叶片泵等流体机械在瞬态过程内部流场方面也开展了大量的研究工作，并取得了显著的研究成果。

7.2.2 流场模拟计算

与恒定转速下的流动瞬态模拟计算相比，水泵、水轮机机组变转速过渡过程数值仿真有以下两个难点：①计算边界条件的设置。过渡过程时，机组与管道系统水力作用强烈耦合，机组与管道接口处的流量和压力处于不断变化的过程。有学者采取的应对策略是对管路系统和机组一起建模计算，但这样会增加求解的成本，尤其是管路很长的场合。②流场的雷诺数变化跨度大，流态从层流急剧变化至湍流，而使用商用软件计算一般不能随流态变化更换湍流模型。③机组的转轮转速是动态变化的，转速的变化一般与流体动力作用相互耦合，处于未知状态。目前用于流体机械求解的商业软件一般仅能计算恒定转速条件下的流动。针对该问题，目前存在两种处理方法。第一种是借鉴多参考系（MRF）方法，由非惯性参考系下的质点运动方程出发，推导具有角加速度的旋转参考系下的控制方程和雷诺方程，从而进行数值求解。与恒定转速下的 MRF 方法不同之处是变转速的动量方程增加了加速度项，这需要通过添加源项的方法实现。然后从转矩平衡方程的角度出发，通过数值耦合计算得到叶轮的转速。这种方法比较繁杂，虽然无需给出转速随时间变化的经验曲线，但仍需知道转动部件总力矩随时间的关系，然后对控制方程添加源项并在软件平台上进行二次编程计算。第二种方法为“动态滑移面”或动网格方法。其基本思想是在滑移面模型基础上，在旋转区域施加给定的或计算的旋转速度，从而动态地改变转轮区域的旋转速度。这种方法的转速随时间的变化曲线需要事先给定，此外动网格方法（内容见第8章）除了要在软件平台上进行必要的编程外，对于单元数目较多的三维情形，其计算的复杂程度及其耗费的计算时间是非常显著的。

作者近年来采用变转速方法分别应用于离心泵的启动和停机，离心泵作水力透平启动过渡过程的瞬态流动模拟计算，在 7.4 和 7.5 节中将分别给出这些算例的计算方法和结果分析。

7.3 变转速阶段的流动特性

7.3.1 变转速参考系下的流体运动方程

在 1.3.1 中，我们曾讨论了图 1-2 所示的一个相对于静止参考系以角速度 $\boldsymbol{\omega}$ 旋转的坐标系，$\boldsymbol{v}_r$ 是相对速度（旋转系中观察的速度），$\boldsymbol{v}$ 是绝对速度（静止系中观察的速度）；$\boldsymbol{u}_r$

为运动参考系在静止参考系下的速度，其中 $\boldsymbol{v}_t$ 是平动速度。令 $\boldsymbol{v}_t=\boldsymbol{0}$，得到转动参考系下的动量方程：

$$\frac{\partial}{\partial t}(\rho\boldsymbol{v}_r)+\nabla\cdot(\rho\boldsymbol{v}_r\boldsymbol{v}_r)+\rho(2\boldsymbol{\omega}\times\boldsymbol{v}_r+\boldsymbol{\omega}\times(\boldsymbol{\omega}\times\boldsymbol{r})+\boldsymbol{\varepsilon}\times\boldsymbol{r})=-\nabla p+\nabla\cdot[\tau_r]+\boldsymbol{F} \tag{7-1}$$

其中，$\boldsymbol{\varepsilon}=\mathrm{d}\boldsymbol{\omega}/\mathrm{d}t$ 为转动参考系在静止参考系下的角加速度；$[\tau_r]$ 是转动参考系下的粘性应力张量。

动量方程式（7－1）中的加速度项 $\boldsymbol{\varepsilon}\times\boldsymbol{r}$ 在变转速的场合不能为零，也就是说 $\boldsymbol{\varepsilon}\times\boldsymbol{r}$ 是运动方程由静止参考系转化到变转速运动参考系下所形成的额外加速度项。

7.3.2 转动部件的运动方程

要对旋转机械的流动性能进行仿真模拟，首先需要已知转速随时间的变化规律。例如要求解水泵启动过程的水力特性，就需要知道动力源特性以及转动部件的运动方程。通常情况下，水泵动力源主要由电动机和涡轮机等原动机提供。特定的电动机通常有其自身的动力矩特性，可以通过测试得到，但启动力矩也可以通过调整电压的方式予以改变。换句话说，转速特性不但可以通过计算获得，它随时间的变化过程也可事先设定，其随时间变化的曲线通常为指数曲线，表达式为：

$$n(t)=n_{\max}[1-\exp(-t/t_0)] \tag{7-2}$$

式中，$n_{\max}$ 为启动完成后的最大转速值；t_0 是一个具有时间量纲的数值，其值大小与电动机的型号和启动载荷有关。

还有许多情况下转速特性 $n=n(t)$ 事先无法得知，需要建立转动部件的运动方程来进行求解。动力源的力矩特性与转速有关，而且水泵或涡轮机的阻力矩也与转速、流量、扬程（水头）等参数有关，因此，系统转动部件运动方程需要与水力部分的方程联立求解。

对于原动机（涡轮机、水轮机）或是工作机（泵或压缩机），当转速改变时，由达朗贝尔原理得到旋转的运动方程为：

$$J\frac{\mathrm{d}\boldsymbol{\omega}}{\mathrm{d}t}=\sum_i\boldsymbol{M}_i \tag{7-3}$$

式中，$\sum_i\boldsymbol{M}_i$ 是转动部件受到的力矩之和；$\boldsymbol{\omega}$ 为转动部件的角速度；J 为转动部件的转动惯量；即：

$$J=\frac{GD^2}{4g} \tag{7-4}$$

其中，D 和 G 分别是转动部件的直径和所受到的重力。

例如对于水泵，有：

$$\sum_i M_i=M_p-M_f \tag{7-5}$$

式中，M_p 为动力源提供的力矩；M_f 为转动部件受到的阻力矩。

对水轮机（或涡轮）的情形，则有：

$$\sum_i M_i=M_w-(M_l+M_f) \tag{7-6}$$

其中，M_w 是来流提供的力矩，M_l 是负载力矩，M_f 是旋转部件受到的阻力矩。此外，力矩和功率的关系为：

$$P_i = M_i\omega \tag{7-7}$$

因此，可对式（7－3）采用时间步的有限差分近似，

$$\frac{\omega_{n+1} - \omega_n}{\Delta t} = \frac{1}{J}\sum_i M_i \tag{7-8}$$

例如在计算流体机械启动时，先赋予角速度初值 $\omega_0 = 0$ rad/s，即旋转机械从静止开始启动。在每一时间步的迭代求解 ω_{n+1} 过程中，实时调用上一个时间步的计算信息 ω_n，使转速历程与流动性能参数的变化耦合求解，随着时间步的推进，旋转机械最终将以一个稳定的角速度转动。图7－1是在计算软件中采用上述方法通过用户编程求解叶片泵转速的具体步骤。

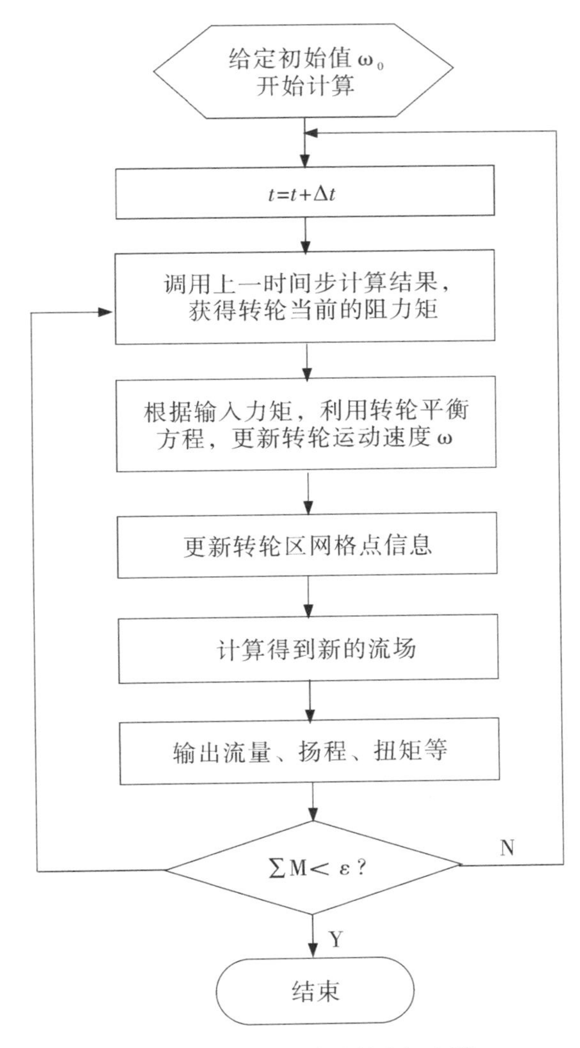

图7－1　叶片泵转速的求解步骤

7.4 运用变转速方法模拟计算离心泵启动停机过程实例

离心泵启动和停机等瞬态问题归根结底是离心泵水力性能随转速变化的过程，本算例是在转速特性 $n = n(t)$ 事先已知的情况下，采用计算软件中对叶轮计算域随时间改变转速的直接方式进行非定常流场模拟计算。

7.4.1 计算方法

7.4.1.1 计算域及网格划分

选取IS125型管道离心水泵（比转速 $n_s = 65$，叶轮叶片数 $Z = 6$）为研究对象。流场计算域由入口管路、叶轮、蜗壳和出口管路组成。应用Pro/E软件构造流动计算域的三维模型，导入ICEM软件中进行计算网格划分，得到如图4－11所示的结构网格单元。网格单元总数为1 019 538，其中进口段、叶轮、蜗壳和出口段计算域的网格数分别为334 500，331 888，279 810和73 340。运用Ansys－CFX软件在多参考系下进行离心泵非定常流场计算，设置入口段、泵体与叶轮的交界面为滑移界面，叶轮计算域设在旋转参考系，其余计算域设在静止参考系。在第1章的1.3.1节中已提到，变转速参考系下的流体控制方程式（1－18）中的角加速度项（$\boldsymbol{\varepsilon} \times \boldsymbol{r}$）不能为零，本算例所使用的CFX软件具备了多参考系的求解器并兼顾了角加速度项不为零的功能。

7.4.1.2 泵工况及流体物性

水泵的介质是20℃清水，计算中所使用的操作工况、介质物性等参数如表7－1所示。

表7－1 水泵操作工况及介质物性

流量 Q/（$L \cdot s^{-1}$）	转速 n/（$r \cdot min^{-1}$）	密度 ρ/（$kg \cdot m^{-3}$）	动力粘度 μ/（$Pa \cdot s$）
0～96	0～2950	998.2	1.003×10^{-3}

其中，额定流量 $Q_d = 54L/s$，额定转速 $n = 2950r/min$。

7.4.1.3 边界条件

计算域进出口阀门为全开状态，进出口边界条件均采用总压力值，进出口总压差值可按阀门开度对应的扬程值设定。采用无滑移固壁条件，并使用标准壁面函数确定固壁附近流动。

7.4.1.4 变转速非定常计算方法

现有的研究资料表明，水泵启动和停机的转速变化与加速方法和材料固有特性有关。如采用电机直接启动，水泵从静止到额定转速 $n = 2950r/min$ 所用时间约为0.5s。若采用快速启动措施，还可能进一步缩短所需的启动时间。此外，不同条件下测试的启动或停机转速随时间有不同的变化过程，例如有研究显示离心泵启动转速随时间作指数函数或近似作线性变化；有的离心泵停机转速随时间近似作直线衰减；有的混流泵停机转速随时间近似呈二次曲线衰减。鉴于上述情况，为简化计算，本算例假设叶轮启动和停机均在0.2s内完成且转速 n 近似随时间 t 作线性变化，整个模拟计算过程包括泵启动、运行、停机和停机后四个阶段。将 n 与 t 的关系写成函数形式（7－9），并直接设置到软件的叶轮转速中进行瞬态计算。

$$n = \begin{cases} 14\,750t & t < 0.2 & \text{启动增速} \\ 2950 & 0.2 \leqslant t \leqslant 0.6 & \text{正常运行} \\ 11\,800 - 14\,750t & 0.6 \leqslant t \leqslant 0.8 & \text{停机减速} \\ 0 & t > 0.8 & \text{停机后} \end{cases} \tag{7-9}$$

式中，转速 n 单位为 r/min，时间 t 单位为 s。

离心泵启动和停机过程是叶轮突然启动加速或减速引起内部复杂流动的瞬态过程，泵内流动经历了层流、过渡及湍流等不同阶段，在现有湍流模型中尚未有一个计算模型可以涵盖整个过程。为简化起见，本文选取工程中常用的标准 $k-\varepsilon$ 湍流模型，SIMPLEC 算法求解压力和速度的耦合。设置流动计算时间步长 $\Delta t = 60/65nZ$，以静止流速和静止转速作为计算初始条件，通过设置计算残差和监测水泵流量 Q、扬程 H 是否为零值作为计算结束条件。

7.4.2　计算结果及分析

7.4.2.1　流场分布

图 7-2 和图 7-3 分别给出了离心泵在启动加速、停机减速过程中不同时刻的流速和压力分布，图中左侧是流速矢量图（其中叶轮内流速为相对流速，下同），右侧是压力云图。在启动加速阶段（$t<0.2$s），由图 7-2 可见，随着转速 n 的增加，水泵内流速和压力值逐渐增大。根据后处理结果，从启动开始（$t=0$s）时的泵内零流速和零静压值，到泵转速稳定（$t=0.2$s）时，泵内平均流速上升到 16.3m/s，平均静压值升到 1.34×10^5 Pa。由于泵进出口阀门处于全开状态，当泵叶轮转速 n 达到额定值 2950r/min（$0.2\text{s}<t<0.6\text{s}$）后泵出口附近的流速较高。

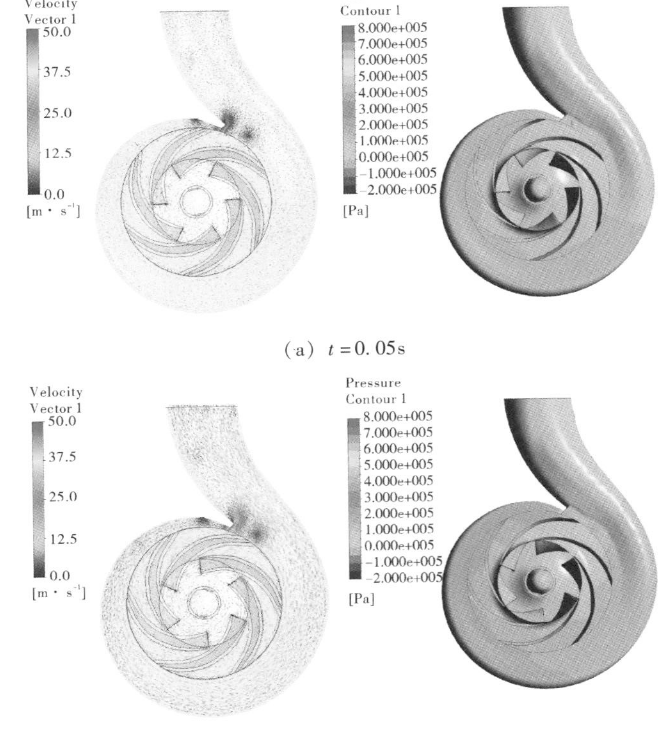

(a) $t=0.05$s

(b) $t=0.10$s

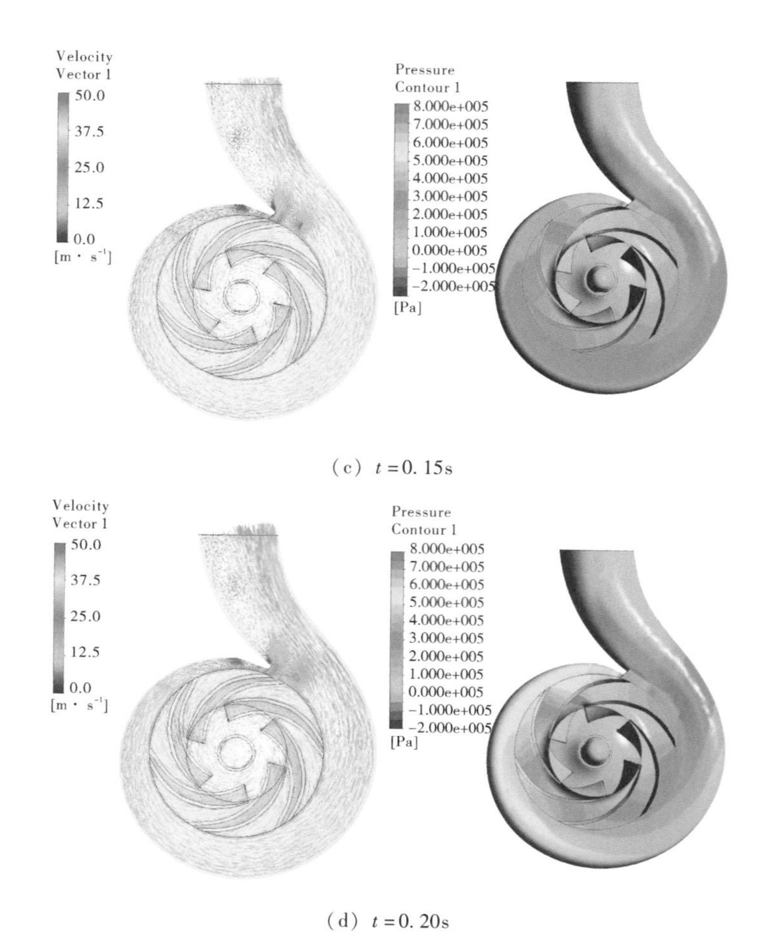

（c） $t=0.15\text{s}$

（d） $t=0.20\text{s}$

图 7－2　启动加速阶段泵内流速和压力分布

由图 7－3 可见，在停机减速阶段（$0.6\text{s}<t<0.8\text{s}$），随着转速 n 的减小，水泵内的流速和压力值逐渐减小。从停机开始 $t=0.6\text{s}$ 时的泵内平均流速 16.79m/s 和平均静压值 $1.34\times10^{5}\text{Pa}$，到泵转速为零值（$t=0.8\text{s}$）时，泵内平均流速降到 2.22m/s，平均静压值降到 461.4Pa，可见当泵叶轮转速 n 达到零值后泵内仍存在流动和压差。

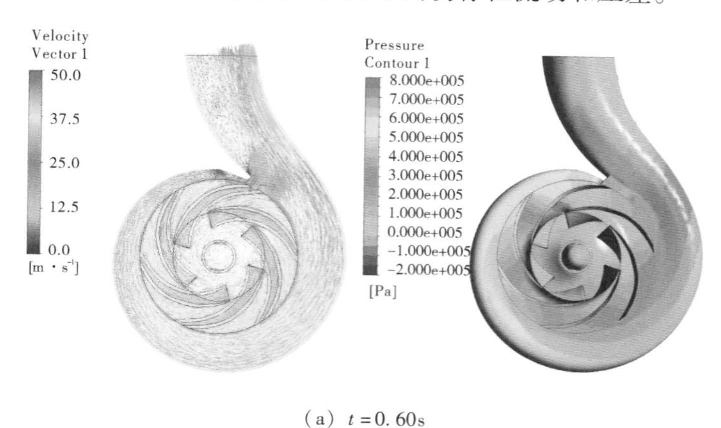

（a） $t=0.60\text{s}$

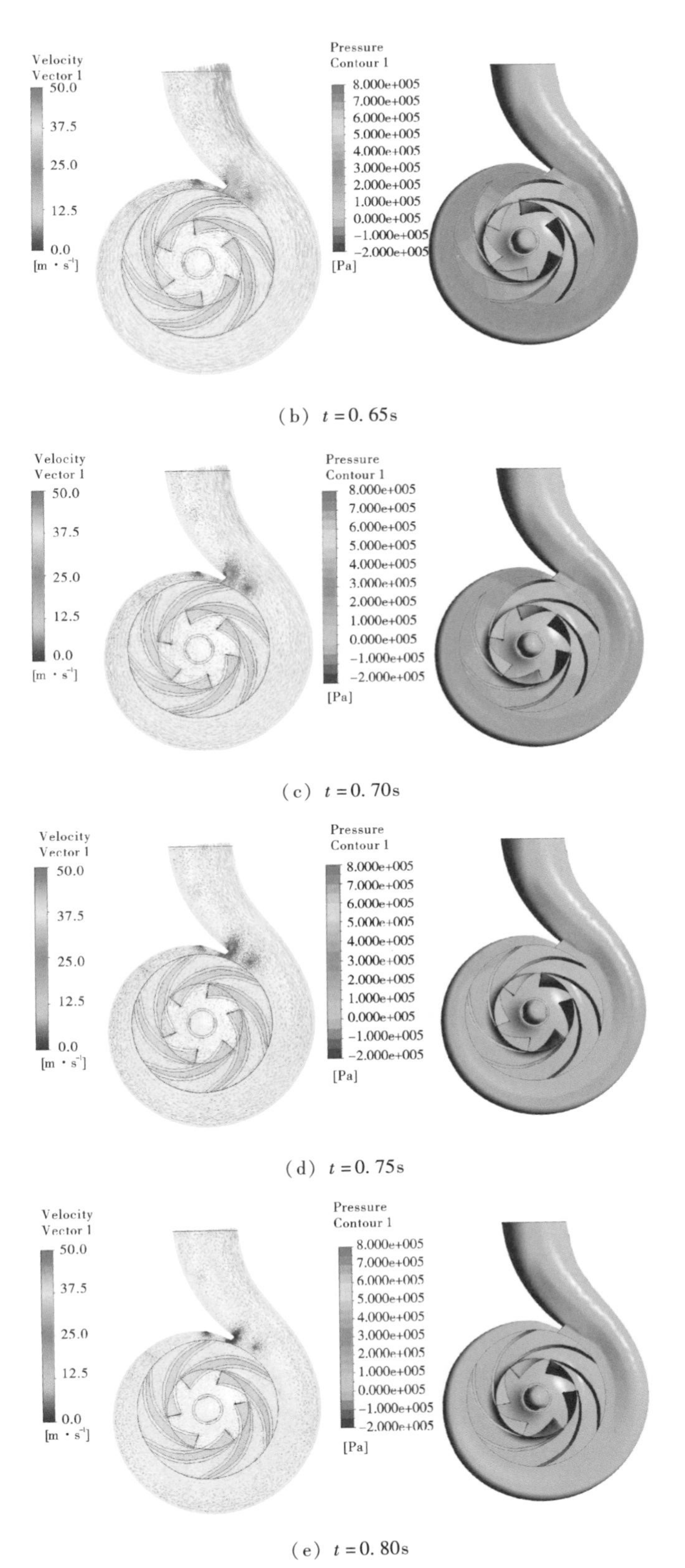

（b） $t=0.65\text{s}$

（c） $t=0.70\text{s}$

（d） $t=0.75\text{s}$

（e） $t=0.80\text{s}$

图 7 - 3　停机减速阶段泵内流速和压力分布

7.4.2.2 非定常外特性

图7-4给出了计算得到的变转速过程中离心泵出口流量 Q 和扬程 H 随时间 t 的变化结果。由图可见，离心泵在启动（$t<0.2$s）过程中，流量 Q 和扬程 H 随转速 n 增大而增大；对式（7-9）在启动加速段求时间导数，得到叶轮的启动角加速度 $\varepsilon=\mathrm{d}\omega/\mathrm{d}t=(\pi/30)\mathrm{d}n/\mathrm{d}t=1544.6\mathrm{rad/s^2}$。

当 n 达到额定值 2950r/min 后（$t\geq0.2$s），此时叶轮的角加速度由原来的 $\varepsilon=1544.6\mathrm{rad/s^2}$ 突然降为0，导致 Q 值和 H 值出现不同程度的震荡，H 值的振幅明显大于 Q 值的振幅，说明泵叶轮的旋转加速度变化对扬程 H 脉动产生较显著的影响；经过一段时间的调整，水泵进入正常运行状态，Q 值和 H 值显示稳定的谐波变化；在停机减速阶段（$0.6\mathrm{s}<t<0.8\mathrm{s}$），离心泵的 Q 值和 H 值随 n 值的减小而减小，但 Q 值和 H 值的减小滞后于转速 n 的下降。在离心泵停机后（$t\geq0.8$s），此时叶轮虽已失去动力源，但由于流体的惯性作用，泵的 Q 和 H 持续了一段时间后才达到零值，该持续时间几乎是停止转速所需时间的2倍。

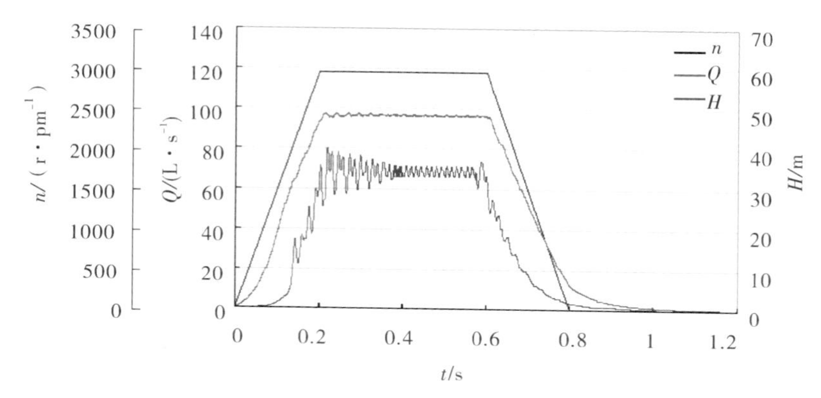

图7-4 变速过程中离心泵的外特性与时间关系

7.5 运用变转速方法模拟计算泵作透平（PAT）启动过程实例

7.5.1 PAT研究概况

泵作透平（Pump as Turbine，PAT）是一种方便快捷的能量回收装置，在合成氨、加氢裂化、城市循环水系统和小型水力发电等工业领域有着广泛的应用。对于偏远地区的小型水力发电问题，泵反转模式也是一个理想的解决方案，近些年已逐渐成为流体机械领域的一个研究热点。离心泵反转成为水力透平的工作原理类似于反击式水轮机：高能流体与泵的出口相连直接驱动转轮转动，从而带动与反转泵直连的变转速发电机工作，实现流体能向机械能及电能的转化。

目前，泵作透平的研究已逐渐由透平选型、外特性研究逐渐拓展到瞬态内部流场方面。和普通的水力透平一样，泵作透平必然面临着瞬态过渡过程内部流场的仿真问题，本算例针对这一问题，模拟仿真在固定水头 H_{Td} 来流的作用下，离心泵作水力透平启动过渡过程中的内流场和流动性能。和本章7.4节中的算例不同之处在于，本算例的PAT转速特性 $n=n(t)$ 是事先未知的，需要将转动部件的力矩、转速特性与流体的控制方程联立求解。

7.5.2　计算方法

7.5.2.1　计算域及网格划分

选取IS125型离心水泵（比转速 $n_s=65$，叶轮叶片数 $Z=6$）作为PAT。流动计算域及计算网格如第4章图4－11所示。运用Ansys－CFX软件在多参考系下进行离心泵作透平非定常流场计算，设置入口段、泵体与叶轮的交界面为滑移界面，叶轮计算域设在旋转参考系，其余计算域设在静止参考系。

7.5.2.2　边界条件

进出口边界条件均采用总压力值，进出口总压差值可按阀门开度对应的水头值设定。采用无滑移固壁条件，并使用标准壁面函数确定固壁附近流动。

7.5.2.3　变转速非定常计算方法

对于PAT的情况，需要考虑来流水功率、负载功率和摩阻功率。首先通过MRF“冻结转子法”的稳态计算，得到设计水头 H_{Td} 在设计转速 n_{Td} 下PAT的内部流场，通过后处理得到设计工况下的流量 Q_{Td} 和PAT效率 η_{Td}，具体数据见表7－2。考虑式（7－7），方程式（7－3）变成：

$$J\frac{d\omega}{dt}=\sum_i M_i=\frac{1}{\omega}\sum_i N_i \tag{7-10}$$

对于水力透平，有如下功率、效率、流量和水头关系：

$$N_T=\rho g Q_T H_T \eta_T \tag{7-11}$$

合并式（7－10）和式（7－11），得到：

$$\omega\frac{d\omega}{dt}=\frac{1}{J}\rho g Q_T H_T \eta_T-\frac{N_l+N_f}{J} \tag{7-12}$$

其中，N_l 和 N_f 分别是负载功率和摩阻功率。对于固定的水头，H_T 是常数，PAT效率 η_T 对于固定的阀门开度在过渡过程中近似为恒定。令 $C=\frac{2}{J}\rho g H_T \eta_T$，方程式（7－12）变成：

$$\omega\frac{d\omega}{dt}=\frac{1}{2}CQ_T-\frac{N_l+N_f}{J} \tag{7-13}$$

式（7－3）两边对时间求积分得到：

$$\int_0^t \omega d\omega=\frac{C}{2}\int_0^t Q_T dt-\int_0^t \frac{N_l+N_f}{J}dt \tag{7-14}$$

$$\omega=C\int_0^t Q_T dt-\frac{2}{J}\int_0^t (N_l+N_f)dt \tag{7-15}$$

式（7－15）可视为PAT启动过程中转速随时间的变化公式。

表7－2　PAT操作工况及介质物性

设计水头 H_{Td} (m)	流量 Q_{Td} (L/s)	转速 n_{Td} (r/min)	效率 η_{Td} (%)	密度 ρ (kg/m^3)	动力粘度 μ (Pa·s)
71.2	75.7	2900	73.7	998.2	1.003×10^{-3}

为简化起见，和7.4节中的算例一样，本算例选取标准k－ε湍流模型，SIMPLEC算法求解压力和速度的耦合。设置流动计算时间步长 $\Delta t=60/65nZ$，以静止流速和静止转

速作为计算初始条件，通过设置计算残差并监测 PAT 转速 n_T 是否达到设计转速值 n_{Td} 作为计算结束条件。

7.5.3 计算结果及分析

7.5.3.1 流场分布

图 7－5 给出了 PAT 在启动加速过程中不同时刻的流速和压力分布，图中左侧是流速矢量图（其中叶轮内流速为相对流速，下同），右侧是压力云图。在启动加速阶段（$t<0.2$s），由图 7－5 可见，随着 PAT 内的压力从 PAT 入口（即泵蜗壳出口）的高压侧逐渐向 PAT 下游的低压侧内部传递，使得蜗壳内部的静压值不断增大，而泵叶轮的吸入口静压值则逐渐减小。水流压差的作用推动叶轮旋转，使得叶轮转速 n 增加，PAT 内的流速也逐渐增大。

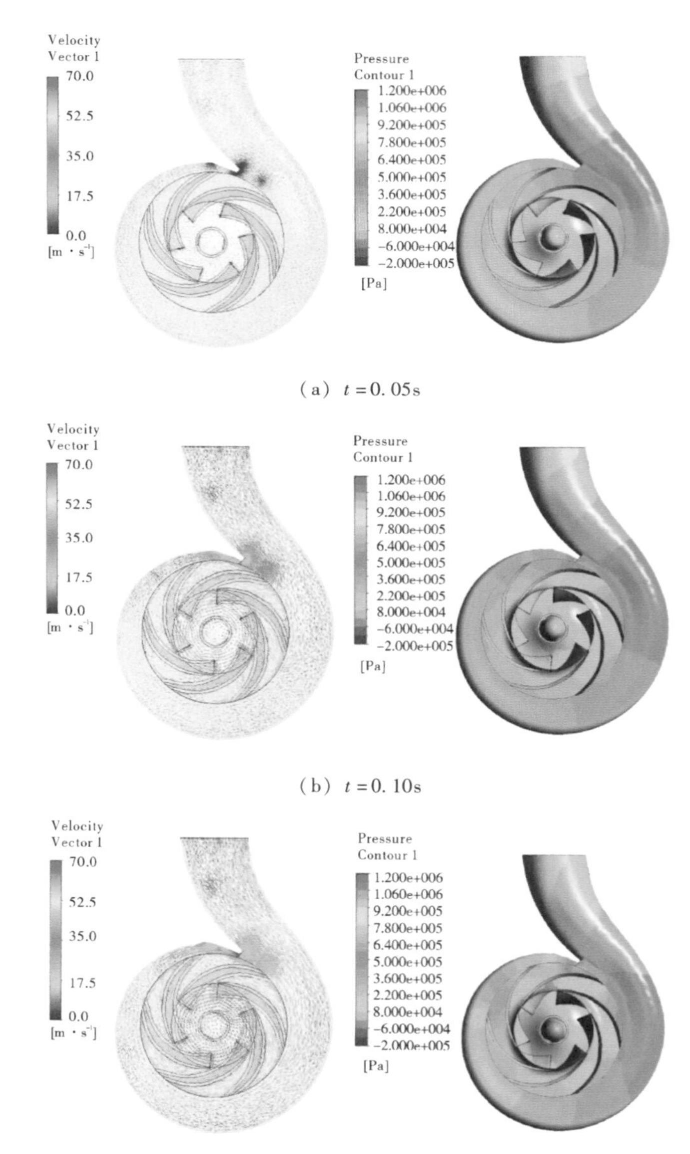

(a) $t=0.05$s

(b) $t=0.10$s

(c) $t=0.15$s

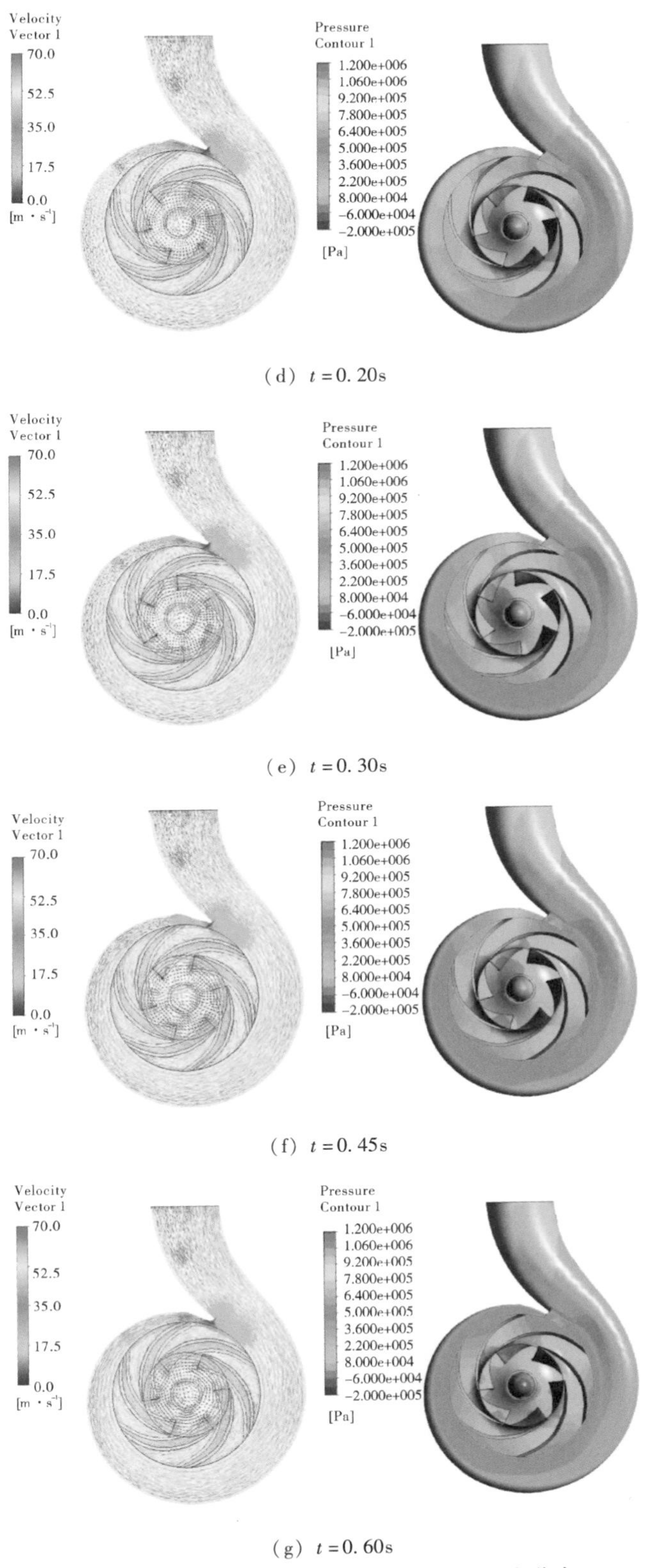

(d) $t=0.20$s

(e) $t=0.30$s

(f) $t=0.45$s

(g) $t=0.60$s

图 7－5　启动加速阶段 PAT 内流速和压力分布

7.5.3.2 非定常外特性

图 7-6 给出了计算得到的启动过程中 PAT 出口流量 Q 和转速 n 随时间 t 的变化结果。由图可见，PAT 在启动（$t<0.5$s）过程中，流量 Q 和转速 n 随着时间 t 的递增而增大。

当 n 达到额定值 2950r/min 后（$t \geqslant 0.5$s），Q 值和 n 值出现不同程度的震荡；经过一段时间的调整，PAT 进入正常运行状态（图 7-6a），Q 值和 n 值显示稳定的谐波变化，即流动进入了相对稳定的阶段。在任一个叶轮旋转周期 T（$T \approx 0.02$s）内，Q 值和 n 值出现 6 次脉动信号，与叶轮的叶片数 Z 相对应（图 7-6b）。

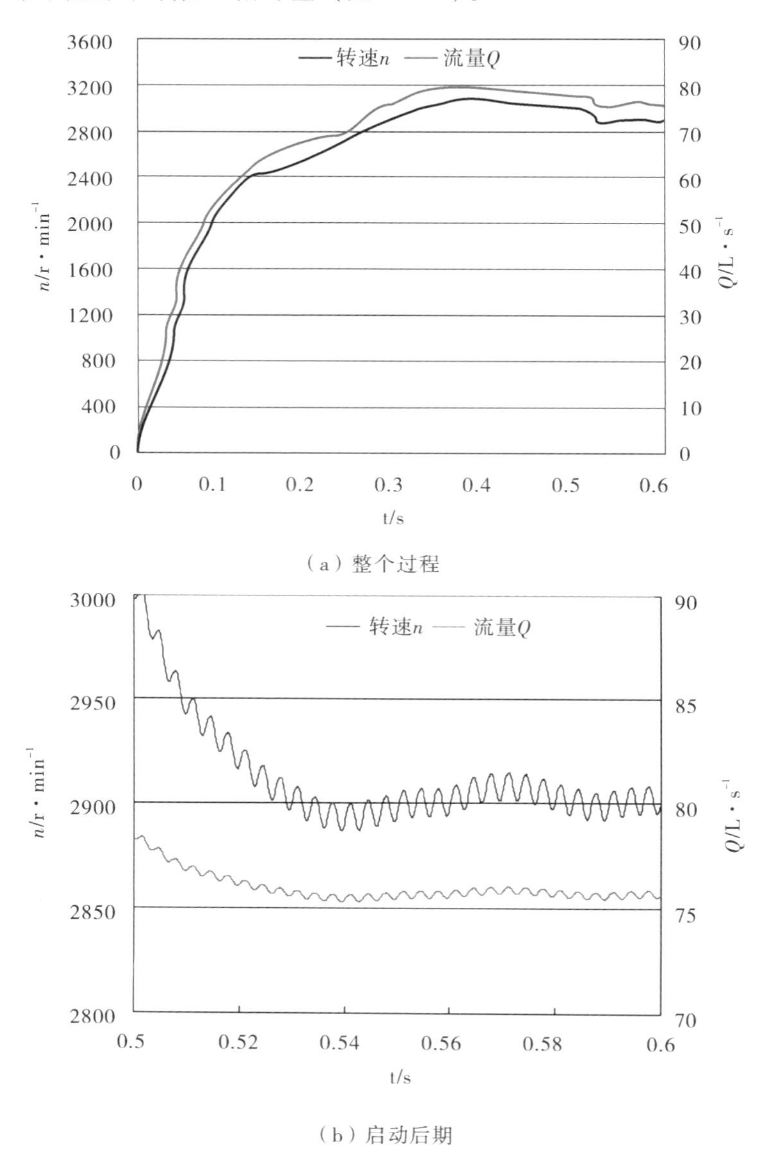

（b）启动后期

图 7-6 PAT 启动过程中的外特性与时间关系

7.6 本章小结

本章介绍了流体机械变转速问题的模拟计算方法和有关算例。首先介绍了流体机械变转速问题研究的工程应用背景和科学价值，介绍了国内外有关流体机械变转速特性的研究现状和主要数值计算方法，并给出了两种典型算例。一个算例是在转速特性 $n = n(t)$ 事先已知的情况下，采用计算软件中的变转速设置模拟离心泵启动和停机的瞬态过程；另一个算例是模拟离心泵作水力透平（PAT）启动的过渡过程中的内部流动性能，其中 PAT 转速特性 $n = n(t)$ 是事先未知的，需要将转动部件的力矩、转速特性与 PAT 流动控制的方程联立求解。算例给出了计算方法、计算域及网格划分、边界条件、计算结果及分析等内容。

8 动网格技术的应用

8.1 概述

流体机械的非定常流动问题大致可分为以下3类：①物体静止而流动为非定常问题，如静止叶栅的分离流动等；②单个物体作刚性运动的非定常流动问题，如转子绕轴的转动等；③多体作相对运动或变形运动的非定常问题，如齿轮泵啮合、阀门的开启关闭、活塞在缸中的往复运动等等。

对于第1类非定常问题，在流体计算域中使用静态的刚性计算网格就能满足要求。对于第2类非定常问题，仍可采用静态的刚性计算网格，但需选取非惯性系或多参考系（惯性系+非惯性系）进行定常或非定常计算。例如，对于流体机械最常见的转子流动问题。因为转子是周期性的掠过求解域，对于惯性系讲，流动是非定常的。然而在不考虑静止部件计算域的情况下，取旋转部件的计算域在旋转参考系（非惯性系）下，流动则可视为定常的，这样问题就得到了简化。如果除了旋转部件也要考虑静止部件计算域的话，例如在涡轮中同时有转子和定子的流动问题，这种情况就必须采用第1章1.3.3节中的多参考系（MRF）下的“冻结转子法”进行分析。采用静止的刚性网格，可省去使用动网格计算所带来的诸多麻烦（如几何守恒率、运动边界等）。但需要说明的是，“冻结转子法”相当于在某个瞬间对运动流场“定格”进行观测，转子与定子的位置关系仅仅是该时刻下它们之间的相互位置。因此，冻结转子法不能解决第3类非定常问题，即因物体的相对运动或变形所引起的非定常流动问题。第3类非定常问题常见的解决办法有第1章1.6.5节中介绍的滑移网格和本章要介绍的动网格方法。

滑移网格严格来说属于刚性运动网格的一种。在整个运动过程中，计算网格随物体按已知的运动方式一起作刚体运动，计算网格无须重新生成，因此计算量小并可保持初始网格的质量。滑移网格技术在旋转流体机械等非定常流动问题中应用广泛，Ansys - CFX、Fluent 等 CFD 软件中也集成了该网格技术。但滑移网格法不能解决变形体或多体相对运动等复杂问题，这类问题只能由下面介绍的动网格方法解决。

动网格属于柔性的动态网格，主要是用来解决流场形状由于边界运动而随时间改变的问题。边界的运动方式可以是预先已知的，也可以是未知的，即边界的运动要由前一步的计算结果决定，网格的更新则根据边界的变化情况按一定的计算方法完成。从理论上讲，动网格方法是解决非定常流动问题的通用办法，但实际应用中它是最后的办法，即在其他方法都不能解决问题的情况下才考虑使用动网格方法。

8.2 动网格的控制体守恒方程

动网格方法的基本思想是在每个时间步内，通过对流体域的网格更新以实现由于边界运动而引起的求解域的变化，具体操作是采用任意拉格朗日—欧拉方法描述流体运动的控制方程，即对于可变形的控制体 V 及通用物理变量 ϕ（参照第1章1.2.5节），流动控制方程（积分形式）的一般形式为：

$$\frac{\mathrm{d}}{\mathrm{d}t}\left(\int_V \rho\phi \mathrm{d}V\right) + \int_A \rho\phi(\boldsymbol{v} - \boldsymbol{v}_m) \cdot \mathrm{d}\boldsymbol{A} = \int_A \Gamma_\phi \nabla\phi \cdot \mathrm{d}\boldsymbol{A} + \int_V S_\phi \mathrm{d}V \tag{8-1}$$

其中，$\boldsymbol{v}$ 是流体流速矢量，$\boldsymbol{v}_m$ 是动网格的速度矢量，V 是流体控制体，A 是控制体 V 的界面。其他符号与式（1-13）的定义一致。将式（8-1）与式（1-13）的积分形式相减并进行简化，得到以下方程：

$$\frac{\mathrm{d}V}{\mathrm{d}t} = \int_A \boldsymbol{v}_m \cdot \mathrm{d}\boldsymbol{A} = \sum_j \boldsymbol{v}_{m,j} \cdot \boldsymbol{A}_j \tag{8-2}$$

其中，$\boldsymbol{A}_j$ 是控制体单元表面的面矢量。式（8-2）就是动网格每次变形需要满足的控制体积守恒方程。同时，新网格的物理量 ϕ 通过插值运算从旧网格映射得到，并对每个时间步网格上的物理量 ϕ 进行迭代求解，以此来获得流动的动态演化结果。

8.3 动网格方法简介

8.3.1 动网格的几种方法

实现动网格常见的方法有以下三种：基于弹簧理论的弹簧光滑法（Spring - based smoothing）、动态分层法（Dynamic layering）以及网格重构法（Remeshing）。①弹簧光滑法是将各网格边简化为具有一定刚度并通过节点连接的弹簧。以边界位移量作为弹簧的边界条件，通过求解弹簧系统的力平衡方程得到节点的位移增量，最终得到新网格的节点位置。弹簧光滑法中新旧网格节点的拓扑关系保持不变，因此能够保证计算精度。但弹簧光滑法通过改变网格节点位置来拉伸或压缩网格，容易造成网格过密或过疏；当计算域变形较大时，变形后的网格会产生较大的倾斜度使网格质量恶化、影响计算精度；严重时甚至出现负体积网格，使计算出错而终止。②动态分层法是根据边界的位移量动态地增加或减少边界附近的网格层，即先在边界上假定一个理想的网格层高度，在边界发生运动时，如果紧邻边界的网格层高度同理想高度相比拉伸到一定程度时，就将其分为两个网格层；如果临近网格被压缩到一定程度时，就将紧邻边界的两个网格层合并为一个层，使边界上的网格层保持一定的密度。动态分层法在生成网格时速度较快，但它要求运动边界附近的网格为六面体（三维），这对于复杂外形的流动域来说是不适合的。③网格重构法是对弹簧光滑法的补充，弹簧光滑法一般只能处理小变形流场问题。对于流体机械的某些问题，如齿轮泵啮合、阀门开关过程等问题，大变形不可避免。因此，需要利用网格重构法对流场网格进行重新划分。网格重构法是以网格尺寸和畸变率等作为评判标准，当边界的移动和变形过大，局部网格发生严重畸变时，则对这些区域重新划分网格。新网格上的物理量通过控制体积守恒方程式（8-2）和插值映射从旧网格中获得。需要说明的是，网格重构法在每次变形移动时都需要重新划分网格，每步插值均会引入额外的插值耗散误差，而且计算工作量大，需要耗费较多的计算时间。

实际中常用的方法是将上述三种方法相结合的变形/重构混合网格生成技术，即采取弹簧光滑法与局部网格重构法结合起来生成动态网格。具体的动态混合网格（以二维情形为例）的生成过程如图 8-1 所示，首先采用弹簧光滑法移动网格节点，然后进行网格质量检测，如果网格质量满足要求，则继续利用弹簧光滑法进行下一步的网格生成；如果变形后的网格不能通过质量检测，则在局部进行网格重构。

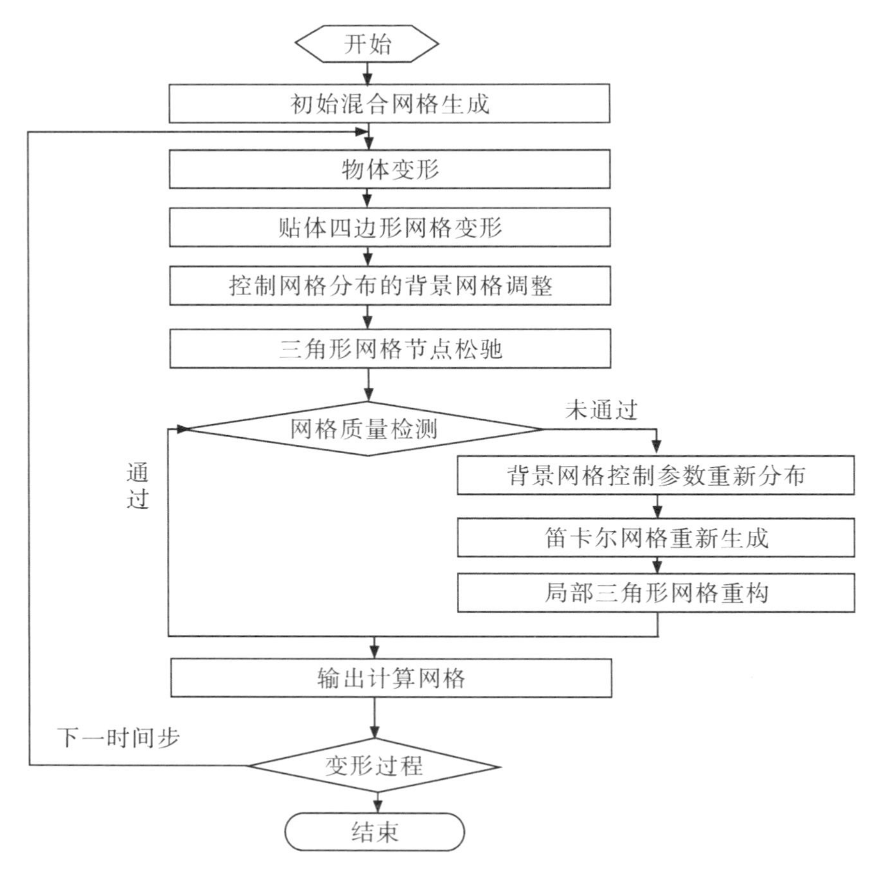

图 8-1　变形/重构混合网格生成过程

8.3.2　动网格技术在流体机械的应用

目前动网格技术在流体机械的应用主要是偏心泵或齿轮泵的转动、阀门的开启与关闭过程、活塞在缸中的往复运动等三个方面。这些工作的一般做法是在流动软件中使用动边界文件（Profile）或用户自定义函数（User - Defined Function，简称 UDF）来定义已知的齿轮、阀芯或活塞等动边界的运动方式，采用动网格技术（弹簧光滑法、动态分层法以及网格重构法）对计算域内的非定常流动状态进行模拟计算、可视化分析，得出流场与受力随时间的变化情况。动网格技术在推广到三维网格变形时，不仅算法复杂性增加、网格变形效率降低，而且变形后的网格质量往往不理想而导致计算终止，因此上述动网格技术应用基本局限于二维或准三维（二维域拉伸得到或轴对称的三维域）的简化模型计算。

作者近年来采用动网格技术分别应用于制冷空调的滚动转子式压缩机、罗茨风机、离心泵及旋转喷射泵的非定常流动模拟计算。这些非定常流动问题中只有离心泵的案例可以采取常规的滑移网格方法替代计算，其余案例必须使用动网格方法。以下各节将分别给出这些算例的计算方法和结果分析。

8.4 滚动转子式压缩机的二维非定常流动仿真实例

8.4.1 滚动转子式压缩机工作原理

滚动转子式压缩机以其体积小、结构简单、运转平稳、噪声低等特点，近年来广泛应用于空调、热泵、冰箱等设备。如图 8－2 所示，压缩机是利用气缸内偏心转子的转动结合滑动挡板，使月牙形空腔体积作周期性变化，从而实现吸气、压缩、排气和余隙膨胀的循环过程。图 8－2 为旋转活塞式（单转子）压缩机的工作原理图。刮片与滚动转子将汽缸内腔自然分成吸入室和压缩室两部分。滚动转子在偏心轴（曲轴）的带动下沿汽缸内壁转动，在滚动转子转动的同时，汽缸内腔吸入室和压缩室的容积在不断变化。当吸入室容积逐渐增大时，制冷剂气体便从吸气口进入吸入室。随着滚动转子的转动，吸入室的容积不断增大，同时压缩室的容积相应地不断减小，从而对压缩室内的气体进行压缩。压缩室内的压力逐渐升高，当压缩室内的压力大于排气压力时，排气阀在压力差的作用下被打开，压缩后的高温高压制冷剂蒸气便从汽缸中不断排出。滚动转子沿汽缸内壁转动一周，便完成了一个吸气、压缩、排气循环。上述的流动传热过程非常复杂，若选取“吸气口—吸入室—压缩室—排气口”作为流体计算区域，由上述工作过程可以得知，计算域是一个随时间做大变形的非定常流动问题。许多学者为此做了大量的工作，对各热力过程进行了能量分析并建立压缩机的传热数学模型。但这些理论模型受各自简化假设的局限，很难解决这种大变形的非定常流动问题，本算例采用二维动网格方法进行模拟仿真。

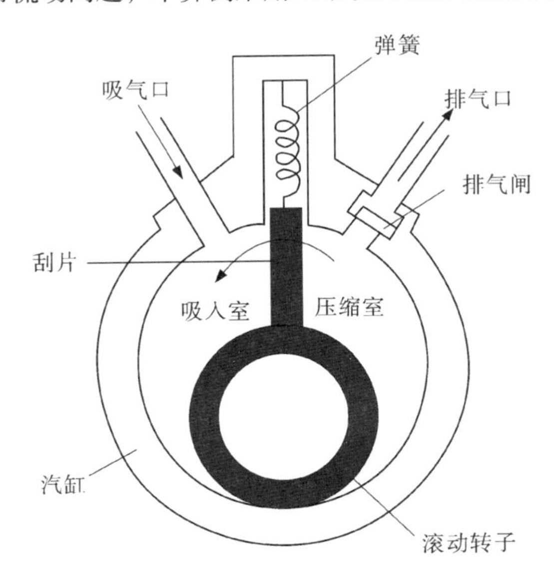

图 8－2　滚动转子式压缩机工作原理

8.4.2 气体流动的控制方程

设压缩机内气体为可压缩理想气体，其工作过程属于流动与传热的耦合问题，满足下列的连续性方程、动量方程、能量方程及气体状态方程，湍流模型采用工程中最常用的标准 $k-\varepsilon$ 模型。

$$\frac{\partial \rho}{\partial t} + \frac{\partial}{\partial x_j}(\rho v_j) = 0 \tag{8-3}$$

$$\frac{\partial v_i}{\partial t} + v_i \frac{\partial v_j}{\partial x_j} = -\frac{1}{\rho}\frac{\partial p}{\partial x_i} + \nu \frac{\partial^2 v_i}{\partial x_j \partial x_j} + B_i \tag{8-4}$$

$$\rho c_p \frac{\mathrm{d}T}{\mathrm{d}t} = \frac{\partial}{\partial x_j}(\lambda \frac{\partial T}{\partial x_j}) + \alpha_v T \frac{\mathrm{d}p}{\mathrm{d}t} + \mu \Phi \tag{8-5}$$

$$\rho = p/RT \tag{8-6}$$

其中，T 为气体温度；ρ 为气体密度；ν 为运动粘性系数；c_p 为气体比热；λ 为分子导热系数；R 为气体常数；α_V 为气体的热膨胀系数。B_i 为体积力；Φ 为粘性耗散函数。

8.4.3 计算方法

（1）时间几何参数及边界条件设置

偏心转子的旋转角速度 ω 与转速 n 的关系为：

$$\omega = 2\pi n/60 \tag{8-7}$$

滑动挡板运动速度可近似为：

$$v_p = e\omega\left[\sin(\omega t) + \frac{e}{2(R-e)}\sin 2(\omega t)\right] \tag{8-8}$$

式中，R 为气缸半径，取值 50mm；e 为转子偏心距，取值 14mm。偏心转子的转速 $n=1500\text{r/min}$，旋转周期为 $T=0.04\text{s}$，选取时间步长 $\Delta t=0.00005\text{s}$。设置进出口为压力边界条件，环境温度及固体边界温度设为恒温 25℃。

（2）计算域定义及动网格设置

选取图 8-2 中从进气口到排气口的流动空间作为计算域。由于偏心转子绕轴心 O 的转动与滑动挡板沿导向槽的平动同步进行，计算域与网格随时间的变形和位移都十分显著。网格变动的方法是：当转子转动较小时，转子周围的网格的每个边看成一个个弹簧，随着转子作微小变形；当变形较大、转子周围的网格变形超过一定的限度时，整体网格需要重组划分。采用前处理软件 Gambit 在计算域内作非结构网格划分，如图 8-3 所示。定义偏心转子和滑动挡板为动边界，由 Profile 或 UDF 函数控制其运动大小方向。计算域的初始网格是比较规则均匀的网格（图 8-3a），随着时间的变化，网格因变形与重组也不断发生变化，如图 8-3b、c、d 所示。

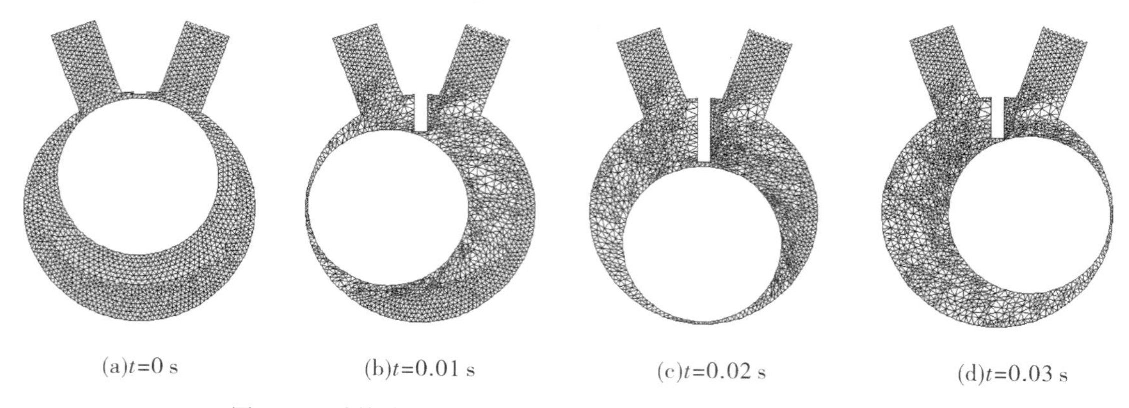

图 8-3　计算域动网格随时间的变化（偏心转子 $n=1500$ r/min）

（3）数值解法

在 Fluent 中采用有限体积法求解，压力项用 PRESTO 格式离散，扩散项用中心差分格式离散，其余项用二阶迎风格式离散，压力速度耦合方程采用 PISO 算法求解。

8.4.4 计算结果及其分析

图 8－4、图 8－5 分别给出了压缩机进气、排气口质量流量 $\dot{m}$ 随时间的变化曲线。由图可见，压缩机在经历了一段启动时间（约 1/4 个旋转周期）后，法向单位高度（下同）的气体质量流量在 0 ～ 0.15kg/s 范围内随时间作规则的周期变化，即流动进入了相对稳定的阶段。当转子处于 $\theta=0°$位置时，进出口质量流量值均为 0（图中点 1），表明上一循环排气结束，下一循环吸气即将开始；当转子处于 $\theta=90°$位置时，压缩机同时进行进气、压缩和排气过程，质量流量值达到最大值的一半（图中点 2）；当转子处于 $\theta=180°$位置时，压缩机进气和排气量均达到最大值（图中点 3）；当转子处于 $\theta=270°$位置时，压缩机完成压缩，同时进行进气和排气过程，进出口质量流量值达到最大值的一半（图中点 4）。由图 8－4、图 8－5 的流量曲线，可计算出压缩机一个循环的最大最小质量流量差：

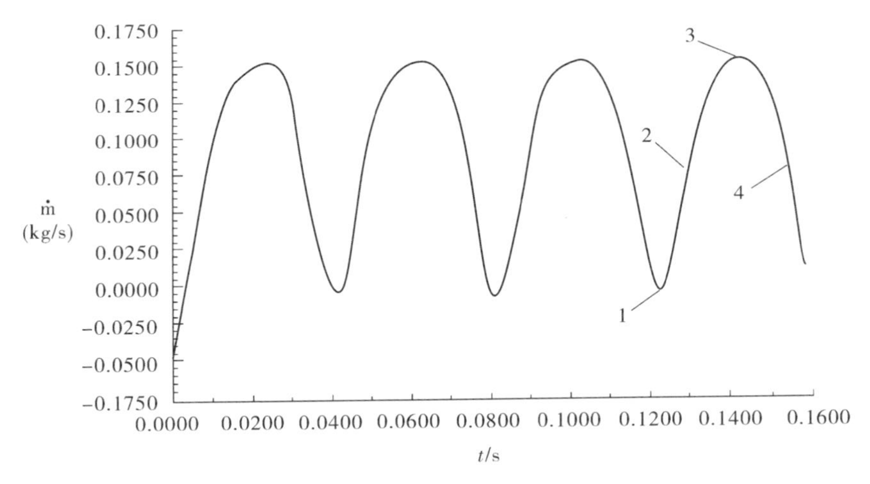

图 8－4　压缩机进气质量流量随时间的变化

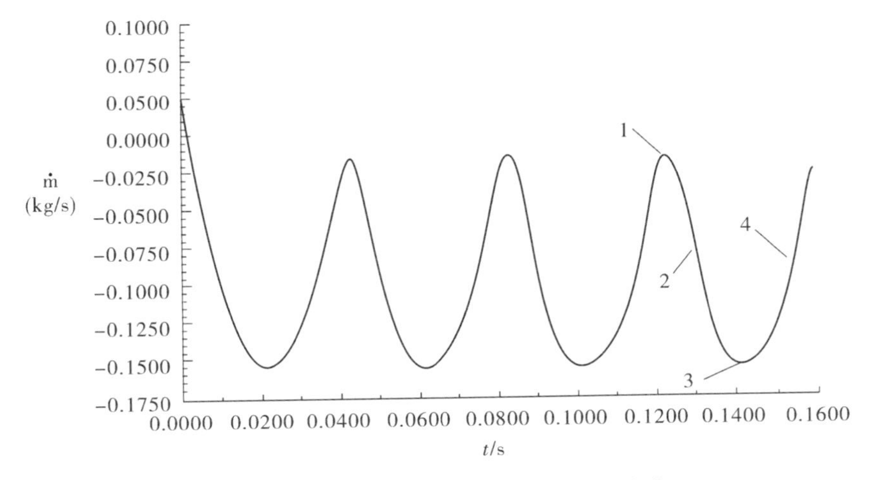

图 8－5　压缩机排气质量流量随时间的变化

$$\Delta\dot{m} = \dot{m}_{\max} - \dot{m}_{\min} = 0.15676\text{kg/s} \tag{8-9}$$

及平均质量流量：

$$\overline{\dot{m}} = \frac{1}{T}\int_{t}^{t+T}\dot{m}\mathrm{d}t = 0.09243\text{kg/s} \tag{8-10}$$

由此可见，

$$\overline{\dot{m}} \approx 0.59 \cdot \Delta\dot{m} \tag{8-11}$$

即压缩机一个循环的平均质量流量近似等于0.6倍的峰值差，表明压缩机的大部分时间在大流量值下运转。

图8-6给出了转子处于$\theta=0°$，$\theta=90°$，$\theta=180°$，$\theta=270°$位置时压缩机的气体流场分布。流速在0～25m/s范围内变化，吸气区（气缸左侧）和排气管右侧有明显的旋涡运动、增大或缩小的现象。从静压分布变化看，在一个转子旋转周期内，图8-7显示出压缩机吸气、压缩、排气和余隙膨胀的循环过程。由于环境及固体边界温度设为恒温，计算得到的压缩机的气体温差较小（1～2℃之间），因此可近似看做一个等温循环过程。

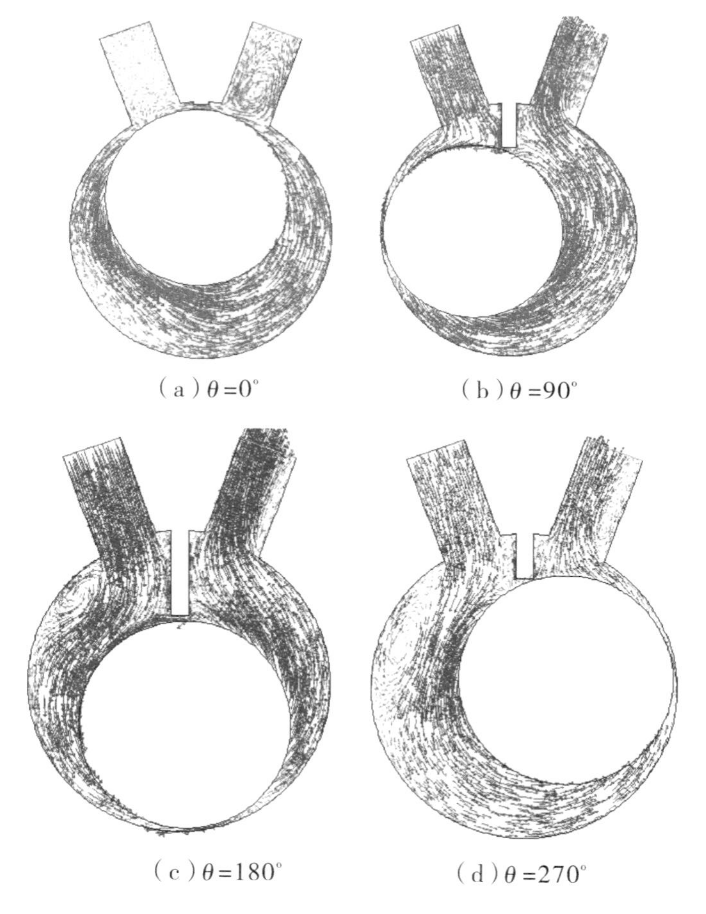

图8-6　不同转子位置时压缩机的气体流场分布

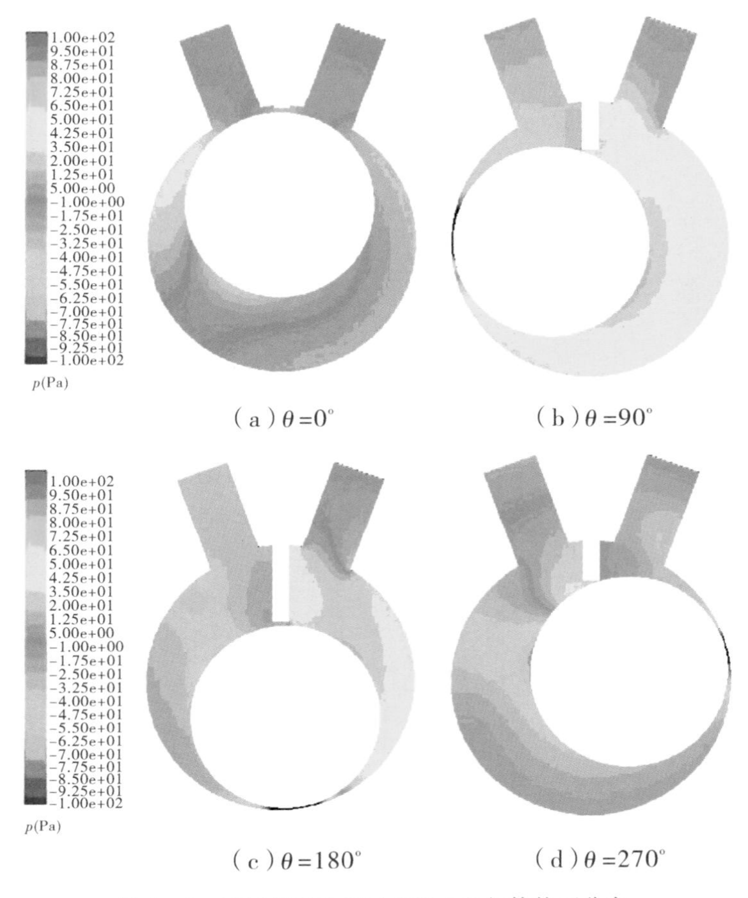

(a) $\theta=0°$　　(b) $\theta=90°$

(c) $\theta=180°$　　(d) $\theta=270°$

图 8-7　不同转子位置时压缩机的气体静压分布

8.5　罗茨风机的准三维非定常流动仿真实例

8.5.1　罗茨风机工作原理

罗茨风机是一种粗真空获得设备，它广泛应用于造纸、化工、医药、建材、食品等行业。罗茨风机主要有三叶与四叶风机两大类。与三叶风机相比，四叶罗茨风机具有运行更平稳、可靠，工作效率更高，能耗更小，噪声更低等特点，因此近年来国内不少企业开始引进生产四叶罗茨风机。

罗茨风机两叶轮在旋转过程中相互啮合，致使风机内部的流动情况特别复杂。国内对于罗茨风机数值模拟的研究还很少，一般采用稳态的简化模型，如根据两类相对流面理论计算了四叶罗茨风机的稳态流场；或基于绝热系统内热力学理论，计算了两叶罗茨风机的稳态性能。但罗茨风机随着转子转动流体计算域变化很大，属于大变形的非定常流动问题，上述这些简化方法无法满足实际要求，必须使用动网格技术进行模拟。本算例运用动网格技术对四叶罗茨风机内部流场进行准三维（二维域拉伸）数值模拟，为准确的研究罗茨风机的流动规律提供依据。

8.5.2 计算方法

（1）研究对象及操作条件

选取如图 8－8 所示的四叶罗茨风机作为研究对象。转子的转速 $n = 1500\mathrm{r/min}$，则旋转周期为 $T = 0.04\mathrm{s}$，选取时间步长 $\Delta t = 0.0025T$。设压缩机内气体为可压缩理想气体，其工作过程属于流动与传热的耦合问题，满足式（8－3）～式（8－6）的气体流动控制方程及状态方程，湍流模型采用标准 k－ε 模型。设置进出口为压力边界条件，环境温度及固体边界温度设为恒温 25℃。

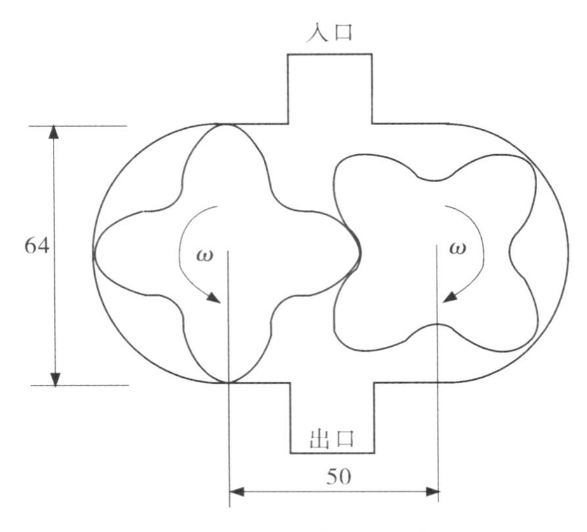

图 8－8　四叶罗茨风机示意图

（2）物理模型的简化

采用进出口管路和工作腔分开建模方式。罗茨风机工作腔体计算域模型在轴向几何变化较小，可以采用二维模型法向拉伸得到的准三维模型近似；进出口管路形状为圆柱体，它们和工作腔体采用交界面连接。

（3）动网格的实现

由于罗茨型风机进排气容积呈周期性变化，计算域与网格随时间的变形和位移十分显著。本算例采用局部网格再生成和弹性光滑模型来实现动网格以适应实际流场的需要。选取图 8－8 中从进气口到排气口的流动空间作为计算域，采用三角形非结构化动网格。局部网格再生成模型用于确定时间步长改变后哪些网格被重新划分。在进行下一个时间步迭代之前，重新检查网格的尺度和扭曲率，当网格的尺寸大于或小于设定尺寸，网格畸变率大于系统畸变率标准，则进行网格再生成。通过编制 Profile 或自定义函数（UDF）对转子的旋转运动参数进行定义，控制其运动大小方向。计算域的初始网格是比较规则均匀的网格（图 8－9a），随着时间的变化，网格因变形与重构也不断发生变化，如图 8－9b、c、d。

（4）数值解法

计算中采用有限体积法求解，压力项用 PRESTO 格式离散，扩散项用中心差分格式离散，其余项用二阶迎风格式离散，压力速度耦合方程采用 PISO 算法求解。

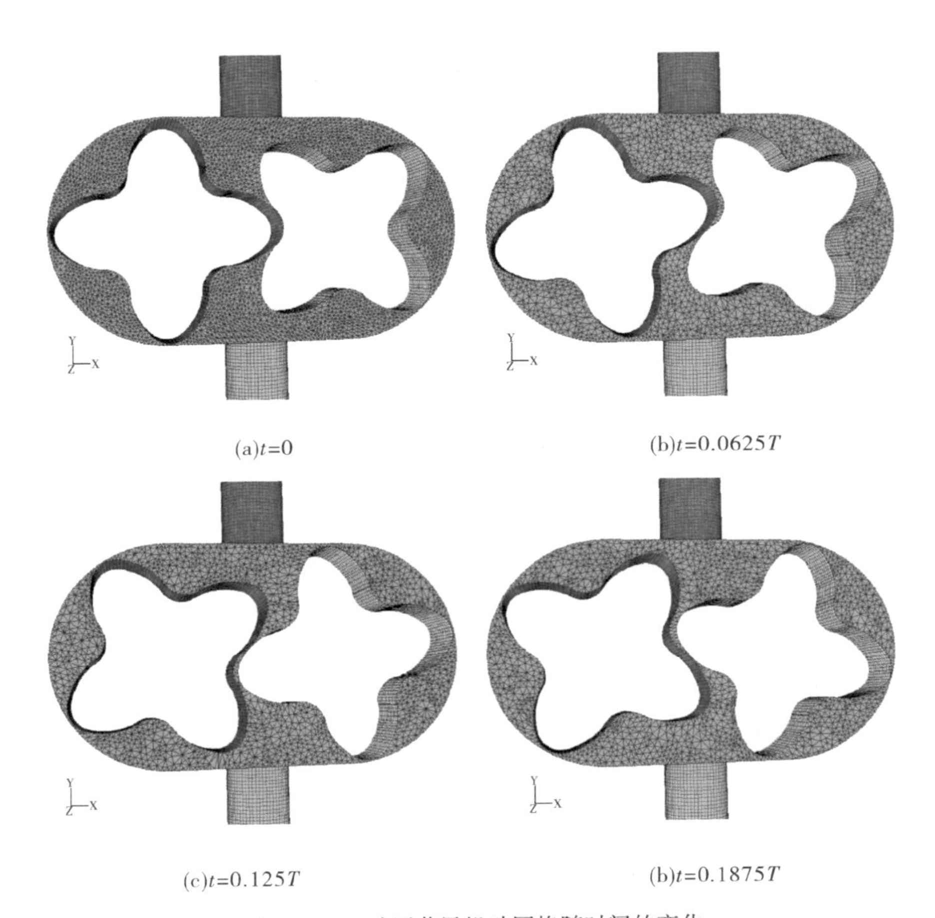

(a)t=0　(b)t=0.0625T

(c)t=0.125T　(b)t=0.1875T

图 8－9　四叶罗茨风机动网格随时间的变化

8.5.3　计算结果及分析

（1）流量变化规律

图 8－10 给出了四叶罗茨风机进气口质量流量 $\dot{m}$ 随时间的变化曲线，排气口质量流量

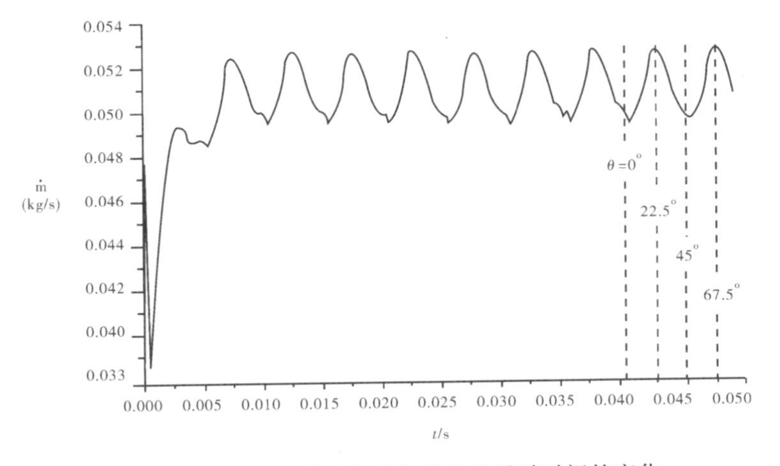

图 8－10　四叶罗茨风机进气质量流量随时间的变化

与进口完全对应。由图8－10可见，风机在经历了一段启动时间（约$T/8$）后，单位法向高度（下同）的气体质量流量（在0.049～0.053kg/s范围内）随时间作规则的周期变化，即流动进入了相对稳定的阶段。在一个转子旋转周期T内，流量随时间出现8次谐波变化，频率正好是罗茨风机叶片数的一倍，这是两个转子交互作用所产生的结果。与三叶罗茨风机相比，四叶罗茨风机流量变化显得较为平稳，波动幅度也有所减小。

（2）流场分布

图8－11给出轴向中心截面四叶罗茨风机流场分布随时间的变化，流速在0～20m/s范围内变化，其中θ表示左侧转子的转角位置。图8－11的4个流场分别对应于图8－10的4个典型时刻。由图8－10、图8－11可见，$\theta=0°$和$\theta=45°$两个时刻，进排气口流量最小，整个风机内流速较低。$\theta=22.5°$和$\theta=67.5°$两个时刻，进排气口流量达到最大值，整个风机内流速较高。流量及流场变化周期为$T/8$，相位角为45°。

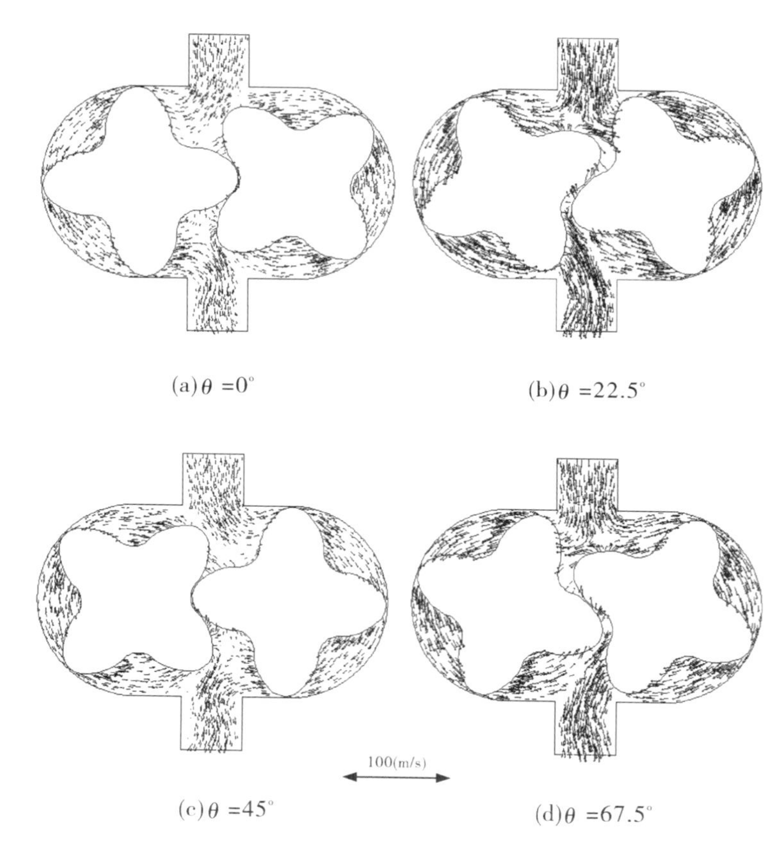

图8－11　四叶罗茨风机轴向中心截面流场随时间的变化

（3）静压场分布

图8－12给出轴向中心截面四叶罗茨风机静压场分布随时间的变化，4个静压场分别对应于图8－10的4个典型时刻，压力在0～10^4Pa范围内变化。从计算得到的静压分布值随时间的变化规律看，进气口位置的平均压力与流量值成反比，当风机流量达到最大值时，进气口的平均压力达到最小值；反之，当流量达到最小值时，进气口的平均压力达到最大值。

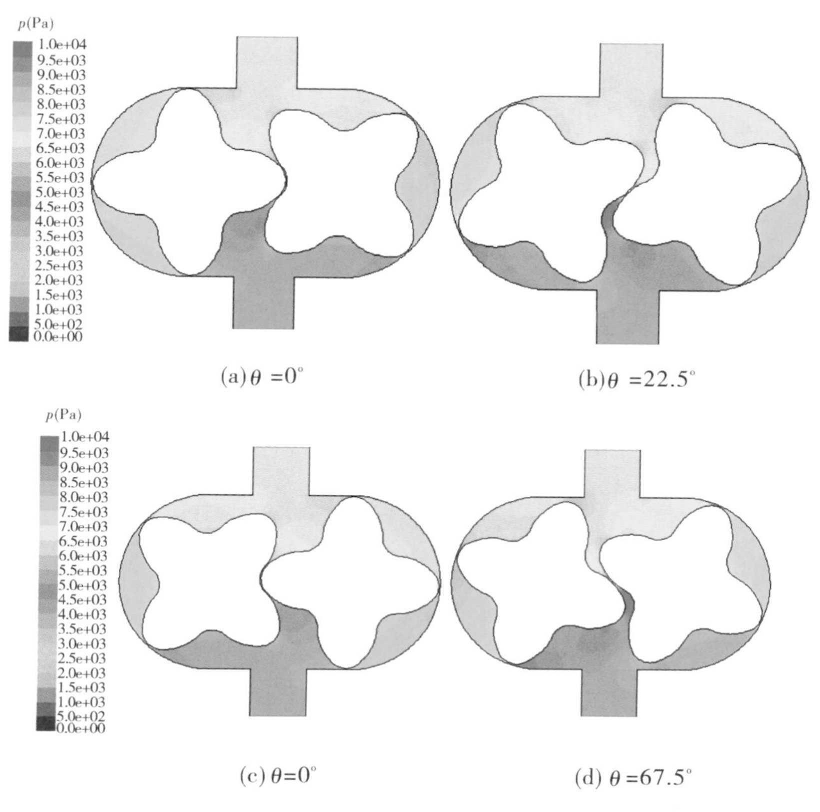

图 8－12　四叶罗茨风机轴向中心截面静压分布随时间的变化

8.6　离心泵的三维非定常流动仿真实例

水泵的非定常流动分析对于了解水泵的动态特性、提高其性能和可靠性，具有重要的科学和工程应用价值。现阶段叶片泵的非定常流动计算方法主要有滑移网格法，该方法使用多参考系（MRF），将叶轮计算域作为一个滑移子域设置在旋转参考系（非惯性系）中，滑移网格随参考系一起转动无须重新生成，并可保持初始网格的质量，其余计算域设在惯性系。两个参考系之间利用滑移界面进行数据对接，从而实现整体流场的计算。关于动网格技术在叶片泵方面的应用，目前仍局限于二维或准三维（二维域在法向拉伸而成）的案例，这是因为动网格应用到三维情形时，复杂性陡增，变形后的网格往往出现负体积而导致计算出错终止。

鉴于动网格技术具有自适应调节特点、较强的通用性和广阔的应用前景，本算例采用三维动网格方法开展离心泵非定常流动计算并与传统的滑移网格计算进行对比，探讨动网格技术应用于水泵计算的可行性和潜力。为便于比较，在上述两种网格的计算中，采用了同样的计算模型、计算网格、初始条件、边界条件及统一的软件设置。

8.6.1　计算方法

（1）计算域建模及网格划分

选取单级单吸 IS 型管道离心泵作为研究对象，泵设计的工况参数为：转速 $n=2900$

r/min，流量 $Q=155\text{m}^3/\text{h}$，扬程 $H=64\text{m}$。工作介质为水，密度 $\rho=998.2\text{kg/m}^3$，动力粘度 $\mu=1.003\times10^{-3}\text{Pa}\cdot\text{s}$。流动计算域由吸入管、叶轮及泵壳组成，叶轮的叶片数 $Z=5$。应用 Pro/E 建立水泵的三维流动计算域，使用 Gambit 进行计算域网格的划分，得到如图 8－13 所示的非结构性网格单元。其中吸入管 77 200 单元、叶轮 195 008 单元、蜗壳 105 176 单元，网格单元总数为 377 384，节点总数为 83 648。

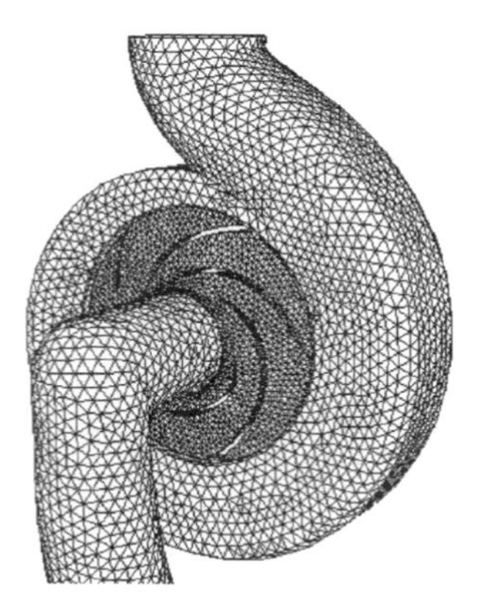

图 8－13　离心泵计算域非结构性网格

（2）计算域、动网格及边界条件

计算使用 Fluent 流动软件，选取标准 k－ε 湍流模型。采用如下边界条件：①进出口条件按流量值给定；②壁面采用无滑移固壁条件并由标准壁面函数确定固壁附近流动。由泵转速与叶轮叶片数计算得到叶轮的旋转周期为 $2.069\times10^{-2}\text{s}$，叶片掠过周期为 $4.138\times10^{-3}\text{s}$，因此选取计算时间步长 $\Delta t=4.138\times10^{-4}\text{s}$，即一个叶片掠过周期使用 10 个时间步进行计算。

对于滑移网格计算，按常规的方法将叶轮域设为旋转的滑移子域（Moving Mesh）并给定转向和转速，其余计算域设为静止域。

对于动网格计算，使用 Profile 文件定义叶轮计算域边界面的转向和转速。为简化计算，变形网格仅限于叶轮计算域，将所有计算域在惯性系中设为静止域。

图 8－14 是一个时间步 Δt 前后计算域表面的局部网格对比。因叶轮计算域表面是流场与旋转固体的交界面，因此叶轮域表面的网格除了随体转动，没有看出明显的变形或局

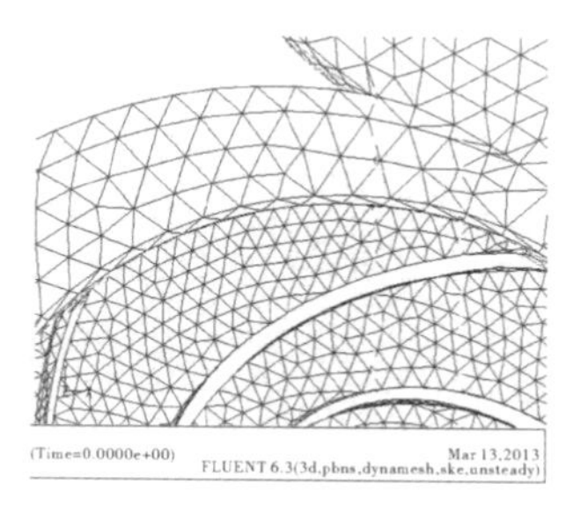

（a）初始状态

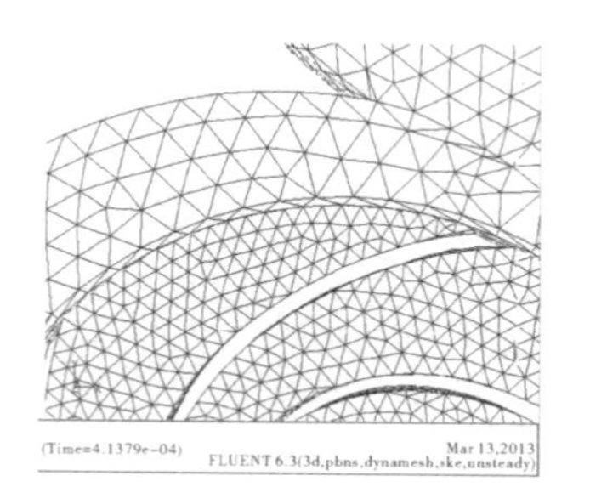

（b）Δt后的状态

图 8－14　变形前后的局部网格图（计算域表面）

部重构。图 8－15 是与图 8－14 对应的计算域中心截面的局部网格对比。为便于观察，图 8－16 给出图 8－15 中叶轮出口叶片附近的局部放大效果。由图 8－16 可见，计算域内网格除了随体转动，还出现了不同程度的变形和局部重构（见绿色方框）。

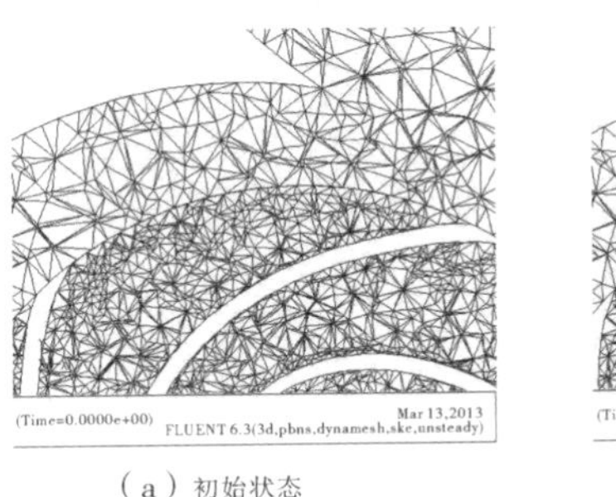

（a）初始状态

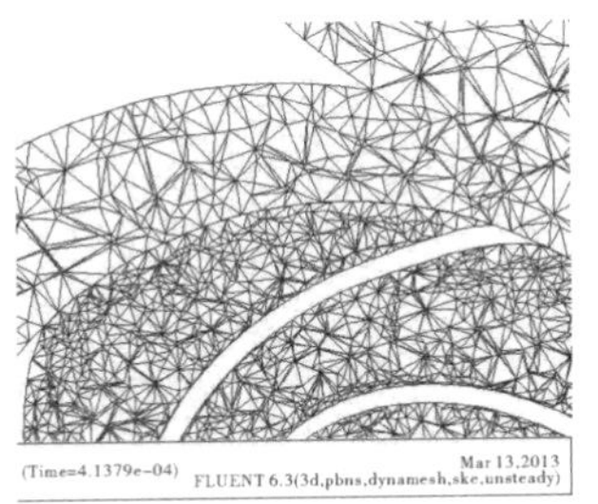

（b）Δt后的状态

图 8－15　变形前后的局部网格图（计算域中心截面）

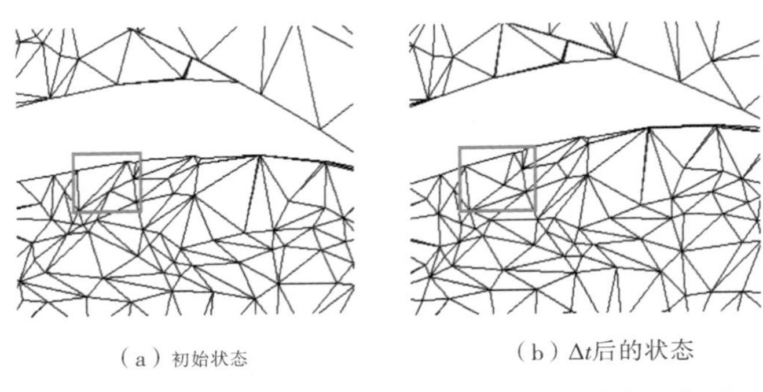

（a）初始状态　　（b）Δt后的状态

图 8－16　变形前后的局部网格放大图（计算域中心截面）

8.6.2　计算及结果分析

（1）迭代计算收敛性

图 8－17 和图 8－18 分别给出动网格和滑移网格迭代计算离心泵非定常流场的残差记录，图中横坐标表示迭代步数，纵坐标表示方程迭代计算的残差值，6 条线分别是流动连续方程、动量方程（三个分量）、k 方程及 ε 方程残差值随迭代步数的变化。曲线的每一次脉动代表某一时间步迭代收敛并开始进入下一时间步的计算。由这两个图可见，与滑移网格相比，动网格具有较快的收敛速度。对同样的工作时间段（$t \approx 2.0$s），动网格的残差上限在 10^{-1}以下（见图纵坐标上限），滑移网格的残差上限则在 1.0 左右，相差了一个数量级。动网格迭代总步数为 15 500（见图横坐标上限），而滑移网格的迭代总步数则需要 47 000，换句话说，在这个算例中动网格的迭代速度几乎是滑移网格迭代速度的 3 倍。究其原因，是因为动网格计算仅在一个惯性系中进行，迭代过程中尽管有网格的变形和重构等不利因素，但新旧网格节点的拓扑关系保证了良好的计算精度和时间上的连惯性。滑移网格计算则是在多参考系 MRF 下进行，多参考系之间的数据对接影响了时间上的连贯性而导致迭代速度的下降。

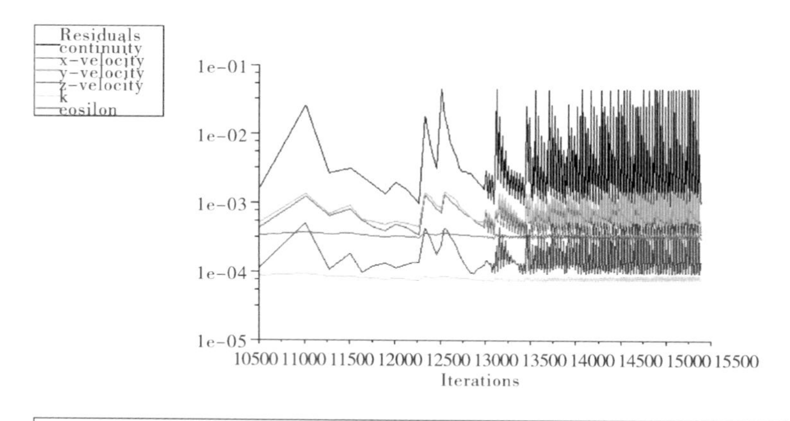

图 8－17　动网格迭代计算的残差记录

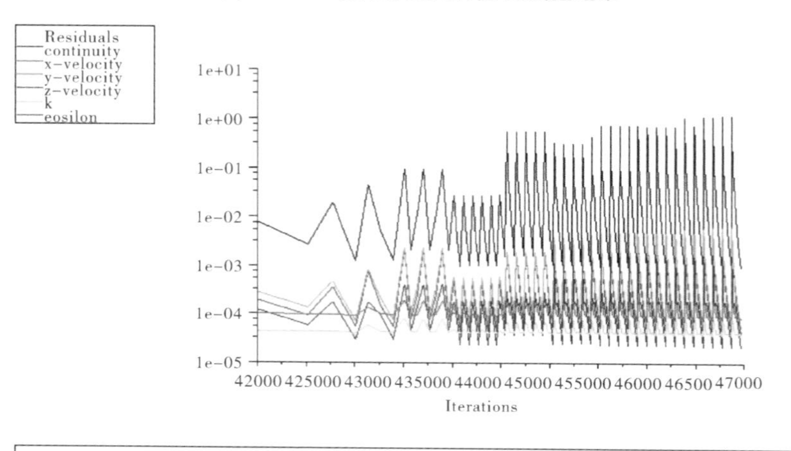

图 8－18　滑移网格迭代计算的残差记录

（2）非定常流场计算

下面主要对动网格与常规滑移网格方法计算得到的非定常流场计算结果进行对比，从中了解动网格技术应用于水泵计算的可行性和潜力。图 8－19 和图 8－20 分别给出了按两种网格计算得到的叶轮所受的无量纲径向力 F'_x 和 F'_y 随时间的变化曲线。无量纲径向力的定义见第 2 章的式（2－35）。由图 8－19 和图 8－20 可见，在经历了一段叶轮启动时间（$t \approx 0.02$s，约 1 个旋转周期）后，径向力值随时间作规则的周期脉动。在任一个叶轮旋转周期内，径向力出现 5 次脉动信号，脉动频率与叶轮的叶片数 Z 相对应。在经历约 5 个叶轮旋转周期后（$t \approx 0.1$s），两种网格计算数值结果逐渐趋近一致，径向力脉动进入了相对稳定的阶段，因此可认为从此往后的计算结果基本接近真实情况。

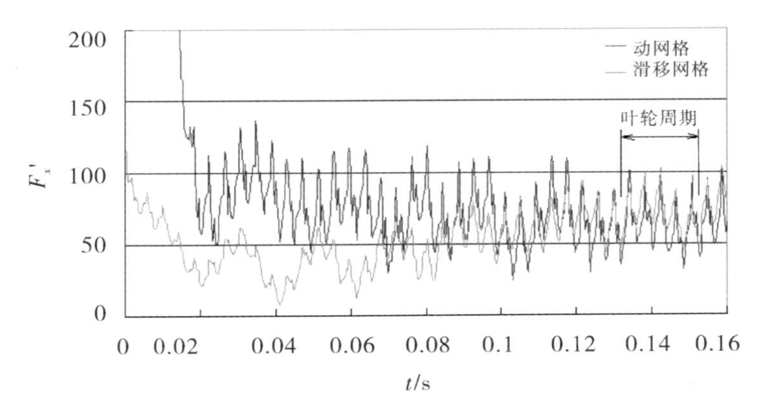

图 8－19 叶轮无量纲径向力 F'_x 随时间的变化

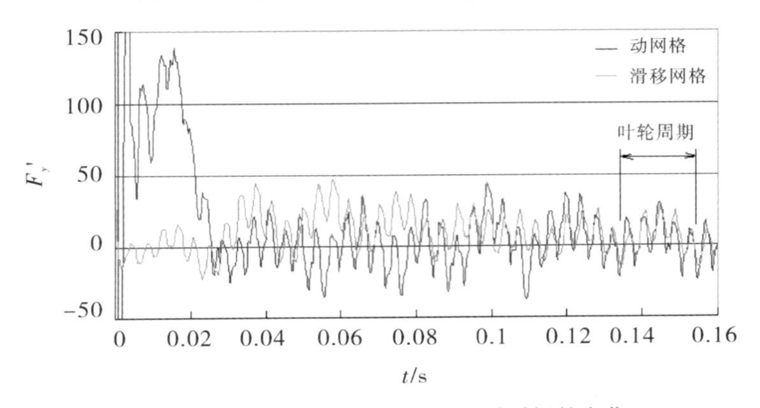

图 8－20 叶轮无量纲径向力 F'_y 随时间的变化

8.7 旋喷泵的三维非定常流动仿真实例

8.7.1 旋喷泵工作原理

旋转喷射泵（简称旋喷泵，也称毕托泵）是基于毕托管中把流体动能转换成势能原理研制的一种低比转速泵，与常规的高压泵（如多级泵、往复泵等）相比，旋喷泵具有结构简单、体积小、重量轻、使用方便、工作可靠等特点，在石油、化工、冶金、造纸等诸多行业中有着广泛的应用。旋喷泵的流动模型包括进水段、叶轮、转子腔和集流管四个主要过流部件（图 8－21），其中叶轮和转子腔固定在一起旋转，而集流管则是嵌入转子腔内的静止元件。由于转子计算域旋转时将与静止的集流管实体发生干涉，因此旋喷泵的流场分析至今只能采用定常的“冻结转子法”。若要避开集流管实体的干涉，转子计算域必须随时间做变形，计算网格也需要做相应的调整，因此只有采用三维动网格技术，才有可能实现旋喷泵的非定常流场分析。

鉴于动网格方法具有较强的通用性和广阔的应用前景，本算例采用三维动网格方法开展旋喷泵非定常流动计算，对于了解旋喷泵的水力动态特性、提高其性能和可靠性，探讨动网格技术应用于水泵计算的可行性和潜力，具有重要的科学和工程应用价值。

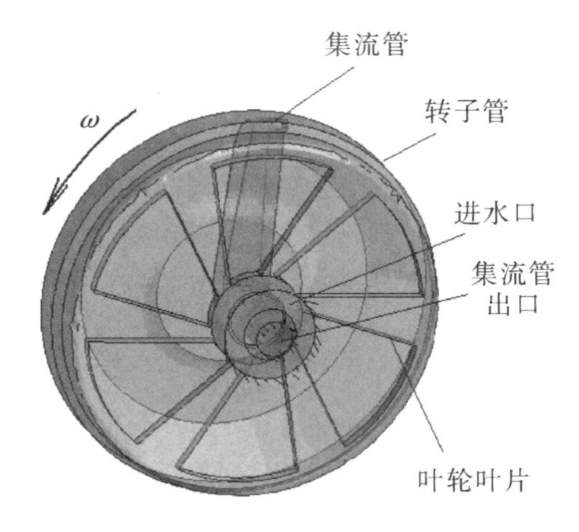

图 8－21　旋喷泵流动模型

8.7.2　计算方法

（1）计算域建模及网格划分

选取一立式小型旋喷泵作为研究对象，泵设计工况参数为：转速 $n=2\ 900\mathrm{r/min}$，流量 $Q=1.8\mathrm{m^3/h}$，扬程 $H=100\mathrm{m}$。工作介质为水，密度 $\rho=998.2\mathrm{kg/m^3}$，动力粘度 $\mu=1.003\times10^{-3}\mathrm{Pa\cdot s}$。流动计算域如图 8－21 所示，叶轮的叶片数 $Z=6$。应用 Pro/E 建立旋喷泵的三维流动计算域，使用 Gambit 进行计算域网格的划分，得到如图 8－22 所示的计算网格单元。其中进水段 23 355 单元、转子域 220 239 单元、集流管 159 237 单元，网格单元总数为 402 831，节点总数为 112 104。

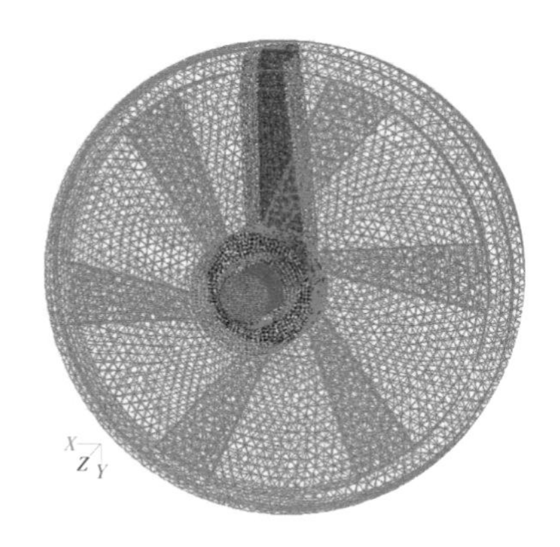

图 8－22　旋喷泵计算域网格

（2）计算域、动网格及边界条件

计算使用 Fluent 流动软件，选取标准 $k-\varepsilon$ 湍流模型。采用如下边界条件：①进出口条件按压力值给定；②壁面采用无滑移固壁条件并由标准壁面函数确定固壁附近流动。由泵转速与叶轮叶片数计算得到叶轮的旋转周期为 $2.069\times10^{-2}\mathrm{s}$，叶片掠过周期为 $3.448\times10^{-3}\mathrm{s}$，选取计算时间步长 $\Delta t=2.0\times10^{-4}\mathrm{s}$。使用 Profile 文件定义转子计算域边界面的转向和转速。为简化计算，变形网格仅限于旋转域，将所有计算域在参考系中设为静止域。

图 8－23 是一个叶片掠过周期内计算域表面网格随时间的变化过程。由图可见，旋转计算域除了外表面随固体转动外，与集流管接触的内表面也随时间不断地进行调整，从而实现了计算域的变形和网格重构。

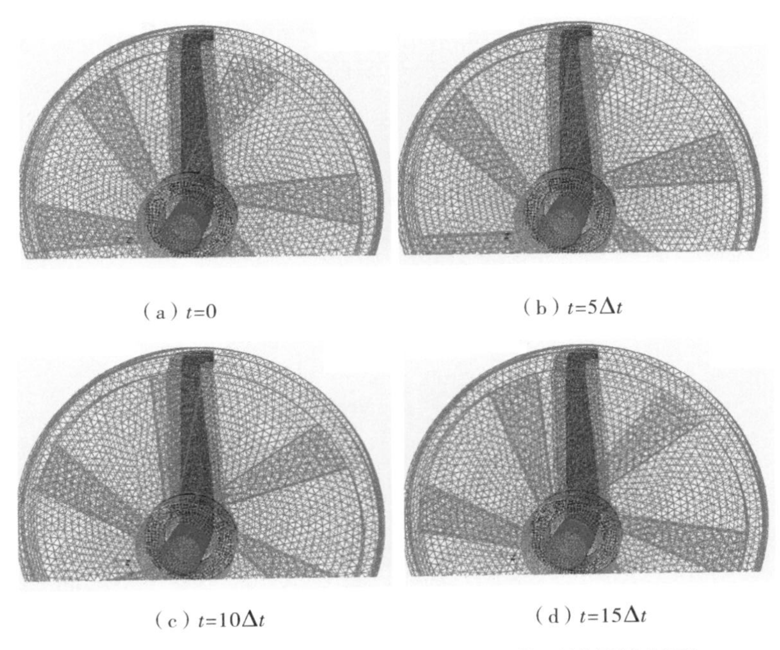

（a）$t=0$　（b）$t=5\Delta t$

（c）$t=10\Delta t$　（d）$t=15\Delta t$

图 8－23　计算域随时间的变形及网格重构（计算域表面）

图 8－24 是计算域中心截面上集流管入口附近的局部网格随时间的变化对比。由图 8－24可见，固定集流管内的计算网格保持不变，但旋转域需要随时间不断地调整与集流管相邻的边界，因此旋转域网格出现了不同程度的变形和重构（见绿色箭头指向）。

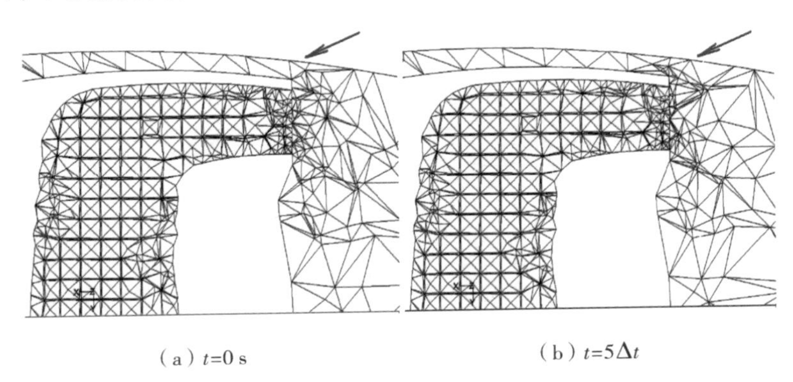

（a）$t=0$ s　（b）$t=5\Delta t$

图 8－24　集流管入口附近计算域的网格变形与重构（中心截面）

8.7.3　计算结果与分析

本算例仅给出采用动网格方法计算得到的旋喷泵动态特性结果并进行讨论。图 8－25 给出了计算得到的旋喷泵出口流量随时间的变化曲线，由图 8－25 可见，在经历了一段转子启动时间（$t\approx0.010$s，约半个转子旋转周期）后，旋喷泵出口流量值趋于平稳并随时间作规则的周期脉动。在一个转子旋转周期内，旋喷泵出口流量出现 6 次脉动，即流量脉动频率与转子的叶片数 Z 相对应。

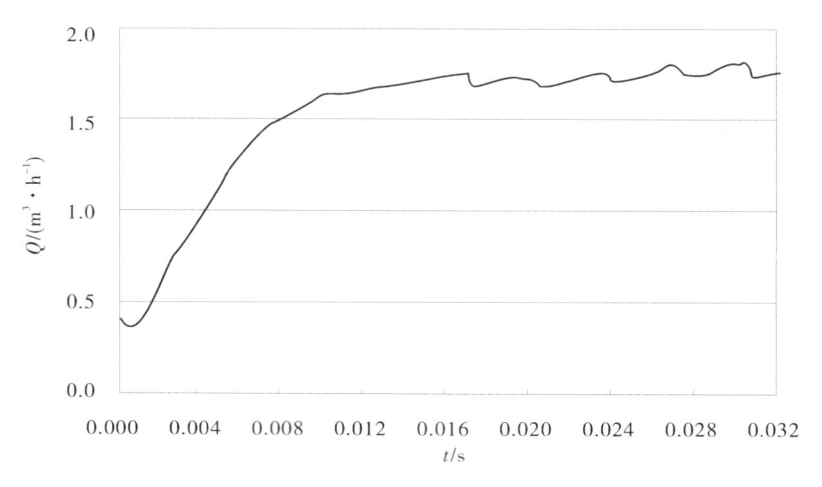

图 8－25　旋喷泵出口流量随时间的变化

图 8－26 给出旋喷泵中心截面静压在一个叶片掠过周期内的变化过程。由图可见，当叶轮叶片旋转到不同位置时，旋喷泵的内部压力有较显著的变化。

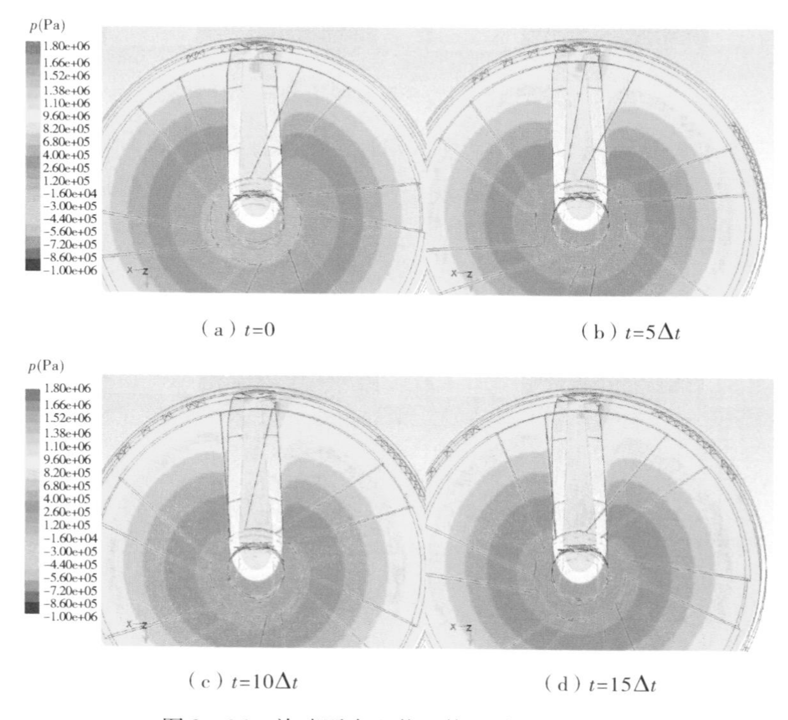

（a）t=0　（b）t=5Δt

（c）t=10Δt　（d）t=15Δt

图 8－26　旋喷泵中心截面静压随时间的变化

图 8－27 和图 8－28 分别给出了计算得到的转子所受的无量纲径向力 F'_x 和 F'_y 随时间的变化曲线，无量纲径向力的定义见第 2 章的式（2－35）。由图 8－27 和图 8－28 可见，径向力的脉动幅度较大，表明转子腔内液流与集流管的干扰现象不容忽视。当旋喷泵运转

正常后，水平方向的转子径向力 F'_x 趋近于负值，纵向的 F'_y 趋近于正值，即转子所受的径向力方向是由轴心指向集流管的背流一侧。

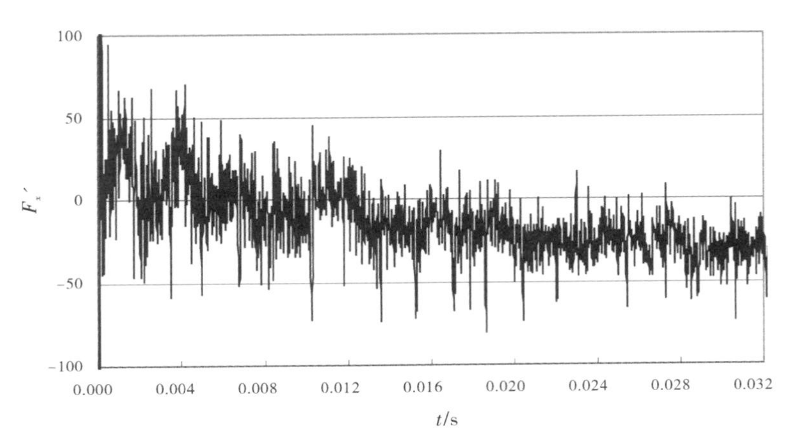

图 8－27　转子无量纲径向力 F'_x 随时间的变化

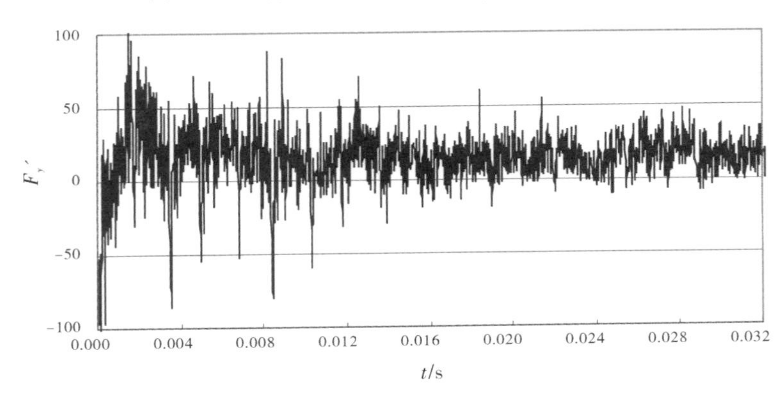

图 8－28　转子无量纲径向力 F'_y 随时间的变化

8.8　本章小结

本章介绍了动网格方法的一般概念、常用方法和动网格需要满足的控制体守恒方程以及动网格技术在流体机械的应用情况。重点给出了应用动网格方法在流体机械的几个典型的算例：滚动转子式压缩机的二维非定常流动模拟计算、罗茨风机的准三维非定常流动模拟计算、离心泵的三维非定常流动模拟计算、旋喷泵的三维非定常流动模拟计算，给出了计算的结果和分析。其中离心泵的非定常算例还和常规的滑移网格计算结果进行了对比。得到了这类流体机械的内流场、外特性随时间的变化规律，为更准确地了解掌握流体机械的非定常流动现象和流动规律提供了有益参考。

参考文献

[1] 李云，姜培正. 过程流体机械 [M]. 北京：化学工业出版社，2008.

[2] 刘高联，王甲升. 叶轮机械气体动力学基础 [M]. 北京：机械工业出版社，1980.

[3] 刘士学，方先清. 透平压缩机强度与振动 [M]. 北京：机械工业出版社，1997.

[4] Karassik I J, Messina J P, Cooper P, et al. Pump Handbook, 3rd Edition [M]. MCGraw – Hill, 2001.

[5] Lakshminarayana B. An assessment of computational fluid dynamic techniques in the analysis and design of turbomachinery—The 1990 Freeman Scholar Lecture [J]. Journal of Fluids Engineering, 1991, 113 (3): 315 – 352.

[6] 王福军. 计算流体动力学分析 CFD 软件原理与应用 [M]. 北京：清华大学出版社，2004.

[7] Batchelor G K. An introduction to fluid dynamics [M]. Cambridge University Press, 2000.

[8] 冯潮清. 矢量与张量分析 [M]. 北京：国防工业出版社，1986.

[9] Luo J Y, Gosman A D. Prediction of impeller – induced flow in mixing vessels using multiple frames of reference [C]. Institute of Chemical Engineers Symposium Series, 1994.

[10] Johnston J P. Effects of system rotation on turbulence structure: a review relevant to turbomachinery flows [J]. International Journal of Rotating Machinery, 1998, 4 (2): 97 – 112, 138

[11] Cazalbou J B, Chassaing P, Dufour G, et al. Two – equation modeling of turbulent rotating flows [J]. Physics of Fluids, 2005, 17 (5): 055110.

[12] Launder B E, Reece G J, Rodi W. Progress in the development of a Reynolds – stress turbulence closure [J]. Journal of Fluid Mechanics, 1975, 68 (03): 537 – 566.

[13] Sagau P. Large eddy simulation for incompressible flows [M]. Springer, 2005.

[14] Arnone A, Pacciani R. Rotor – stator interaction analysis using the Navier – Stokes equations and a multigrid method [J]. Journal of Turbomachinery, 1996, 118 (4): 679 – 689.

[15] 袁寿其，刘厚林. 泵类流体机械研究进展与展望 [J]. 排灌机械工程学报，2007, 25 (6): 46 – 51.

[16] Gulich J F. Centrifugal pumps [M]. 1st ed. Germany: Springer, 2007.

[17] Williamson C H K, Govardhan R. Vortex – induced vibrations [J]. Annual Review of Fluid Mechanics, 2004, 36 (444): 413 – 455.

[18] González J, Santolaria C. Unsteady flow structure and global variables in a centrifugal pump [J]. Journal of Fluids Engineering, 2006, 128 (5): 937 – 946.

[19] Sinha M, Katz J. Quantitative visualization of the flow in a centrifugal pump with diffuser vanes—I: On flow structures and turbulence [J]. Journal of Fluids Engineering, 1999, 122 (1): 97 – 107.

[20] Sinha M, Katz J, Meneveau C. Quantitative visualization of the flow in a centrifugal pump with diffuser vanes—II: Addressing passage - averaged and large - eddy simulation modeling issues in turbomachinery flows [J]. Journal of Fluids Engineering, 1999, 122 (1): 108 - 116.
[21] Wang H, Tsukamoto H. Fundamental analysis on rotor - stator interaction in a diffuser pump by vortex method [J]. Journal of Fluids Engineering, 2001, 123 (4): 737 - 747.
[22] Stepanoff A J. Centrifugal and axial flow pumps [M]. 2nd ed. Florida U. S. A: Krieger Publishing Company, 1992.
[23] 关醒凡. 现代泵理论与设计 [M]. 北京：中国宇航出版社，2011.
[24] 黄思，宿向辉，杨文娟. 节段式多级离心泵的能耗分析 [J]. 武汉大学学报：工学版，2014，47 (4)：557 - 560.
[25] 郭京. 离心泵多工况性能研究与试验验证 [D]. 广州：华南理工大学，2015.
[26] 黄思，杨文娟，宿向辉，等. 基于 CFD 的离心泵关死点流动性能分析 [J]. 科技导报，2014，32 (10)：80 - 83.
[27] 董亮，刘厚林，谈明高，等. 离心泵全流场与非全流场数值计算 [J]. 排灌机械工程学报，2012，30 (3)：274 - 278.
[28] GB/T 3216 - 2005，回转动力泵水力性能验收试验 [S]. 北京：中华人民共和国国家质量监督检验检疫总局 中国国家标准化管理委员会，2005.
[29] 黄思，王朋，区国惟，等. 多级多出口离心泵的数值模拟及试验验证 [J]. 流体机械，2013，41 (1)：10 - 13.
[30] Huang S, Mohamad A A, Nandakumar K, et al. Numerical simulation of unsteady flow in a multistage centrifugal pump using sliding mesh technique [J]. Progress in Computational Fluid Dynamics, 2010, 10 (4): 239 - 245.
[31] Huang S, Islam M F, Liu P. Numerical simulation of 3D turbulent flow through an entire stage in a multistage centrifugal pump [J]. International Journal of Computational Fluid Dynamics, 2006, 20 (5): 309 - 314.
[32] 黄思，吴玉林. 叶片式泵内气液两相泡状流的三维数值计算 [J]. 水利学报，2001，(6)：57 - 61.
[33] 黄思，王宏君，郑茂溪. 叶片式混输泵气液两相流及性能的数值分析 [J]. 华南理工大学学报：自然科学版，2007，35 (12)：11 - 16.
[34] 张金亚，朱宏武，孔祥领，等. 螺旋轴流式多相泵试验及相似性能研究 [J]. 石油机械，2008，(9)：170 - 173.
[35] 陈学俊，陈立勋，周芳德. 气液两相流与传热基础 [M]. 北京：科学出版社，1995.
[36] 陈家琅. 石油气液两相管流 [M]. 北京：石油工业出版社，1988.
[37] 林宗虎. 气液两相流及沸腾传热 [M]. 西安：西安交通大学出版社，1987：7 - 52.
[38] 陈次昌，刘正英，刘天宝，等. 两相流泵的理论与设计 [M]. 北京：兵器工业出版社，1994.

[39] Ansys Fluent. 12.0 User's Guide [M]. Pittsburgh: Ansys Inc, 2009.
[40] Singhal, A K, Athavale M M, Li H Y, et al. Mathematical basis and validation of the full cavitation model [J]. ASME Journal of Fluids Engineering, 2002, 124 (9): 617 -624.
[41] Knapp R T, Daily J W, Hammitt F G. Cavitation [M]. University of Iowa, 1979, 8: 197 -207.
[42] Huang S, Mohamad A A. Modeling of cavitation bubble dynamics in multicomponent mixtures [J]. Journal of Fluids Engineering, 2009, (3): 031301 -031305.
[43] 黄思，管俊. 基于空化模型的多级离心泵汽蚀性能分析 [J]. 流体机械，2011，39 (1): 29 -31.
[44] 黄思，阮志勇，邓庆健，等. 液环真空泵内气液两相流动的数值分析 [J]. 真空，2009，46 (2): 49 -52.
[45] Huang S, Su X, Guo J, et al. Unsteady numerical simulation for gas - liquid two - phase flow in self - priming process of centrifugal pump [J]. Energy Conversion and Management, 2014, 85: 694 -700.
[46] 刘建瑞，苏起钦. 自吸泵气液两相流数值模拟分析 [J]. 农业机械学报，2009，40 (9): 73 -76.
[47] Jackson R. The mechanics of fluidized beds [J]. Transactions of the Institution of Chemical Engineers, 1963, 41: 13 -28.
[48] Gandhi B K, Singh S N, Seshadn, V. Effect of speed on the performance characteristics of a centrifugal slurry pump [J]. Journal of Hydraulic Engineering, 2002, 128 (2): 225 -233.
[49] Zhang Y, Li Y, Cui B, et al. Numerical simulation and analysis of solid - liquid two - phase flow in centrifugal pump [J]. Chinese Journal of Mechanical Engineering, 2013, 26 (1): 53 -60.
[50] Li Y, Zhu Z, He W, et al. Numerical simulation and experimental research on the influence of solid - phase characteristics on centrifugal pump performance [J]. Chinese Journal of Mechanical Engineering, 2012, 25 (6): 1184 -1189.
[51] Chandel S, Singh S N, Seshadri V. A Comparative study on the performance characteristics of centrifugal and progressive cavity slurry pumps with high concentration fly ash slurries [J]. Particulate Science and Technology, 2011, 29 (4): 378 -396.
[52] 朱祖超，崔宝玲，李昳，等. 双流道泵输送固液介质的水力性能及磨损试验研究 [J]. 机械工程学报，2009，45 (12): 65 -69.
[53] 刘娟，许洪元，唐澍，等. 离心泵内固相颗粒运动规律与磨损的数值模拟 [J]. 农业机械学报，2008，39 (6): 54 -59.
[54] Pagalthivarthi K V, Gupta P K, Tyagi V, et al. CFD prediction of erosion wear in centrifugal slurry pumps for dilute slurry flows [J]. Journal of Computational Multiphase Flows, 2011, 3 (4): 225 -246.
[55] Dong X G, Zhang H L, Wang X Y. Finite element analysis of wear for centrifugal slurry

pump [C]. The 6th International Conference on Mining Science & Technology, 2009: 1532 - 1538.
[56] 李昳，何伟强，朱祖超，等. 脱硫泵固液两相流动的数值模拟与磨损特性 [J]. 排灌机械，2009，27 (2)：124 - 128.
[57] Ottjes J A. Digital simulation of pneumatic transport [J]. Chemical Engineering Science, 1978, 33: 783 - 786.
[58] Tsuji Y, Kawaguchi T, Tanaka T. Discrete particle simulation of two - dimensional fluidized Bed [J]. Powder Technology, 1993, 77 (1): 79 - 87.
[59] Kafui K D, Thornton C, Adams M J. Discrete particle - continuum fluid modeling of gas - solid fluidized beds [J]. Chemical Engineering Science, 2002, 57 (13): 2395 - 2410.
[60] Ding J, Gidaspow D. A bubbling fluidization model using kinetic theory of granular flow [J]. AIChE Journal, 1990, 36 (4): 523 - 538.
[61] 张强强. 基于 DEM - CFD 耦合的颗粒在水中沉降过程仿真分析 [D]. 长春：吉林大学，2014.
[62] Cundall P A, Strack O D L. A discrete numerical model for granular assemblies [J]. Geotechnique, 1979, 29 (1): 47 - 65.
[63] Hoomans B P B, Kuipers J A M, Briels W J, et al. Discrete particle simulation of bubble and slug formation in a two - dimensional gas - fluidised bed: a hard - sphere approach [J]. Chemical Engineering Science, 1996, 51 (1): 99 - 118.
[64] 王国强，郝万军. 离散单元法及其在 EDEM 上的实践 [M]. 西安：西北工业大学出版社，2010.
[65] DEM - Solutions. EDEM 2. 4 User Guide, 2012.
[66] Finnie I. Some observations on the erosion of ductile metals [J]. Wear, 1972, 19 (72): 81 - 90.
[67] Tabakoff W, Hamed A, Tabakoff W, et al. Aerodynamic effects on erosion in turbomachinery [J]. Aerodynamic Effects on Erosion in Turbomachinery, 1977, (70): 392 - 401.
[68] Mclaury B S. A model to predict solid particle erosion in oilfield geometries [D]. University of Tulsa, 1993.
[69] Huang S, Su X and Qiu G. Transient numerical simulation for solid - liquid flow in a centrifugal pump by DEM - CFD coupling [J]. Engineering Applications of Computational Fluid Mechanics, 2015, 9 (1): 411 - 418.
[70] 付强，袁寿其，朱荣生，等. 离心泵气液固多相流动数值模拟与试验 [J]. 农业工程学报，2012 (7)：52 - 57.
[71] 吴玉林. 渣浆泵叶轮中固液两相湍流的计算和实验 [J]. 清华大学学报：自然科学版，1998，38 (1)：71 - 74.
[72] 刘建瑞，徐永刚，王董梅，等. 离心泵叶轮固液两相流动及泵外特性数值分析 [J]. 农业机械学报，2010，41 (3)：86 - 90.

[73] Wilson K C, Addie G R, Sellgren A, et al. Slurry transport using centrifugal pumps [M]. Springer Science & Business Media, 2006.

[74] 胡庆宏，胡寿根，孙业志，等. 固液两相流泵的研究热点和进展 [J]. 机械研究与应用，2010 (5): 1 -4.

[75] 刘娟，许洪元，唐澍，等. 离心泵内固相颗粒运动规律的实验研究 [J]. 水力发电学报，2009，27 (6): 168 -172.

[76] Wakeman, R. J. Progress in filtration and separation [M]. Elsevier Scientific Pub. Co., 1979.

[77] 孙启才. 分离机械 [M]. 北京：化学工业出版社，1993.

[78] Kelsall D F. A study of the motion of solid particles in a hydraulic cyclone [R]. Atomic Energy Research Establishment, Harwell, Berks (England), 1952.

[79] 褚良银，陈文梅，戴光清，等. 水力旋流器 [M]. 北京：化学工业出版社，1998.

[80] Boysan F, Ayers W H, Swithenbank J. A fundamental mathematical modelling approach to cyclone design [J]. Transactions of the Institution of Chemical Engineers, 1982, 60 (4): 222 -230.

[81] Meier H F, Mori M. Anisotropic behavior of the Reynolds stress in gas and gas - solid flows in cyclones [J]. Powder Technology, 1999, 101 (2): 108 -119.

[82] Bernardo S, Mori M, Peres A P, et al. 3 - D computational fluid dynamics for gas and gas - particle flows in a cyclone with different inlet section angles [J]. Powder Technology, 2006, 162 (3): 190 -200.

[83] 刘峰，钱爱军. 重介质旋流器流场的计算流体力学模拟 [J]. 选煤技术，2004 (5): 10 -151.

[84] Huang S. Numerical simulation of oil - water hydrocyclone using Reynolds - stress model for Eulerian multiphase flows [J]. Canadian Journal of Chemical Engineering, 2005, 83 (5): 829 -834.

[85] 许妍霞. 水力旋流分离过程数值模拟与分析 [D]. 上海：华东理工大学，2012.

[86] 蔡圃，王博. 水力旋流器内非牛顿流体多相流场的数值模拟 [J]. 化工学报，2012，63 (11): 3460 -3469.

[87] 郭雪岩，王斌杰，杨帆. 水力旋流器流场大涡模拟及其结构改进 [J]. 排灌机械工程学报，2013，31 (8): 696 -701.

[88] 化工设备设计全书：搅拌设备设计 [M]. 上海：上海科学技术出版社，1985.

[89] Iranshahi A, Heniche M, Bertrand F, et al. Numerical investigation of the mixing efficiency of the Ekato Paravisc impeller [J]. Chemical Engineering Science, 2006, 61 (8): 2609 -2617.

[90] 张和照. 几种常用搅拌浆的功率计算 [J]. 化工设计，2002，12 (4): 14 -18.

[91] Lane G L, Schwarz M P, Evans G M. Predicting gas - liquid flow in a mechanically stirred tank [J]. Applied Mathematical Modelling, 2002, 26 (2): 223 -235.

[92] Huang S, Mohamad A, Nandakumar K. Numerical analysis of a two - phase flow and mixing process in a stirred tank [J]. International Journal of Chemical Reactor Engineer-

ing，2008，6（1）.
[93] 王安麟，孟井泉，杨兴，等. 基于双流体模型的简易化两相搅拌流场数值模拟 [J]. 机械设计，2007，24（6）：45－49.
[94] 罗力. 水力旋流器固—液两相流动数值计算及性能分析 [D]. 广州：华南理工大学，2012.
[95] Hartmann H，Derksen J J，Montavon C，et al. Assessment of large eddy and RANS stirred tank simulations by means of LDA [J]. Chemical Engineering Science，2004，59（12）：2419－2432.
[96] Matthies H G，Steindorf J. Partitioned but strongly coupled iteration schemes for nonlinear fluid－structure interaction [J]. Computers & Structures，2002，80（27）：1991－1999.
[97] 党沙沙. ANSYS12.0 多物理耦合场有限元分析从入门到精通 [M]. 北京：机械工业出版社，2010.
[98] Coroneo M，Montante G，Paglianti A，et al. CFD prediction of fluid flow and mixing in stirred tanks：Numerical issues about the RANS simulations [J]. Computers & Chemical Engineering，2011，35（10）：1959－1968.
[99] Saeed R A，Galybin A N. Simplified model of the turbine runner blade [J]. Engineering Failure Analysis，2009，16（7）：2473－2484.
[100] 梁权伟，王正伟. 混流式转轮静强度和振动特性分析 [J]. 清华大学学报：自然科学版，2004，43（12）：1649－1652.
[101] Benra F K，Dohmen H J. Comparison of pump impeller orbit curves obtained by measurement and FSI simulation [C] //ASME 2007 Pressure Vessels and Piping Conference. American Society of Mechanical Engineers，2007：41－48.
[102] Kato C，Yoshimura S，Yamade Y，et al. Prediction of the noise from a multi－stage centrifugal pump [C] //ASME 2005 Fluids Engineering Division Summer Meeting. American Society of Mechanical Engineers，2005：1273－1280.
[103] 唐立新，赖喜德，周建强，等. 某叶片式离心泵的叶轮部件结构静力学分析 [J]. 西华大学学报：自然科学版，2008，27（3）：11－13.
[104] 王洋，王洪玉，徐小敏，等. 冲压焊接离心泵叶轮有限元计算 [J]. 排灌机械工程学报，2011，29（2）：109－113.
[105] 裴吉，袁寿其，袁建平. 流固耦合作用对离心泵内部流场影响的数值计算 [J]. 农业机械学报，2009（12）：107－112.
[106] 施卫东，王国涛，蒋小平，等. 流固耦合作用对轴流泵内部流场影响的数值计算 [J]. 流体机械，2012，40（1）：31－34.
[107] 浦广益. ANSYS Workbench 基础教程与实例详解 [M]. 北京：中国水利水电出版社，2013.
[108] 徐芝纶. 弹性力学简明教程 [M]. 北京：高等教育出版社，2013.
[109] 王斌. 基于离心泵内流场模拟的转子临界转速分析与计算 [D]. 兰州：兰州理工大学，2010.

[110] 王宏君，黄思，管俊，等. 液环真空泵转子力学性能的数值分析 [J]. 真空，2010，47 (1)：15 – 18.
[111] 汤宇浩. 球化率对铸态 QT450 – 10 球铁力学性能的影响 [J]. 铸造，1996 (11)：18 – 20.
[112] 郑军，杨昌明，朱利，等. 离心泵叶轮流固耦合分析 [J]. 流体机械，2013，41 (2)：25 – 29.
[113] 黄浩钦，刘厚林，王勇，等. 基于流固耦合的船用离心泵转子应力应变及模态研究 [J]. 农业工程学报，2014，30 (15)：98 – 105.
[114] Tsukamoto H，Ohashi H. Transient characteristics of a centrifugal pump during starting period [J]. ASME Journal of Fluid Engineering，1982，104 (1)：6 – 13.
[115] Tsukamoto H，Matsunaga S，Yoneda H，et al. Transient characteristics of a centrifugal pump during stopping period [J]. Journal of Fluids Engineering，1986，108 (4)：392 – 399.
[116] Lefebvre P J，Barker W P. Centrifugal pump performance during transient operation [J]. Journal of Fluids Engineering，1995，117 (1)：123 – 128.
[117] Dazin A，Caignaert G，Bois G. Transient behavior of turbomachineries：applications to radial flow pump startups [J]. Journal of Fluids Engineering，2007，129 (11)：1436 – 1444.
[118] Elaoud S，Hadj – Taïeb E. Influence of pump starting times on transient flows in pipes [J]. Nuclear Engineering and Design，2011，241 (9)：3624 – 3631.
[119] Grover R B，Koranne S M. Analysis of pump start – up transients [J]. Nuclear Engineering and Design，1981，67 (1)：137 – 141.
[120] 段昌国，常近时. 叶片式水力机械的广义基本方程式 [J]. 科学通报，1973，18 (1)：42 – 42.
[121] 常近时. 水力机械装置过渡过程 [M]. 北京：高等教育出版社，2005.
[122] 王乐勤，吴大转，郑水英，等. 混流泵开机瞬态水力特性的试验与数值计算 [J]. 浙江大学学报：工学版，2004，38 (6)：751 – 755.
[123] 陈颂英，李春峰，曲延鹏，等. 离心泵在启动阶段的水力特性研究 [J]. 工程热物理学报，2006，27 (5)：781 – 783.
[124] 李金伟，刘树红，周大庆，等. 混流式水轮机飞逸暂态过程的三维非定常湍流数值模拟 [J]. 水力发电学报，2009，28 (1)：178 – 182.
[125] 夏林生，程永光，张晓曦，等. 灯泡式水轮机飞逸过渡过程 3 维 CFD 模拟 [J]. 四川大学学报：工程科学版，2014，(5) .
[126] 吴大转，许斌杰，李志峰，等. 离心泵瞬态操作条件下内部流动的数值模拟 [J]. 工程热物理学报，2009，30 (5)：781 – 783.
[127] 黄思，张杰，张雪娇，等. 运用变转速法计算离心泵启动停机的瞬态流动性能 [J]. 科技导报，2015，33 (2)：49 – 53.
[128] Ansys 14.0 Theory Guide [M]. ANSYS Inc，2011.
[129] 汤跃，成军，汤玲迪，等. 不同转动惯量叶轮对泵开机瞬态特性的影响 [J]. 流体

机械，2013，41（8）：6－11.

［130］Jain S V，Patel R N. Investigations on pump running in turbine mode：A review of the state－of－the－art［J］. Renewable and Sustainable Energy Reviews，2014，30：841－868.

［131］Huerta A，Liu W K. Viscous flow with large free surface motion［J］. Computer Methods in Applied Mechanics and Engineering，1988，69（3）：277－324.

［132］Batina J T. Unsteady Euler airfoil solutions using unstructured dynamic meshes［J］. AIAA Journal，1990，28（8）：1381－1388.

［133］Lo S H. A new mesh generation scheme for arbitrary planar domains［J］. International Journal for Numerical Methods in Engineering，1985，21（8）：1403－1426.

［134］Weatherill N P. Delaunay triangulation in computational fluid dynamics［J］. Computers & Mathematics with Applications，1992，24（5）：129－150.

［135］黄思，杨国蟒，苏丽娟. 应用动网格技术模拟分析滚动转子压缩机的瞬态流动［J］. 流体机械，2010，38（1）：11－14.

［136］晏刚，曹晓林，周晋，等. 滚动转子式压缩机的热力学模型［J］. 压缩机技术，2002，（4）：1－3.

［137］张华俊，严彩球，卢洁，等. 滚动转子式压缩机传热模拟［J］. 低温与特气，2003，21（4）：7－9.

［138］黄思，杨卫国，罗力. 运用动网格技术数值模拟四叶罗茨风机的非稳态流动［J］. 广州化工，2010，38（9）：161－163.

［139］孙钢，刘延林. 新型罗茨鼓风机内部流场数值计算［J］. 风机技术，2001，（6）：5－8.

［140］闫绍峰，钟晓峰. 罗茨式风机性能的新计算方法［J］. 流体机械，1999，（12）：18－20.

［141］刘正先，徐莲环，赵学录. 罗茨鼓风机内部气流脉动的非定常数值分析［J］. 航空动力学报，2007，22（3）：400－405.

［142］黄思，杨富翔，郭京，等. 运用三维动网格技术模拟计算离心泵的非定常流动［J］. 科技导报，31（24）：33－36.

［143］江帆，陈维平，王一军，等. 基于动网格的离心泵内部流场数值模拟［J］. 流体机械，2007，35（7）：20－24.

［144］Huang S，Su X，Yang F，et al. Numerical simulation of 3D unsteady flow in roto－jet pump by dynamic mesh technique［J］. Progress in Computational Fluid Dynamics，2015，15（4）：265－267.

［145］黄思，苏丽娟. 基于 CFD 对旋喷泵两种叶片结构的数值模拟及性能比较［J］. 流体机械，2010，38（6）：21－24.